C 语言程序设计教学做一体化教程

（第 2 版）

主　编　张成叔

副主编　李家兵　陆　慧　霍卓群

参　编　（以姓氏笔画为序）

朱　静　华　艳　李　宁

徐　辉　黄　洁　魏化永

北京师范大学出版集团

BEIJING NORMAL UNIVERSITY PUBLISHING GROUP

安徽大学出版社

图书在版编目(CIP)数据

C语言程序设计教学做一体化教程/张成叔主编. —2版. —合肥 ：安徽大学出版社，2016.2
高职高专计算机应用技能培养系列规划教材
ISBN 978-7-5664-0575-3

Ⅰ. ①C… Ⅱ. ①张… Ⅲ. ①C语言—程序设计—高等学校—教材 Ⅳ. ①TP312

中国版本图书馆CIP数据核字(2016)第026991号

C语言程序设计教学做一体化教程(第2版)　　　张成叔　主　编

出版发行：北京师范大学出版集团
安 徽 大 学 出 版 社
(安徽省合肥市肥西路3号 邮编230039)
www.bnupg.com.cn
www.ahupress.com.cn
印　　刷：合肥现代印务有限公司
经　　销：全国新华书店
开　　本：184mm×260mm
印　　张：23.5
字　　数：572千字
版　　次：2016年2月第2版
印　　次：2016年2月第1次印刷
定　　价：47.00元
ISBN 978-7-5664-0575-3

策划编辑：李　梅　蒋　芳
责任编辑：蒋　芳
责任校对：程中业
装帧设计：李　军　金伶智
美术编辑：李　军
责任印制：赵明炎

编写说明

为贯彻《国务院关于加快发展现代职业教育的决定》，落实《安徽省人民政府关于加快发展现代职业教育的实施意见》，推动我省职业教育的发展，安徽省高等学校计算机教育研究会和安徽大学出版社共同策划组织了这套“高职高专计算机应用技能培养系列规划教材”。

为了确保该系列教材的顺利出版，并发挥应有的价值，合作双方于2015年10月组织了“高职高专计算机应用技能培养系列规划教材建设研讨会”，邀请了来自省内十多所高职高专院校的二十多位教育领域的专家和资深教师、部分企业代表及本科院校代表参加。研讨会在分析高职高专人才培养的目标、已经取得的成绩、当前面临的问题以及未来可能的发展趋势的基础上，对教材建设进行了热烈的讨论，在系列教材建设的内容定位和框架、编写风格、重点关注的内容、配套的数字资源与平台建设等方面达成了共识，并进而成立了教材编写委员会，确定了主编负责制等管理模式，以保证教材的编写质量。

会议形成了如下的教材建设指导性原则：遵循职业教育规律和技术技能人才成长规律，适应各行业对计算机类人才培养的需要，以应用技能培养为核心，兼顾全国及安徽省高等学校计算机水平考试的要求。同时，会议确定了以下编写风格和工作建议：

(1)采用“教学做一体化＋案例”的编写模式，深化教材的教学成效。

以教学做一体化实施教学，以适应高职高专学生的认知规律；以应用案例贯穿教学内容，以激发和引导学生学习兴趣，将零散的知识点和各类能力串接起来。案例的选择，既可以采用学生熟悉的案例来引导教学内容，也可以引入实际应用领域中的案例作为后续实习使用，以拓展视野，激发学生的好奇心。

(2)以“学以致用”促进专业能力的提升。

鼓励各教材中采取合适的措施促进从课程到专业能力的提升。例如，通过建设创新平台，采用真实的课题为载体，以兴趣组为单位，实现对全体学生教学质量的提高，以及对适应未来潜在工作岗位所需能力的锻炼。也可结合特定的专业，增加针对性案例。例如，在C语言程序设计教材中，应兼顾偏硬件或者其他相关专业的需求。通过计算机设计赛、程序设计赛、单片机赛、机器人赛等竞赛或者特定的应用案例来实施创新教育引导。

(3)构建共享资源和平台，推动教学内容的与时俱进。

结合教材建设构筑相应的教学资源与使用平台，例如，MOOC、实验网站、配套案例、教学示范等，以便为教学的实施提供支撑，为实验教学提供资源，为新技术等内容的及时更新提供支持等。

通过系列教材的建设，我们希望能够共享全省高职高专院校教育教学改革的经验与成果，共同探讨新形势下职业教育实现更好发展的路径，为安徽省高职高专院校计算机类专业人才的培养做出贡献。

真诚地欢迎有共同志向的高校、企业专家参与我们的工作，共同打造一套高水平的安徽省高职高专院校计算机系列"十三五"规划教材。

胡学钢

2016年1月

编委会名单

前　言

本书是根据《全国高等学校(安徽考区)计算机水平考试教学(考试)大纲(2015 版)》中的《C 程序设计》教学(考试)大纲精心组织编写而成。同时参照了《全国计算机等级二级 C 语言程序设计考试大纲(2013 版)》。

C 语言是应用很广泛的程序设计语言,具有丰富灵活的控制和数据结构、简洁而高效的语句表达、清晰的程序结构和良好的可移植性,是高职高专院校计算机相关专业首选的程序设计语言。

编者在近 20 年的教学实践中深刻体会到《C 语言程序设计》是一门实践性很强的课程,初入门的学生普遍反映难度大,经过调查发现原因为:语法难以掌握,程序逻辑不清,死记硬背的习惯很难改,对于编程练习中遇到的问题得不到及时的解决等。针对这些问题,本书彻底打破市场上大多数教材按照 C 语言知识体系为架构的习惯,采用全新的"教学做一体化"思路构架内容体系,"理论+实训"高度融合实现了"教、学、做"的有机结合,通过大量的实际案例驱动学生学习的积极性。对于语言知识介绍通过实例程序引入,将程序设计的技巧、方法和编程中常见的错误分散到每节的内容中,从而提高学生的学习兴趣。本书具有以下特色:

➢教学做一体化。突破传统的以知识结构体系为架构的思维,不追求完整的知识体系结构,按照"教学做一体化"的思维模式重构内容体系,为"理实一体"的职业教育理念提供教材和资源支撑。

➢技能性强。按照"互联网+"的思维模式:"实用主义永远比完美主义更完美",实用才能体现一门课程的价值。C 语言程序设计是计算机相关专业第一门专业基础课,承担着将"职业教育理念真正落地"的重任。按照技能培养的核心任务,按照"螺旋形"的提升模式将内容组织为 3 部分:基础技能部分(第 1~5 章)、提升技能部分(第 7~11 章)和综合技能部分(第 6 章和第 12 章)。精心设计了 160 个基础案例和 2 个项目案例,使得学生从第 1 周开始就练习编程,按照"单个技能点练习—阶段项目技能练习—课程项目技能练习"的练习过程,快速提升学生的专业技能。

➢针对性强。针对《全国高等学校(安徽考区)计算机水平考试教学(考试)大纲(2015 版)》的要求,特别是考试形式和题型的变化,本书设计了多种形式的练习题目,鼓励学生多思考、多练习、提高综合能力,适应"教考分离"的教学模式,主动接受社会评价机制,真正掌握社会需要的技能。

➤案例新。本书在案例的选材方面，选用了大量与生产、生活实际比较贴近的实际问题，如：个人所得税的计算、阶梯电费的计算、投票统计、考试系统设计和学生成绩的统计等，使得学生能够从分析常见问题入手，逐步将其转化为程序描述，实现了真正意义上的“案例教学”。

本书共分3部分：基础技能部分、提升技能部分和综合技能部分。

基础技能部分为第1～5章，第1章介绍程序设计的基本概念以及Visual C++6.0编译环境的使用，第2章从实例出发，简单介绍顺序、分支和循环结构的使用，第3～5章通过大量的实例，分别介绍分支、循环结构和函数程序设计的思路和方法。

提升技能部分为第7～11章，第7章介绍提升技能需要掌握的C语言高级语法规则等，第8章通过3个典型实例介绍数组的应用，第9章介绍指针的基本概念和应用，第10章使用实例介绍结构类型在实际应用中的价值，第11章介绍文件的使用和编译预处理的相关技能。

综合技能部分为第6章和第12章，第6章为阶段技能项目“小学算术运算考试系统”，安排在基础技能掌握之后进行阶段性综合技能提升，第12章为课程技能项目“高校学生成绩管理系统”，模拟一个实际软件项目的开发过程，快速提高和积累综合技能。

本书由张成叔担任主编，李家兵、陆慧和霍卓群担任副主编。第1章、第12章、附录由张成叔编写，第8章和第10章由陆慧编写，第4章和第9章由霍卓群编写，第3章和第7章由李宁编写，第2章和第5章由黄洁编写，第6章和第11章由朱静编写。李家兵、徐辉、魏化永、华艳也参与了资料的收集整理与编写。全书由张成叔统稿和定稿。

本书采用Visual C++6.0作为编译环境，符合目前各种教学和考试大纲的要求。本书所配电子教案、习题参考答案等相关教学资源，请直接与编者联系：微信：7153265，微信公众号：张成叔，E-mail：ZHANGCHSH@163.COM。

本书可作为高职高专学校程序设计课程的教材，也适合作为全国计算机等级考试二级C语言程序设计科目学习的参考书。

本书的出版是安徽财贸职业学院“12315教学质量提升计划”中“十大品牌专业”软件技术专业建设项目之一，得到了该项目建设资金的支持。

由于编者水平所限，书中不足之处，请广大读者批评指正。

编　者

2016年1月

目 录

第 1 章

C 语言概述

本章工作任务

- 完成 Visual C++6.0 软件的安装
- 熟练使用 Visual C++6.0

本章知识目标

- 认识一个 C 语言程序
- 了解程序、算法和流程图的概念
- 掌握 C 语言的“单词”和语法单位
- 掌握求解一个问题的过程

本章技能目标

- 掌握 Visual C++ 6.0 软件的安装
- 掌握 Visual C++ 6.0 环境的使用
- 掌握在 Visual C++ 6.0 环境下建立 C 语言程序
- 掌握在 Visual C++ 6.0 环境下编辑、调试和执行 C 程序的步骤

本章重点难点

- 算法、流程图和程序的基本概念及它们之间的关系
- 问题求解过程的实现
- Visual C++ 6.0 环境下编辑、调试和运行 C 程序

熟练的编程技能是在知识与经验不断积累的基础上培养出来的。初学者一开始由于缺乏语言知识和编程经验，不知如何下手编程。本书建议读者从一开始就要试着编写程序，先模仿书中的例题和项目，然后试着改写它并循序渐进，直到能独立编写程序来解决实际问题。

为了使读者能逐步从简单的模仿中体会程序设计的基本方法，而不是拘泥于具体的语法细节，本章简单介绍 C 语言的语法要素、功能特点、求解一个具体问题的实现过程，以及使用 Visual C++6.0 编辑、编译和执行 C 语言程序。

1.1　一个 C 语言程序

为了让读者对 C 语言有一个感性的认识，首先认识例 1-1 这个用 C 语言编写的程序。

【例 1-1】 求阶乘问题。输一个正整数 n，求 n!。

```
/* ex1_1.c */
#include <stdio.h>                /* 编译预处理命令 */
void main()                       /* 主函数 */
{
    int n;                        /* 变量的定义 */
    int fact(int n);              /* 函数声明 */
    scanf("%d",&n);               /* 输入一个正整数 */
    printf("%d\n",fact(n));       /* 调用函数计算阶乘 */
}
int fact(int m)                   /* 定义计算阶乘的函数 */
{
    int i,f=1;
    for(i=1;i<=m;i++)             /* 循环结构，实现求 m! */
        f=f*i;
    return(f);                    /* 返回语句 */
}
```

运行程序，输入 5，结果如图 1-1 所示。

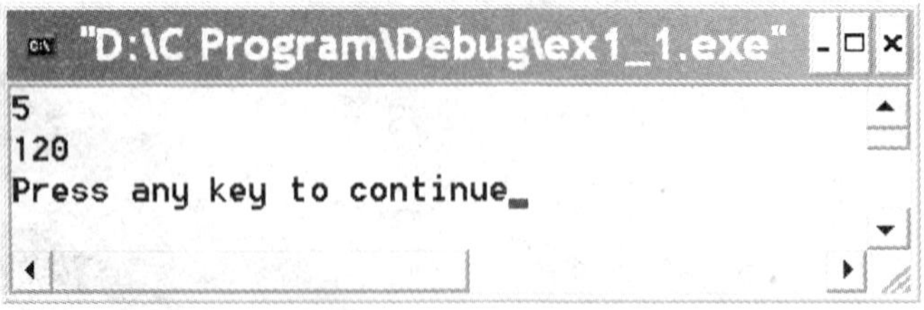

图 1-1　例 1-1 运行结果

该程序不要求读者完全理解，只希望读者对 C 语言程序有一个初步的了解，程序中许多内容将在后续章节中逐步学习。

1. C 语言程序由函数组成

一个 C 语言程序由函数组成。上述程序涉及 4 个函数:main()、fact()、scanf()和 printf()。其中 scanf()和 printf()是系统事先设计好的函数,也称为“系统函数”,用于数据的输入和输出;fact()是用户自定义的函数,功能是实现求 m!,并将 m 作为函数的参数;main()函数是该程序的主函数。

2. 一个 C 语言程序有且只有一个 main()函数

所有的 C 语言程序都有且只有一个 main()函数。C 语言程序首先从 main()函数处开始执行,当 main()函数结束时,程序也就运行结束了。

上述程序中,先执行 main()函数,在 main()函数中调用 scanf()函数输入数据 n,然后调用 printf()函数,输出结果。当调用 printf()函数时,又调用了函数 fact(),这称为“嵌套调用”。

1.2　算法与流程图

1.2.1　算法

1. 算法的含义

为了让计算机能够准确无误地完成任务,人们就必须事先对各类问题进行分析,确定解决问题的具体方法和步骤,再编写一组让计算机执行的指令,交给计算机,让计算机按照人们制定的步骤有效地工作。这些具体的方法和步骤,就是解决一个问题的算法。

由此可见,程序设计的关键之一就是解题的方法和步骤,即算法。

例如,求长方形面积的问题,需要执行下列步骤:

①接收用户输入的长方形长度和宽度。

②判断长度和宽度是否都大于 0。

③如果大于 0,将长度和宽度两个值相乘得到面积,否则显示输入错误。

④显示面积。

由于同一个问题可以有不同的解决方法,所以不同的人也有可能编写出不同的算法而得到相同的结果。

2. 算法的特征

一个正确的算法具有以下 5 个基本特征:

①有穷性。一个算法必须在有限次执行后完成。

②确定性。一个算法中每一个步骤必须有明确的定义,不能有语义不明确的地方。

③可行性。所有待实现的运算必须是基本的,在原则上人们可以用有限次操作即可完成。

④输入。一个算法的执行需要必要的数据,提供运算对象的初始情况,一个算法有 0 个或多个输入。

⑤输出。一个算法的运行结果需要显示出来,否则无法知道结果。一个算法有一个或多个输出。

1.2.2 流程图

算法的表示方法主要有流程图、N－S 图、伪代码和计算机程序语言。其中，流程图是一种图形化的表达方式，它直观、清晰，更有利于人们设计算法。

流程图使用一组预定义的符号来说明如何执行特定任务。这些符号及其含义已经标准化，如表 1-1 所示。

表 1-1　流程图符号

符　号	符号名称	功能描述
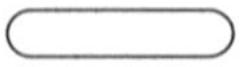	起止框	程序的开始和结束
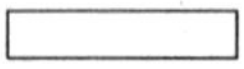	处理框	计算或处理
	判断框	判断或分支
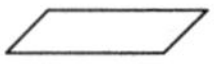	输入/输出框	输入/输出数据
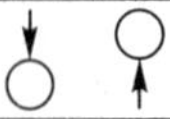	连接点	连接符
	流程线	程序流程线

【例 1-2】 绘制“计算长方形面积”的流程图。

求解一个长方形面积的算法可以用流程图来表示，如图 1-2 所示。

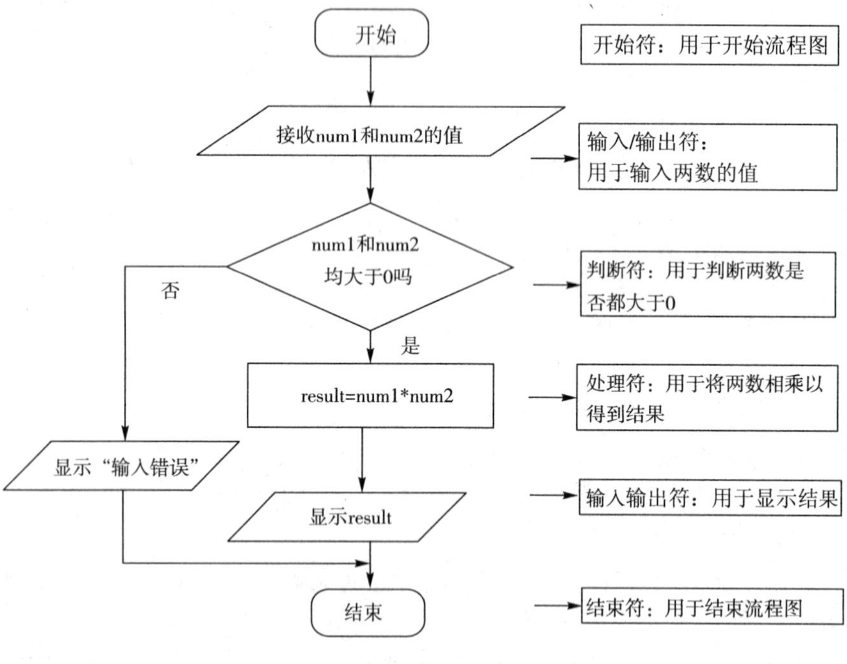

图 1-2　“计算长方形面积”的流程图

num1 和 num2 是流程图中的变量，用于存储长方形的长度和宽度值。result 变量用于存储 num1 和 num2 的乘积。流程图中的矩形框用于表示处理或运算功能。

对于比较复杂的算法，其流程图可能会长达很多页，这时，需要使用连接符将流程图从一页连接到另一页。

1.3　C 语言的发展和语法单位

1.3.1　C 语言的发展与特点

1. C 语言的发展历史

同计算机进行交流，指挥它工作，就需要有与之交流的方式。也就是说，需要有描述程序的合适语言。可供人们编程用的语言就是程序设计语言。程序设计语言就是一组用于指示计算机执行特定任务的特殊词语和规则。如今有许多程序设计语言可供使用，其中以 C 语言最为典型。

C 语言是贝尔实验室的 Dennis Ritchie 在 1973 年设计的一种程序设计语言，其目的是用于编写操作系统和系统程序，初期用在 PDP-11 计算机上写 UNIX 操作系统。由于 C 语言的强大功能和各方面的优点逐渐为人们认识。到了 20 世纪 80 年代，C 语言进入其他操作系统，并很快在各类大、中、小和微型计算机上得到了广泛的使用，成为当代最优秀的程序设计语言之一。1987 年，美国标准化协会制定了 C 语言标准，通常称之为“ANSI C”，即现在流行的 C 语言。

如今有许多性能良好的 C 语言系统可用，例如，Borland 公司早期的 Turbo C 和后续 Borland C/C++系列产品，Microsoft 公司的 Microsoft C 和后续 Visual C/C++系列产品等。此外还有许多廉价、免费和绿色版的 C 语言系统。

本书以 Visual C ++ 6.0 为学习平台，所有例题均在 Visual C ++ 6.0 环境下调试运行。

2. C 语言的特点

与其他语言相比，C 语言具有以下基本特点：

①结构化程序设计语言。层次清晰，便于按模块化方式组织程序，易于调试和维护。

②语言简洁。C 语言比较简单，入门相对比较容易。C 语言很好地总结了其他语言提出的程序库概念，把程序设计中需要的许多功能放在程序库(称为标准库函数)里实现，如输入输出功能等。

③功能强大。C 语言的表现能力和处理能力极强。不仅具有丰富的运算符和数据类型，便于实现各类复杂的数据结构，还可以直接访问内存的物理地址，进行位(bit)一级操作。既可以用于系统软件的开发，也适合于应用软件的开发。

④可移植性好。与汇编语言相比，C 程序基本上不做修改就可以运行于各种型号的计算机和各种操作系统中。

1.3.2　C 语言的主要“单词”

1. 标识符

标识符是指用来标识变量、函数、数据类型、语句等的符号。例 1-1 中的 include、int、fact、n、for、return 等都是标识符。

C 语言的标识符由字母、数字和下划线组成，其中第一个字符必须是字母或下划线。例如，_sum 是一个合法的标识符，而 a&b 就是非法的。在 C 语言中，标识符中英文字母的大小写形式是有区别的，例如，sum 和 Sum 是不同的标识符。

C 语言中，标识符主要分为保留字和用户自定义标识符。

①保留字，又称为“关键字”，是 C 语言规定的、赋予特定含义和专门用途的标识符，它们主要与数据类型和语句有关。例如，例 1-1 中的 int 表示整数类型，for 表示循环语句等。

②用户自定义标识符。包括程序中定义的变量名和函数名等。例如，例 1-1 中的 n 表示变量名，fact 表示函数名。一般来说，取有意义的英文单词作为用户自定义标识符，例如，表示和的变量一般用 sum 为名。

2. 常量

常量是有数据类型的，例如，整型常量 239、实型常量 13.9、字符常量'a'、字符串常量"Hello C program!"等。

3. 运算符

运算符表示对各种数据类型数据对象的运算。如：+(加)、-(减)、*(乘)、/(除)等。

运算符多为双目运算符(涉及 2 个运算对象)，也有单目运算符(涉及 1 个运算对象)和三目运算符(涉及 3 个运算对象)。

4. 分隔符

例如，顿号、;、[、]、(、)和#都是分隔符。

1.3.3 C 语言的主要语法单位

1. 表达式

将常量、变量、函数等使用运算符连接的式子称为“表达式”，如：2+3*5>10。

2. 变量定义

变量有数据类型，在定义变量时需要说明相应变量的类型，不同类型的变量在内存中占用的存储空间大小也不同。

变量定义的形式：

类型名 变量名;

例如，例 1-1 中的“int n;”就是定义一个整型变量 n。

3. 语句

语句是 C 程序的最基本执行单位，程序的功能就是通过执行一系列语句来实现的。C 语言中的语句有多种形式。

(1)表达式语句

表达式语句是最简单的语句，由表达式加分号组成。如：赋值表达式“j=j+1”后加个分号“j=j+1;”就是赋值语句。

(2)分支语句

分支语句实现分支控制过程，根据不同的条件执行不同的语句。如：

```
if(x> = y) z = x;
else z = y;
```

当 x 的值大于或者等于 y 的值时，执行语句“z=x;”，否则执行语句“z=y;”，实现的功能是将变量 x 和 y 中的大值赋值给变量 z。

(3)循环语句

循环语句是实现循环控制的语句,C 语言中有 3 条循环语句:while 语句、for 语句和 do while 语句。实现求 1 到 100 的自然数和的 while 语句如下:

```
sum = 0;
i = 1;
while(i< = 100)                    // 循环语句
{
    sum = sum + i;
    i = i + 1;
}
```

(4)复合语句

使用一对大括号{}将多条语句组合在一起,就形成了复合语句。例如,上述 while 语句中的{sum=sum+i;i=i+1;}为一条复合语句。

4. 函数定义和调用

函数是完成一个特定任务的独立模块,是 C 语言的一种子程序形式。函数的目的是接收 0 个或多个数据,并返回 0 个或 1 个结果。

函数分为系统函数和用户自定义函数,如:例 1-1 中的 scanf()和 printf()是系统函数,fact()是用户自定义函数。

(1)函数定义

函数定义的主要功能是通过编写一系列语句来实现其所需要完成的功能。完整的函数定义涉及函数头和函数体。函数头部包括函数的返回值类型、函数名、参数和参数类型;函数体是一个程序模块,规定了函数所具有的功能。如:例 1-1 中用户自定义函数 fact()的组成,如表 1-2 所示。

表 1-2 函数 fact()的组成

<table>
<tr><th>函数头部</th><th>int fact(int m)</th></tr>
<tr><td>函数体</td><td>{
    int i,f = 1;
    for(i = 1;i< = m;i + +)
      f = f * i;
    return(f);
}</td></tr>
</table>

(2)函数调用

函数定义后,就可以在程序的其他地方调用这个函数。如:例 1-1 主函数 main()中的语句"printf("%d\n",fact(n));"中调用自定义函数 fact(n),实现求 n! 的功能。

1.4 实现问题求解的过程

本节通过求解一个具体的例子来说明程序设计的主要过程。

问题:求 1～100 之间所有奇数的和。

1.4.1 问题分析和算法设计

1. 问题分析

本问题已知 1～100 共 100 个正整数,求其中奇数的和,范围可以扩展到任意正整数的范围,是一个典型的累加求和的问题。

累加求和问题的解题思路:设置一个存储和的变量 sum,将符合条件的数 i 一个一个累加到 sum 中,一次累加过程的 C 语言语句为:

```
sum = sum + i;
```

累加的过程需要反复的执行,可以通过循环语句来控制。

2. 算法设计

算法是解决问题的方法和步骤,表述算法最为经典的工具是程序流程图。对于求解 1～100 之间所有奇数和的问题,可以通过流程图来描述解决步骤,如图 1-3 所示。

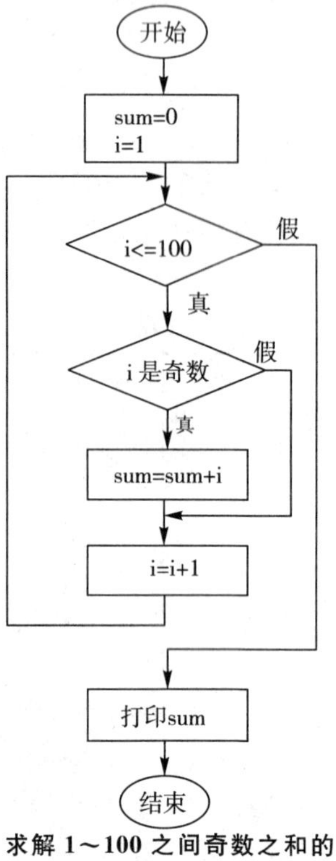

图 1-3 求解 1～100 之间奇数之和的流程图

1.4.2 编辑程序

当确定了解决问题的步骤后,就可以开始编写程序。在指定的环境中,利用其中的编辑功能直接编写程序，生成源程序，一般是扩展名为“.C”的文件。

求解 1～100 之间奇数之和的源程序如下：

```
#include <stdio.h>
void main()
{
    int i,sum = 0;
    for(i = 1;i< = 100;i + + )            //①
        if(i % 2 = = 1)   sum = sum + i;    //②
    printf(" % d\n",sum);                 //③
}
```

分析：

①for(i=1;i<=100;i++)是一个循环，它表示从 i=1 的时候开始循环，通过 i++实现每循环一次 i 加上 1，只要 i 的值小于等于 100，循环就一直进行，当 i 大于 100 时，循环结束。

②每次循环就是执行语句“if(i%2==1)　sum=sum+i;”，如果 i 是奇数，就将 i 累加到 sum 中。%是一个求余数的运算符，i 与 2 除后的余数为 1 表示 i 为奇数。

③当循环退出时，即 i 的值大于 100 时，执行输出语句，将 sum 的值输出。“%d”指以十进制整数形式输出。

1.4.3 编译程序

由于源程序计算机是无法直接识别的，需要把编辑好的程序通过该语言的编译程序对其进行编译，生成二进制代码的目标程序，文件扩展名为“.obj”。

在编译的过程中，如果代码中有语法错误，编译程序会提示该语法错误所在的位置，有语法错误是不能生成目标文件。开发者可以在编辑工具的提示下，快速对程序进行调试，确定错误所在位置，并重新编辑修改。确定修改正确后再进行编译，直到编译成功。

1.4.4 运行和调试程序

1. 运行程序

编译成功后的目标程序经过连接后生成可执行文件，其扩展名为“.exe”。

在一般的编辑工具中提供了运行程序的命令按钮或者菜单项，求解 1～100 之间奇数之和问题的运行结果如图 1-4 所示。

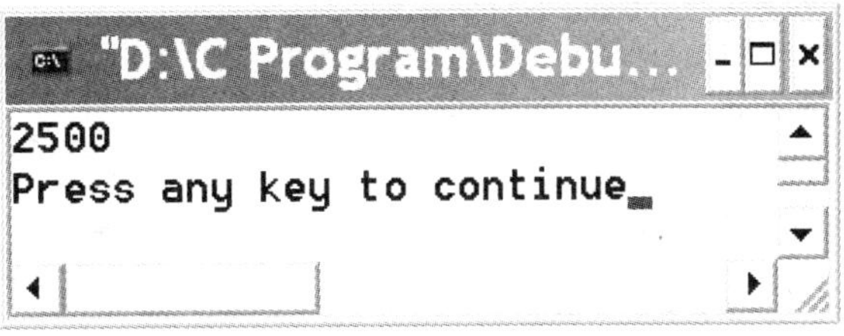

图 1-4　求解 1～100 之间奇数之和的程序运行结果

2. 调试程序

调试是指在程序运行时，查找错误并修改错误的过程，最主要的工作是找到错误发生的位置。

一般的编辑环境中提供调试程序的方法是设置断点并观察变量。

(1)设置断点

在程序的任何一条语句上都可以设置断点，使程序运行到此处时停下来。

(2)观察变量

当程序运行到断点时停下来，可以观察相关变量的值，判断此时变量的值是不是所希望的。如果不是，说明断点之前肯定有错误发生，这样就可以把错误的范围集中在断点之前的程序段上。

调试是一个需要耐心和经验的工作，也是程序设计最基本的技能。

1.5 技能训练：使用 VC 6.0 编辑和运行程序

1.5.1 C 程序的开发过程

开发一个 C 程序，一般要经历编辑、编译、连接和运行 4 个步骤。假设待处理的 C 程序名为"ex1_1. c"，基本过程如图 1-5 所示。

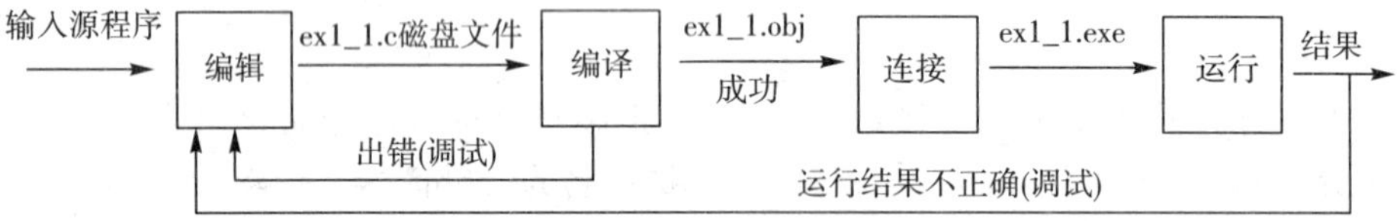

图 1-5 C 程序开发的过程

1. 编辑

用户通过编辑器，将自己开发的 C 程序输入计算机的过程称为"C 源程序的编辑"。编辑生成的文件，扩展名为". C"，也称为"C 的源程序"。源程序文件以 ASCII 码形式存储，计算机不能直接执行。

2. 编译

计算机把 C 的源程序翻译成计算机可以识别的二进制形式的目标代码文件，这个过程称为编译，由 C 的编译程序完成。

编译器在编译的同时，还对源程序进行语法和逻辑结构等检查，当发现错误时，将会列出错误的位置和类型，此时对程序调试，即重新编辑源程序。如果编译成功，则生成目标文件，文件主名同源程序文件名，扩展名为". obj"。

3. 连接

连接程序将目标程序和其他目标程序模块，以及系统提供的 C 库函数等进行连接并生成可执行文件的过程，称为"连接"。连接生成的可执行文件的主文件名同源程序文件名，扩展名为". exe"。

4. 运行

通过执行可执行文件，就可以获得运行结果，如果运行结果有误，则需要重新编辑源程序，再进行编译、连接和运行，直到得到正确的运行结果。

1.5.2　Visual C++ 6.0 的启动与退出

1. Visual C++ 6.0 的启动

参考步骤：

依次单击“开始”→“Microsoft Visual C++ 6.0”→“Microsoft Visual C++ 6.0”菜单命令，打开“Microsoft Visual C++ 6.0”主窗口，如图 1-6 所示。

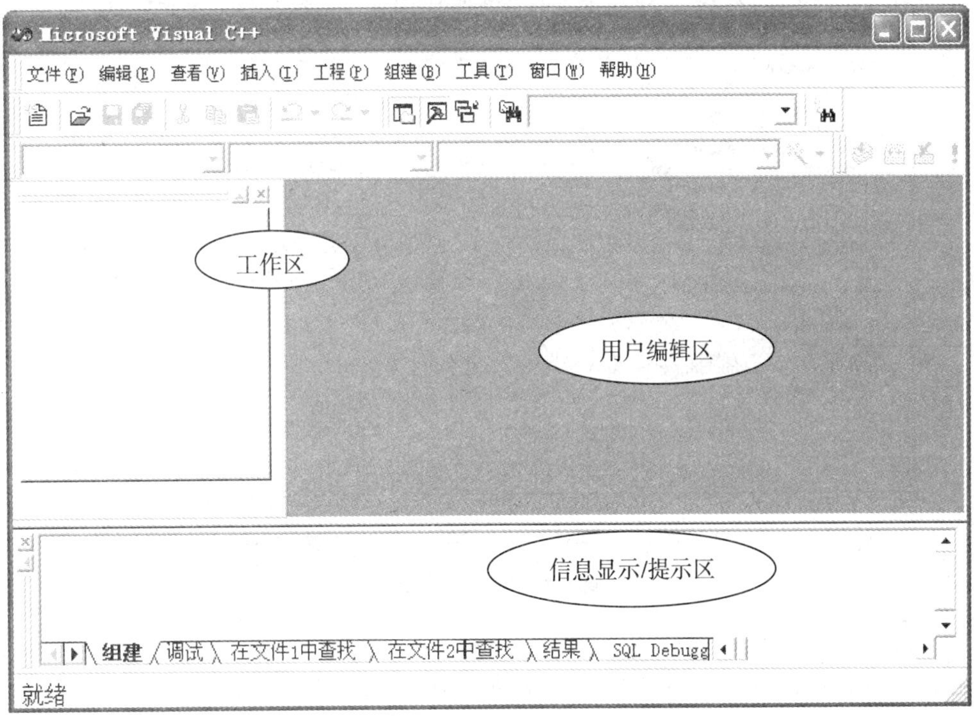

图 1-6　Microsoft Visual C++ 6.0 主窗口

补充说明：

①此窗口和 Windows 操作系统窗口类似，由标题栏、菜单栏等组成，在此不再一一介绍。

②窗口主要分成三大部分：工作区、用户编辑区和信息显示/提示区。工作区主要显示工程的结构、包含的全部文件等信息，类似于资源管理器的文件夹显示区；用户编辑区用于编辑程序；信息显示/提示区用于显示结果或提示一些错误信息等，当编译程序有错误时，在该区域提示，以帮助用户修改错误。

2. Visual C++ 6.0 的退出

参考步骤：

①单击窗口右上角的“关闭”按钮。

②单击“文件”菜单，选择“退出”菜单命令。

1.5.3 创建工程和C语言程序

1. 创建工程“ex1_2”

参考步骤：

①打开“Microsoft Visual C++ 6.0”主窗口。

②单击“文件”菜单，选择“新建”菜单项，弹出“新建对话框”，如图1-7所示。

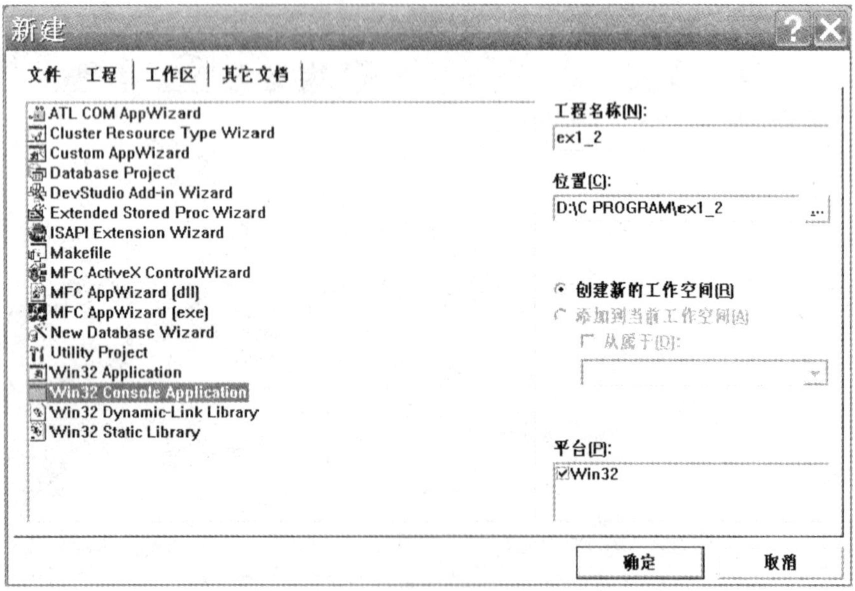

图1-7 “新建”对话框

③单击“工程”选项卡，选择“Win32 Console Application”。

④在对话框中的“工程名称”输入框中输入“ex1_2”，作为本工程的名称。

⑤单击“位置”输入框右侧提供的“...”按钮，弹出“选择目录”对话框，选择“磁盘驱动器”为D盘，再选择“C Program”文件夹，单击“确定”按钮。

⑥单击“确定”按钮，弹出“Win32 Console Application”对话框，如图1-8所示。选择“一个空工程”单选按钮，单击“完成”按钮，弹出“新建工程信息”对话框，如图1-9所示。

图1-8 “Win32 Console Application”对话框

图1-9 “新建工程信息”对话框

⑦单击“确定”按钮，打开工程窗口，如图 1-10 所示。

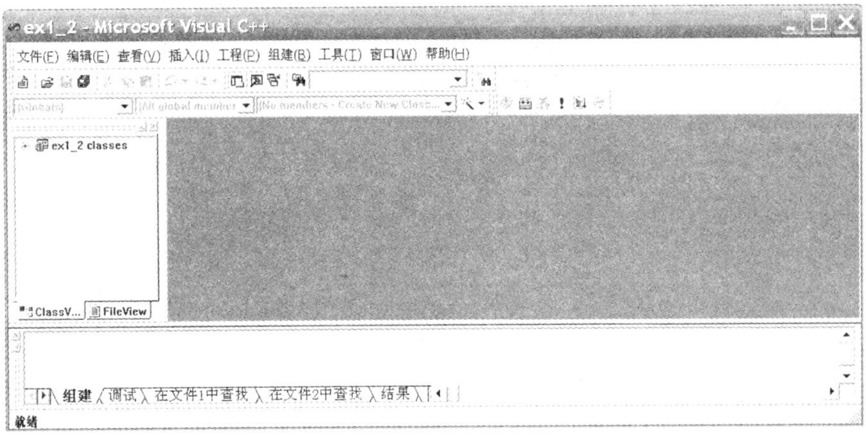

图 1-10 “ex1_2 Microsoft Visual C++”工程窗口

补充说明：

①至此只建立了一个工程，这是建立 C 语言程序的前提。

②与工程相关的所有文件都放在与工程同名的文件夹内。

2. 创建一个 C 语言程序“ex1_2. c”

参考步骤：

①在图 1-10 所示的窗口中单击“文件”菜单，选择“新建”，弹出“新建”对话框，如图 1-11 所示。

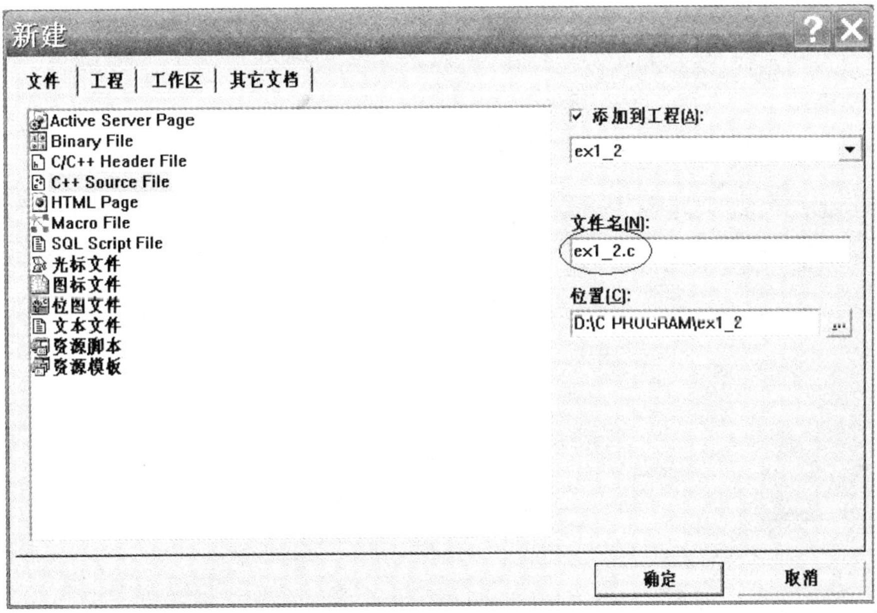

图 1-11 “新建”对话框

②选择“文件”选项卡，单击选中“C++ Source File”，在“文件名称”输入框中输入文件

名："ex1_2. c"，确定位置为："D:\C PROGRAM\ex1_2"，选中"添加到工程"复选框。

③单击"确定"按钮，弹出"ex1_2. c"编辑窗口，如图 1-12 所示，可以在"用户编辑区"编写C 语言程序。

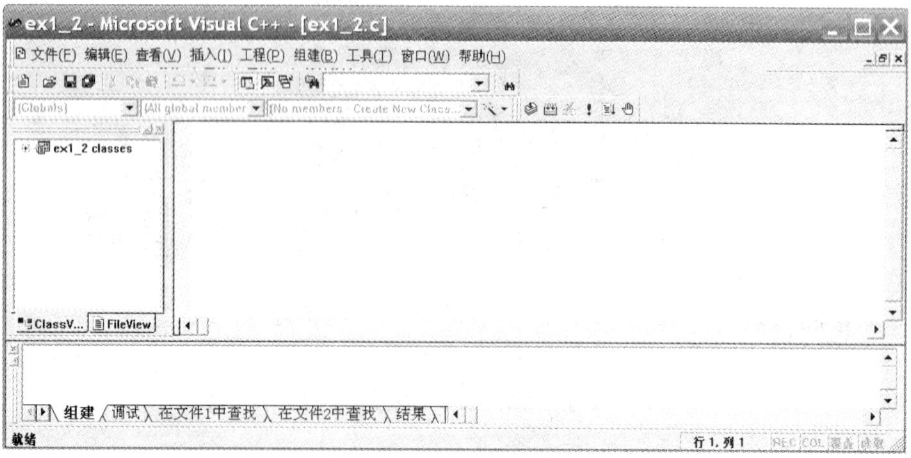

图 1-12　编辑"ex1_2. c"窗口

补充说明：

在 Microsoft Visual C++ 6.0 下编辑和编译 C 语言程序时，文件名的命名必须要以". c"为扩展名，如图 1-11 所示的文件名"ex1_2. c"，而不能为"ex1_2"，否则编译可能会出现问题。

1.5.4　编辑、编译和执行 C 语言程序

例如，编辑、编译、连接和执行文件"ex1_2. c"，输出"北京！ 你好！"。

参考步骤：

①在图 1-12 的窗口中编辑 C 程序，输入如图 1-13 所示的程序。

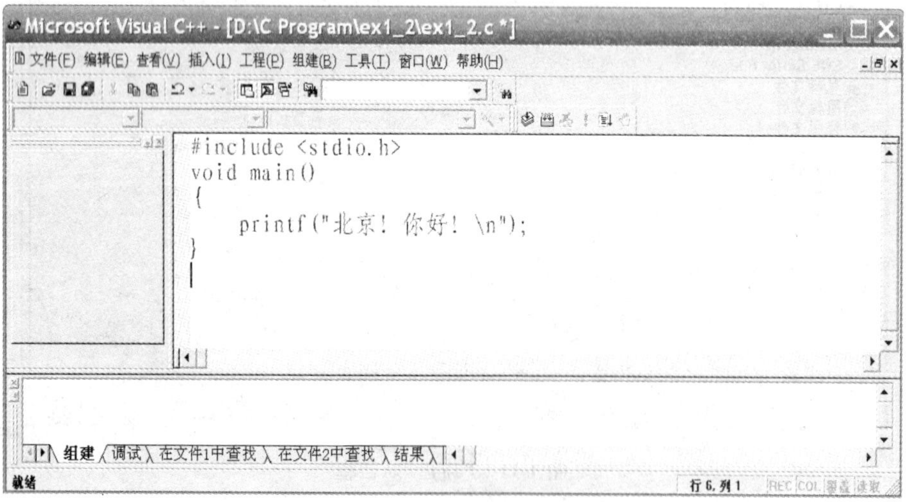

图 1-13　在"Microsoft Visual C++ 6.0"环境下输入源程序

②C 程序编辑完成后，需要对它进行编译，单击“组建”→“编译”菜单命令或单击“工具栏”上的“ ”按钮，如图 1-14 所示。

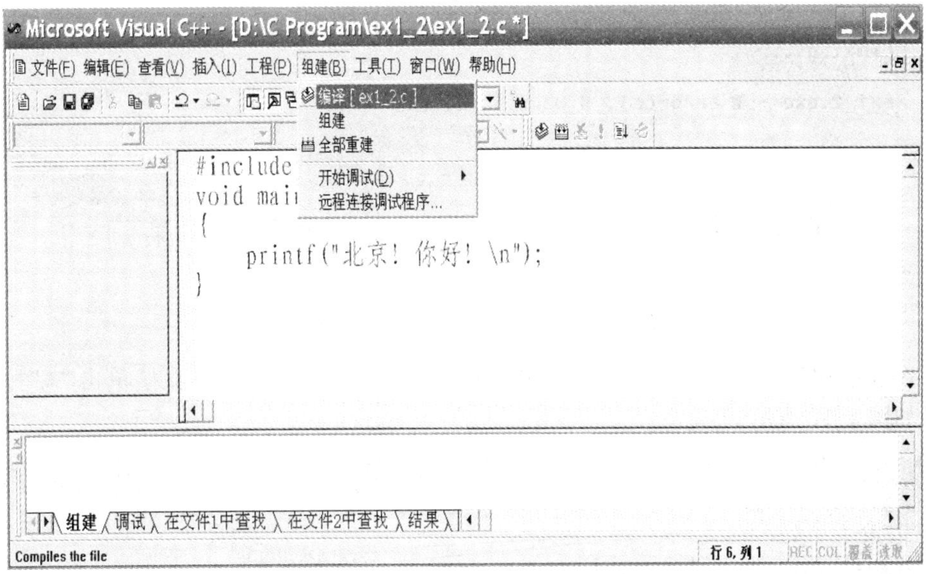

图 1-14 编译 C 源程序

③编译源代码，如果没有错误，窗口将显示编译后的源代码窗口，如图 1-15 所示。

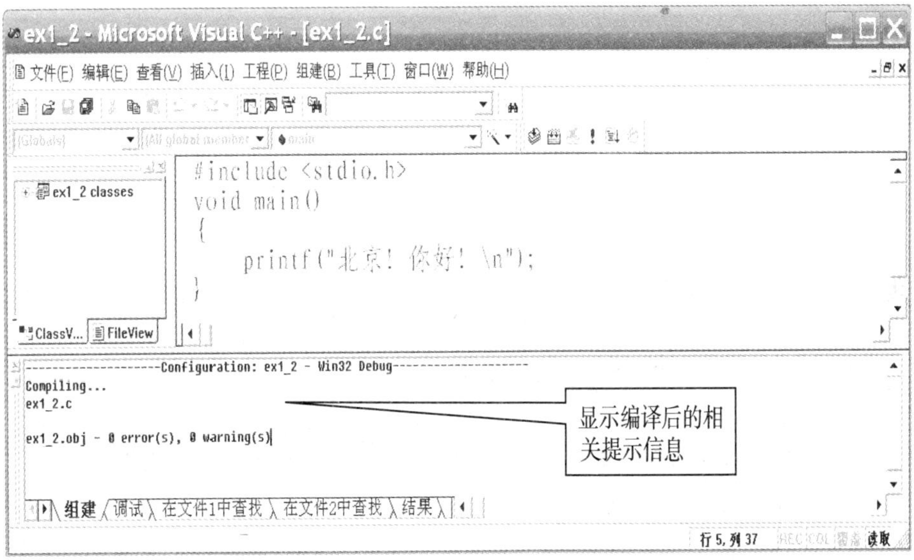

图 1-15 编译后的 C 源代码

④编译成功后，选择“组建”→“组建”菜单命令或直接单击“”按钮，连接成功后，窗口如图 1-16 所示。

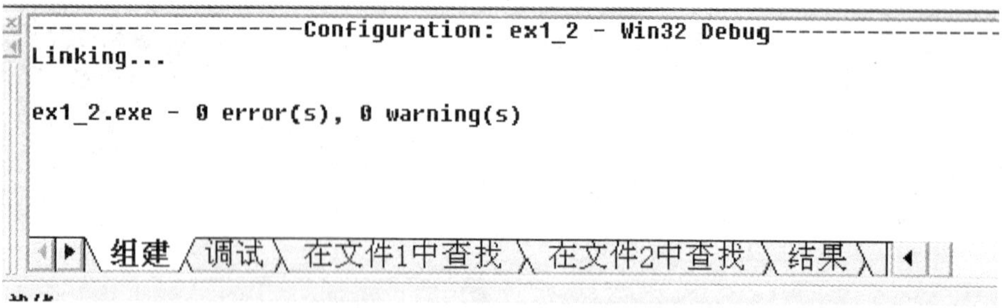

图 1-16 连接成功后提示信息

⑤连接成功后生成可执行文件，单击“组建”→“执行”菜单命令或直接单击“!”按钮，输出结果如图 1-17 所示。

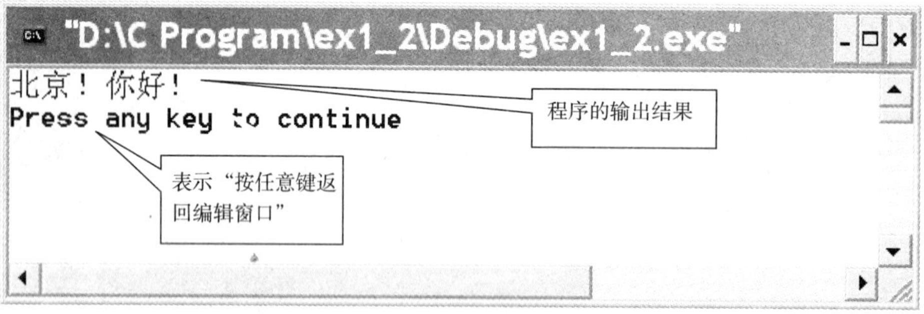

图 1-17 程序的输出结果

⑥查看完输出结果后，按任意键(Press any key to continue)，返回到源程序窗口。

⑦保存好需要的源程序后，关闭窗口。

补充说明：

①在编译后，可能会有错误，需要根据错误提示，修改后重新编译，直到编译成功后程序才可以连接。

②编译程序也可以直接单击“工具栏”上的“”按钮，连接可以直接单击“”按钮，执行程序可以直接单击“!”按钮。

③为了简单起见，编译、连接和执行可以合并为一步，即直接单击运行“!”按钮。

1.5.5 C 程序文件的管理

1. 打开 C 程序文件

例如，在 Microsoft Visual C++ 6.0 环境中打开 C 程序文件“ex1_2.c”。

参考步骤：

①启动 Microsoft Visual C++ 6.0。

②单击“文件”菜单，选择“打开”菜单项，弹出“打开”对话框，如图 1-18 所示。

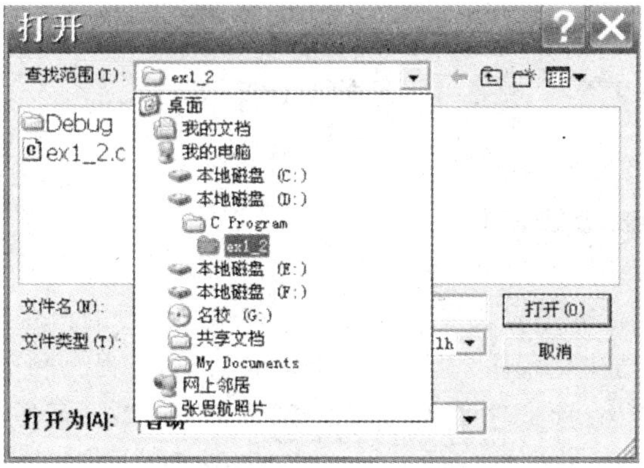

图 1-18 “打开”对话框

③在“查找范围”中依次选择“D:\C Program\ex1_2”，在“文件类型”中选择“C++ Files”。

④选定“ex1_2. c”文件，单击“打开”按钮，即打开了 C 程序文件“ex1_2. c”，可以继续进行编辑和运行等。

2. 查看和管理 C 程序文件

例如，利用“我的电脑”查看和管理 C 程序文件“ex1_2. c”。

参考步骤：

①双击桌面上“我的电脑”图标，并依次单击“本地硬盘 D:”→“C Program”→“ex1_2”文件夹，如图 1-19 所示。

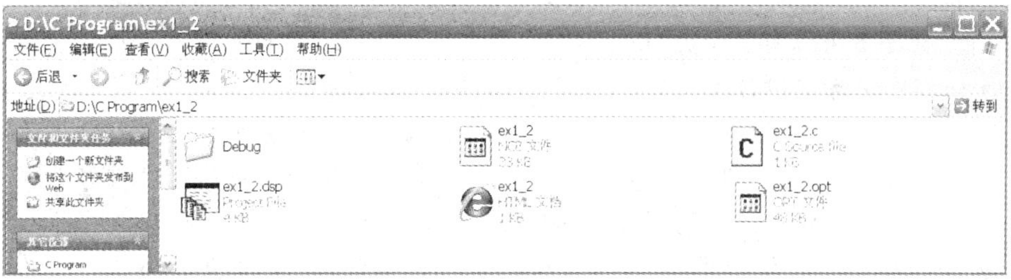

图 1-19 “我的电脑”窗口

②与该工程相关的全部文件均在该文件夹下，其中“ex1_2. c”文件为我们需要的主要文件，其他文件为工程配套或自动生成的文件。

③双击“ex1_2. c”文件图标，可以直接打开 Microsoft Visual C++ 6.0 环境和“ex1_2. c”文件，进行编辑和运行等。

补充说明：

①在拷贝 C 程序文件时，可以只保留“. c”文件，其他文件在编译时可以自动生成。

②经过编译、连接后生成的“. obj”文件和“. exe”文件自动存储在同目录的“Debug”文件夹下，如图 1-19 所示。

本章小结

➢算法是解决问题的方法和步骤。

➢流程图是算法的一种图形化表示方法。

➢程序是为了让计算机完成某项任务而编写的逐条执行的指令序列。

➢C 语言的特点:结构化程序设计语言、语言简洁、功能强大和可移植性好。

➢C 程序的基本结构:预处理命令、main()函数和子函数。函数中的内容都要使用{}括起来,每条语句必须用分号结束。

➢C 程序编写完成后,首先需要通过编译转换成目标文件,然后通过连接创建可执行文件,最后才可以执行该程序。

➢使用 Visual C ++ 6.0 IDE 可以编译和执行 C 程序。

习题 1

一、单项选择题

1. 流程图中(　　)符号用于表示处理或运算功能。

A. 矩形　　B. 椭圆形　　C. 平行四边形　　D. 圆形

2. 下面说法正确的是(　　)。

A. C 程序中可以有多个 main()函数

B. C 程序中必须包含头文件

C. C 程序 main 函数中如果只有一条语句,可以不用{}括起来

D. C 程序中,一行中可以写多条语句,只要每条语句结束后都跟一个分号即可

3. (　　)是一组描述完成某项任务的具体方法和步骤。

A. 算法　　B. 流程图　　C. 程序　　D. 伪代码

4. 下面(　　)是 C 语言中的合法注释语句。

A. /* 这是我的第一个 C 程序
　完成在屏幕上打印一条语句的功能 */

B. /* 打印输出,并换行//

C. /打印输出,并换行

D. /打印输出,并换行 */

5. (　　)用于帮助访问外部定义的函数。

A. 源程序　　B. 目标文件　　C. 文本文件　　D. 头文件

6. C 程序通过(　　)后将生成可执行文件。

A. 连接　　B. 编译　　C. 执行　　D. 创建

7. 一个 C 程序的执行是从(　　)。

A. 本程序的 main()函数开始,到 main()函数结束

B. 本程序的第一个函数开始，到本程序文件的最后一个函数结束

C. 本程序的 main()函数开始，到本程序文件的最后一个函数结束

D. 本程序的第一个函数开始，到本程序文件的 main()函数结束

8. C 语言规定：在源程序中 main()函数的位置(　　)。

A. 必须在最前面　　　　B. 必须在系统调用的库函数的后面

C. 可以任意　　　　D. 必须在最后

9. 一个 C 语言程序是由(　　)。

A. 若干过程组成　　　　B. 一个主程序和若干子程序组成

C. 函数组成　　　　D. 若干子程序组成

10. 以下叙述正确的是(　　)。

A. 在 C 程序中，main()函数必须位于程序的最前面

B. C 程序中每行中只能写一条语句

C. C 程序中本身没有输入输出语句

D. 在对一个 C 程序进行编译的过程中，可以发现注释中的拼写错误

二、问答和编程题

1. C 语言源程序文件、目标文件和可执行文件的扩展名分别是什么?

2. 利用 Visual C++ 6.0 环境，编写一个 C 语言程序，显示自己的学号、姓名等信息，并命名为“学号+姓名.c”(使用自己的真实学号和姓名)，将该源程序发到老师的邮箱。程序输出结果如下图所示。

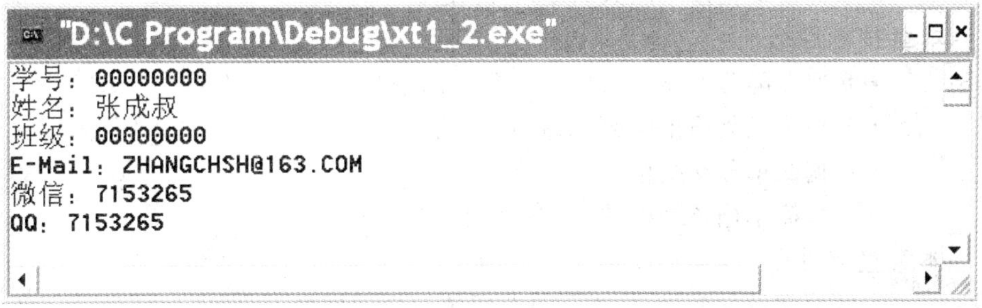

第 2 章
用 C 语言编写程序

本章工作任务

- 编写简单的程序，在屏幕上显示一些信息
- 编写简单的程序，实现简单的数据处理

本章知识目标

- 认识在屏幕上显示一些信息的简单程序
- 认识简单的分支结构
- 认识简单的循环结构
- 了解格式化输出函数 printf()的使用
- 了解格式化输入函数 scanf()的使用

本章技能目标

- 掌握在屏幕上显示信息的 C 程序的编写
- 掌握格式化输出函数 printf()的使用
- 掌握简单分支结构的 C 程序编写
- 掌握简单循环结构的 C 程序编写

本章重点难点

- 区分常量与变量、算术运算与赋值运算的概念
- 格式化输出函数 printf()的使用
- 简单 C 程序的编写

通过第 1 章的学习，读者对 C 语言和 C 语言编程有了初步的认识，了解了计算机程序的功能和作用。在现实中，从简单的在屏幕上显示一些信息到复杂的学生成绩管理系统，都被计算机程序所操纵和控制。

当然，读者现在编写的程序都是一些对简单程序的模仿，属于初学者的阶段。那么在初学编程阶段，需要注意哪些问题呢？

从简单的在屏幕上显示一些信息到复杂的学生成绩管理系统，最常见的应用就是利用计算机实现对数据的处理。因此，在 C 语言程序设计时，首先要考虑以下几个问题：程序编写需要使用哪些类型的数据？对这些数据能做哪些操作？怎样完成给定的工作？这就是程序设计语言的 3 个基本内容：数据表达、运算和流程控制。

本章不仅介绍 C 语言的基本内容，还着重讲解如何运用 C 语言编写程序，从简单程序到复杂程序，从小程序到大程序，同时还讲述程序设计的思想、方法和风格，使读者不但能编写程序，而且能编“好”的程序，即比较规范的程序，以更好地解决实际问题。

请读者从编写简单 C 语言程序开始，领略编程的乐趣吧！

2.1　在屏幕上显示“欢迎来到 www.aftvc.com”

【例 2-1】　在屏幕上显示“欢迎来到 www.aftvc.com”。

程序代码：

```
/* ex2_1.c */
/* 显示“欢迎来到 www.aftvc.com!” */                //注释文本
#include <stdio.h>                                  //编译预处理命令
void main()                                         //定义主函数 main()
{
    printf("欢迎来到 www.aftvc.com! \n");           //调用 printf()函数出现文字
}
```

运行程序，结果如图 2-1 所示。

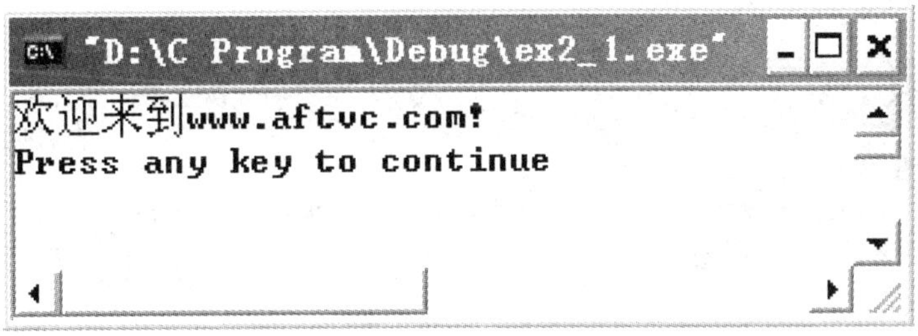

图 2-1　例 2-1 运行结果

首先看第一行：

```
/* 显示“欢迎来到 www.aftvc.com!” */                //注释文本
```

它是程序的注释，用来说明程序的功能，注释文本包含在/＊和＊/之间。注释是对程序的注解，它可以是任何可显示的字符，不影响程序的编译和运行，程序编译时会忽略这些内容。在程序中适当插入一些注释，可以使程序容易被人理解。

程序的第二行是：

```
# include <stdio.h>
```

它是编译预处理命令，因为后面调用的 printf()函数是 C 语言提供的标准输出函数，在系统文件 stdio. h 中声明。

☞**注意**：编译预处理命令末尾不加分号。

下面的程序行：

```
void main()
```

定义了一个名字为 main 的函数，它是 C 程序处理的起点，一般无返回值。如果一个函数没有返回值，则在它前面加一个关键字 void，表示返回值为空。

一对花括号把构成函数的语句括起来，称为"函数体"。例 2-1 的函数体只有一条语句为：

```
printf("欢迎来到 www.aftvc.com! \n");
```

它由两部分组成：函数调用和分号。printf("欢迎来到 www. aftvc. com! \n")是一个函数调用，它的作用是将双引号中的内容原样输出，\n 是换行符，即在输出 www. aftvc. com! 后换行；而分号表示语句的结束。

☞**注意**：C 语言中的所有语句都必须以分号结束。程序中所有的标点符号都是英文符号。

【例 2-2】 在屏幕上显示两个短句"Programming is fun. "和"And programming in C is even more fun!"，每行显示一句。

程序代码：

```
/* ex2_2.c */
# include <stdio.h>
void main()
{
    printf("Programming is fun.\n");
    printf("And programming in C is even more fun! \n");
}
```

运行程序，结果如图 2-2 所示。

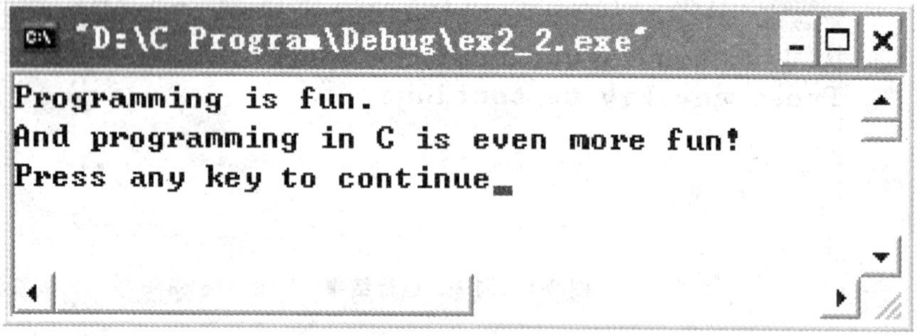

图 2-2 例 2-2 运行结果图

2.2　交换数字问题

2.2.1　程序解析

【例 2-3】　设 a=5,b=7,要求将 a、b 两个变量的数值进行交换。

程序代码：

```
/* ex2_3.c */
/* 设 a = 5,b = 7,要求将 a、b 两个变量的数值进行交换 */
#include <stdio.h>
void main()
{
    int a,b,c;
    a = 5,b = 7;
    printf("交换前 a = %d,b = %d\n",a,b);
    c = a;
    a = b;
    b = c;
    printf("交换后 a = %d,b = %d\n",a,b);
}
```

运行程序,结果如图 2-3 所示。

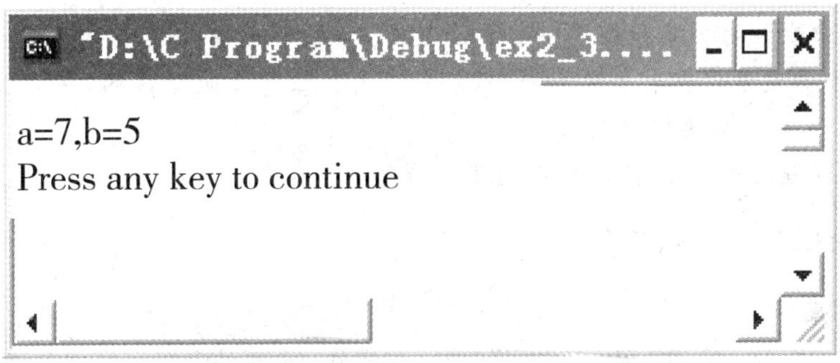

图 2-3　例 2-3 运行结果图

2.2.2　常量、变量和数据类型

在 C 语言中,数据有常量和变量之分。在程序运行过程中,其值不能被改变的量称之为"常量",其值可以改变的量称为"变量"。例如,在例 2-3 中,整数 5 和 7 是常量,而 a、b 和 c 是变量。

常量和变量都有其类型,常量的类型通常由书写格式决定。例如,5 和 7 是整型常量(整数),变量的类型是在定义时就被指定了。

变量定义的一般形式是:

类型名 变量名表;

类型名必须是有效的数据类型，变量名表中可以有一个变量名或由逗号间隔的多个变量名。

例如：

```
int a,b,c;              //定义3个整型变量a、b和c,用于存放整数
float x;                //定义1个单精度浮点型变量x,用于存放实数
double area,length;     //定义2个双精度浮点型变量area和length,用于存放实数
```

C语言中最常用的数据类型有int(整型)、char(字符型)、float(单精度浮点型)和double(双精度浮点型)。其中float和double都是浮点型(实型)，用于存放浮点数(实数)，区别在于double型数据占用空间更大，精度更高，取值范围更大。

☞**注意**：给变量起名尽量做到"见名知义"，一看到变量名就知道它的含义。变量名中的英文字母习惯用小写字母。

C语言中的变量在使用前，都必须先定义。定义变量时要确定变量的名字和数据类型。每个变量必须有一个名字作为标识，变量名代表内存中的一个存储单元，用于存放该变量的值，而该存储单元的大小由变量的类型决定。例如，定义整型变量a后，a代表内存中一个存储空间，该空间有4个字节，用来存放整数。

☞**注意**：整型变量所需存储空间与编译系统有关，在Visual C++ 6.0中，int型变量占用4个字节。

定义变量后，就可以使用它，即使用该变量所代表的存储空间。例如：

```
a=5;
```

表示将5写入a所代表的存储空间中。

☞**注意**：

①C语言中变量的含义和数学中变量的含义不同。C语言中变量代表保存数据的存储单元，而数学中的变量代表未知数。例如，x=x+1在数学上是错误的，在C语言中却表示把变量x的值加1，然后再保存到x中。

②C语言区分大小写字母，a和A是不一样的。

2.2.3 算术运算和赋值运算

1. 算术运算

算术运算包括加、减、乘、除、求余和其他一些操作，前者对应双目算术运算符，双目运算符需要两个操作数，如表2-1所示。

表2-1 双目算术运算符

运算符	+	−	*	/	%
名称	加	减	乘	除	模(求余)
优先级	低		高		

用算术运算符将运算对象连接起来且符合C语言语法规则的式子称为"算术表达式"。例如，5*4/2ˆ2−5就是一个典型的算术表达式。

在使用算术运算符时，请注意以下几点：

①如果对两个整型数据做除法运算，其结果一定是整数。例如，10/3的值为3，1/4的值

为 0。

②求余运算符取整型数据相除的余数，它不能用于实型数据的运算。例如，表达式 4%7 的值为 4，10%4 的值为 2，100%5 的值为 0（表示 100 能被 5 整除）。

③＋和－还可以作为单目运算符，用于表示数值常量的符号，例如，＋5 和－5。

④双目运算符要求两侧操作数的类型要相同，否则，系统自动进行类型转换，使它们具有相同的类型，然后再运算。例如，求解表达式 10.0/4，系统先自动将其转换为 10.0/4.0，再算出其值为 2.5。关于类型转换详见 7.3 节。

2. 赋值运算

C 语言将赋值作为一种运算，定义了复制运算符“＝”，它的作用是把一个表达式的值赋给一个变量，如 a＝5。赋值运算符的优先级比算术运算符低。

用赋值运算符将一个变量和一个表达式连接起来的式子称为“赋值表达式”。

赋值表达式的简单形式是：

变量＝表达式；

在例 2-3 中，a＝5 和 b＝7 都是赋值表达式。

☞**注意：**赋值表达式的左边必须是一个变量。

赋值表达式的基本运算过程是：

①计算赋值运算符右侧表达式的值。

②将赋值运算符右侧表达式的值赋给赋值运算符左侧的变量。例如，a＝100 时，求解赋值表达式 c＝5＊(a－32)/9 的值。首先计算 5＊(a－32)/9 得到 37，再将 37 赋给 c。

在赋值运算时，如果赋值运算符两侧的数据类型不同，在上述运算过程中，系统首先将复制运算符右侧表达式的类型自动转换成复制运算符左侧变量的类型，再给变量赋值。

2.2.4 格式化输出函数 printf( )

在 C 语言中，数据的输出是通过函数调用实现的。这里先简要介绍常用的格式化输出函数 printf()的基本用法，它是系统提供的库函数，在系统文件 stdio.h 中声明，所以在源程序开始时要使用编译预处理命令 #include <stdio.h>。

printf()函数的功能是将信息按照指定的格式在显示器上显示。

1. printf( )函数的一般形式

printf("格式控制串",输出列表)；

其中“格式控制串”和“输出列表”实际上是 printf()函数的参数，“格式控制串”是用双引号括起来的字符串，包括两种信息：格式说明符和原样输出字符。

2. 格式说明符和原样输出字符

(1)格式说明符

格式说明符由“%”开头，格式字符结尾。例如，%d、%f 和%c 等，作用分别是将数据以整型、浮点型和字符型输出。

(2)原样输出字符

原样输出字符是普通字符或转义字符。如例 2-3 中，printf()函数中“a＝”和“b＝”都属于原样输出的普通字符；\n 是转义字符，作用是换行。

3. 输出列表

输出列表就是要输出的对象。其中输出的对象可以是有具体值的变量,可以是常量或可以计算出具体值的表达式,也可以没有输出项。同时输出多个量时,各量之间用逗号间隔。

例如:

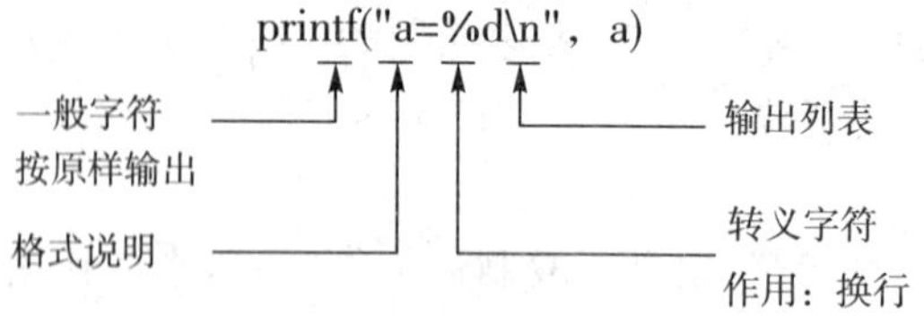

若 a 为 75,则该语句输出的是:a=75,然后换行。

printf()函数中常用的格式字符及其功能,如表 2-2 所示。

表 2-2　常用输出格式字符表

格式字符	功　能
d	以十进制形式输出一个带符号的整数(默认情况下正整数不输出正号)
f	以十进制小数形式输出带符号的单精度浮点型数值
c	输出一个字符
s	输出一串字符

说明:

①格式字符要用小写字母书写。

②格式字符与输出项个数应相同,按先后顺序一一对应。

③格式字符与输出项类型不一致时,自动按指定格式输出。

在 printf()函数中除了可以使用表 2-2 中的格式字符外,还有一些附加格式符可以使用。表 2-3 介绍了在 printf()函数中常用的附加格式符及其功能,其中 m 和 n 都代表一个正整数。

表 2-3　常用附加格式符

附加格式符	功　能
m	输出数据域宽,当数据长度<m,左补空格;否则按实际输出
.n	对实数,指定小数点后位数(四舍五入)
	对字符串,指定实际输出位数
l (long 的第一个字母)	在 d,o,x,u 前,指定输出精度为 long 型
	在 e,f,g 前,指定输出精度为 double 型

【例 2-4】 附加格式符 m 和 n 的使用。

程序代码:

```
/*ex2_4.c*/
#include <stdio.h>
```

```
void main()
{
    int a = 1234;
    float f = 12.345;
    char ch = 'a';
    char b[] = "Hello,world!";
    printf("%8d,%2d\n",a,a);
    printf("%f,%8f,%8.1f,%.2f\n",f,f,f,f);
    printf("%3c\n",ch);
    printf("%s\n%15s\n%10.5s\n%2.5s\n%.3s\n",b,b,b,b,b);
}
```

程序运行结果如图 2-4 所示。

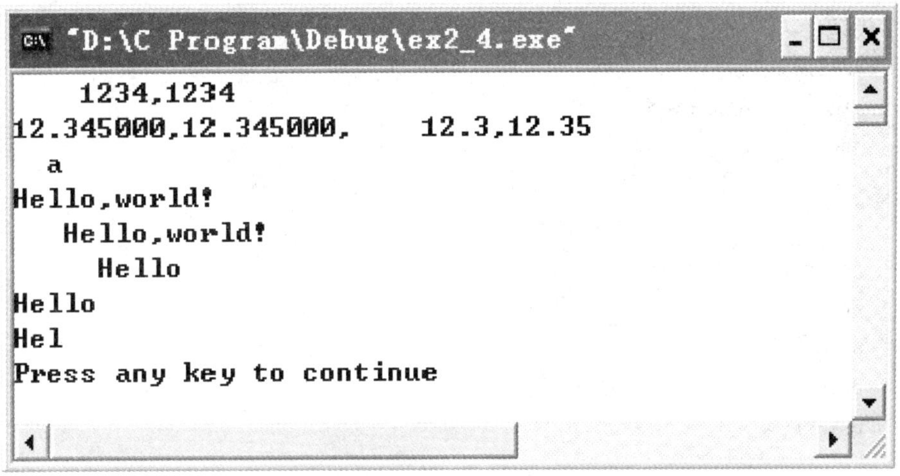

图 2-4　例 2-4 运行结果图

分析：

①第 1 个 printf()函数中，第 1 个输出量输出 1234 并在左边补 4 个空格；第 2 个靠左输出 1234。

②第 2 个 printf()函数中有 4 个输出量：第 1 个靠左输出 12.345000；第 2 个靠左输出 12.345000，总长度超过 8，故按照实际长度输出；第 3 个输出 12.3，并在左边补 5 个空格，第 4 个靠左输出 12.35。

③第 3 个 printf()函数靠右输出字母 a，左边补 2 个空格。

④第 4 个 printf()函数有 5 个输出量：第 1 个靠左输出"Hello，world!"；第 2 个靠右输出"Hello，world!"，并在左边补 3 个空格；第 3 个靠右输出 Hello 并在左边补 5 个空格；第 4 个靠左按输出 Hello；第 5 个靠左输出 Hel。

2.2.5　技能训练

【例 2-5】　利用 printf()函数输出指定图形。

程序执行的效果如图 2-5 所示。

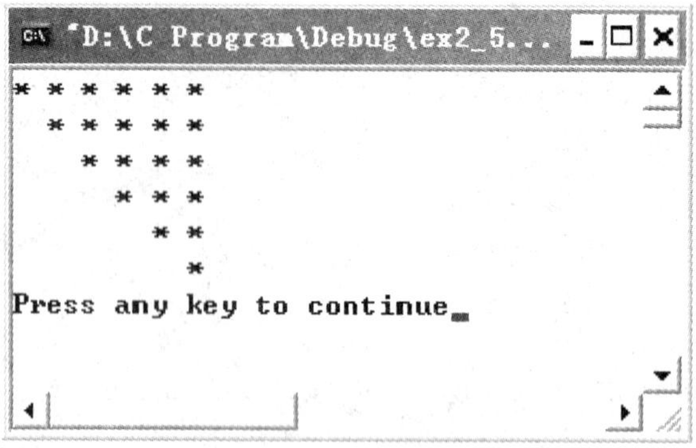

图 2-5　例 2-5 运行结果图

程序代码：

```
/*ex2_5.c*/
#include <stdio.h>
void main()
{
    printf("*  *  *  *  *  *\n");
    printf(" *  *  *  *  *\n");
    printf("    *  *  *  *\n");
    printf("       *  *  *\n");
    printf("          *  *\n");
    printf("             *\n");
}
```

2.3　判断一个数是奇数还是偶数

2.3.1　程序解析

【例 2-6】 从键盘上接收一个整数，判断该数是奇数还是偶数。

程序代码：

```
/*ex2_6.c*/
#include <stdio.h>
void main()
{
    int a;                      //定义一个整型变量
    printf("a=");               //输入提示
    scanf("%d",&a);             //调用 scanf()函数输入数据，变量 a 前面要加 &
    if(a%2==0)
    printf("a 是一个偶数\n");   //调用 printf()函数输出结果
```

```
    else
    printf("a是一个奇数\n");
  }
```

程序执行的效果如图 2-6 所示。

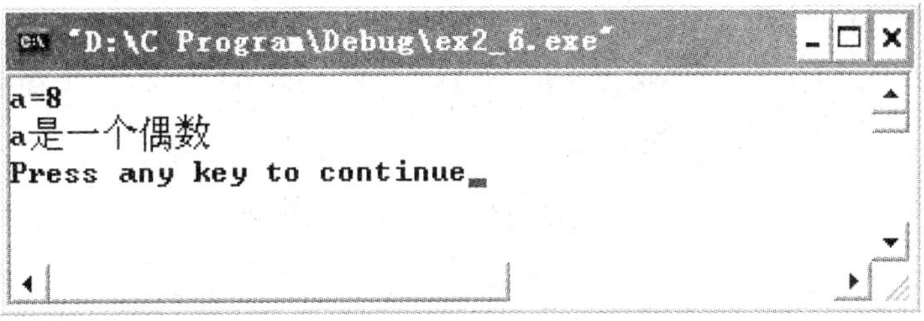

图 2-6　例 2-6 运行结果

程序中首先调用 scanf()函数读入 a,然后根据事先设定的条件,去判断 a 除以 2 的余数是否等于 0,这是典型的二分支结构,用 if-else 语句实现,最后调用 printf()函数输出结果。

printf()函数的格式控制说明%d 是指以整数形式输出数据。

☞**注意:**在程序代码中,针对不同层次采用缩进的书写格式,使程序结构清晰,不易出错。在程序中应加入适当的输入提示。

2.3.2　关系运算

在例 2-6 程序中的 if-else 语句中,用 a%2==0 来判断表达式 a%2 的值和 0 是否相等,这是一种关系运算。在 C 语言中,关系运算就是比较运算,对两个操作数进行比较,运算的结果是"真"或"假"。例如,a%2==0 就是判断 a%2 和 0 是否相等,若 a%2 的值是 0,结果为"真";若 a%2 的值是 1,该式不成立,结果为"假"。

C 语言提供了 6 种关系运算符,它们都是双目运算符,见表 2-4。用关系运算符将两个表达式连接起来的式子,称为"关系表达式"。例如,a<=12、a>0 和 a!=5 都是合法的关系表达式。

表 2-4　关系运算符

运算符	<	<=	>	>=	==	!=
名　称	小于	小于或等于	大于	大于或等于	等于	不等于

☞**注意:**"=="是关系运算符,用于比较两个操作数是否相等;而"="是赋值运算符,表示对变量赋值。

在 C 语言中,可以用关系表达式来描述给定的一些条件。例如,判断 a 是否为正数,可以用关系表达式 a>0 描述该条件,它比较两个操作数 a 和 0,如果 a 是正数,条件成立,该表达式的值为"真";如果 a 不是正数,条件不成立,该表达式的值为"假"。

2.3.3　分支结构

在日常生活中,常会遇到很多需要判断的情况。当这种情况发生时,需要根据一些条件做出选择和决定。例如,当我们生病时,需要判断病情怎么样,当病情严重时,需要上医院;

当起床穿衣服时，根据天气的情况判断穿多穿少等。

前面的程序都是从第一句顺序执行到最后一句，程序就结束，这种程序的流程叫做“顺序流程”。其实不可能所有的程序都会按照顺序的方式执行，在程序中经常需要根据不同的情况做出判断，然后执行不同的操作。这种程序的流程称为“条件分支流程”，其结构也称为“分支结构”或“条件结构”。

C 语言为我们提供了 if 语句结构来实现条件结构。本节中只讨论最简单的条件语句：if 语句。

if 语句的基本形式为：

if（条件） 语句；

其中条件为一个表达式，此表达式的值可以为真或假。条件必须括在一对圆括号中。语句是一个或多个 C 语句的集合。如果条件为真，则执行此语句；如果条件为假，则执行该语句后面的语句。

在默认情况下，语句只有 1 条，如果语句中需要多条，则需要用大括号“{}”将它们括起来，称为“1 条复合语句”或“语句块”，在条件为真时，需要同时处理多条语句。

基本 if 语句的控制流程如图 2-7 所示。

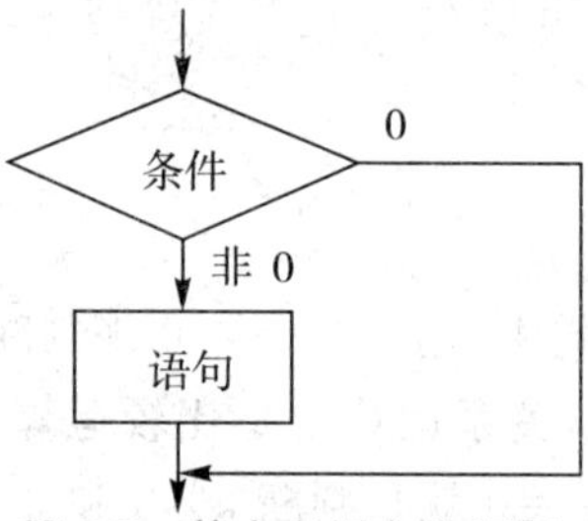

图 2-7　基本 if 语句流程图

这样，我们已经了解了 C 语言中 if 结构和 if-else 结构的语法，下面来看如何在条件结构中使用关系表达式。

例如，测试两个数 a 和 b 的大小，可以写出关系表达式 a>b，然后将其放入 if 语句的条件中，即 if (a>b)。

【例 2-7】 基本 if 语句中关系表达式的用法。

从键盘输入两个数，判断两数是否相等，如果相等则输出“两数相等”。

程序代码：

```
/*ex2_7.c*/
#include <stdio.h>
void main()
{
    int a,b;
    printf("\n 请输入两个数:");
    scanf("%d%d",&a,&b);
    if(a==b)
        printf("\n 两数相等。\n");
}
```

程序运行结果如图 2-8 所示。

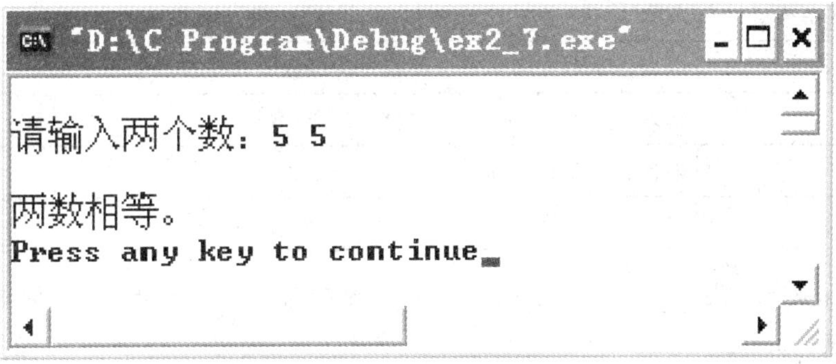

图 2-8　例 2-7 运行结果图

补充说明：

本例中首先声明了两个变量 a、b 用于存储两个数，再利用 scanf()函数接受用户输入的两个数。通过 if 语句判断两数是否相等，如果该关系表达式的值为真，则输出信息"两数相等"；如果表达式的值为假，则程序不显示任何内容。

2.3.4　格式化输入函数 scanf()

与 printf()函数相对应，scanf()函数是用于输入的函数，即从键盘接收信息，并将信息按照指定的格式进行转换后存放到指定的变量中。

1. scanf()函数的一般形式

scanf( )函数的一般形式为：

scanf("格式控制串"，输入变量地址列表)；

其中"格式控制串"和"输入变量地址列表"是 scanf()函数的参数，"格式控制串"是用双引号括起来的字符串，包括格式说明符和原样输入字符两种信息。

2. 格式说明符和原样输入字符

(1)格式说明符

格式说明符由"%"开头，格式字符结尾。如：%d、%f 和%c 等，作用分别是将输入的数据转换为整型、浮点型和字符型后，存放到指定的变量中。

(2)原样输入字符

原样输入字符是普通字符。在从键盘输入数据时，这些字符要原样输入。例如，"scanf("a=%d:c=%f",&a,&c);"中"a="和"b="及冒号都是原样输入字符，在输入时应以如下方式输入：

a=10:c=4.5

3. 输入变量地址列表

"输入变量地址列表"即是存放数据的变量的地址，可以是一个，也可以是多个。"输入变量地址列表"中如果有多个变量时，变量之间要用逗号","间隔开，书写时要在每个变量前面加"&"符号，其后的变量名指明了接收输入数据的变量。

表 2-5 中列出了 scanf()函数中常用的格式字符及其功能。

表 2-5　scanf()函数中常用的格式控制符列表

格式字符	功　能
d	以十进制形式输入一个带符号的整数
f	输入一个实数,可以是小数形式或指数形式
c	输入一个字符
s	输入一串字符

scanf()函数和 printf()函数中使用的格式控制符在形式上基本相同,但对转换的数据的规定有区别。scanf()函数规定%f 对应的参数是 float 类型,%lf 对应的是 double 类型。而在 printf()函数中%f 对应的可以是 float 类型,也可以是 double 类型。

【例 2-8】 格式控制符%c 的使用。

程序代码:

```
/*ex2_8.c*/
#include <stdio.h>
void main()
{
    char ch1,ch2;
    scanf("%c%c",&ch1,&ch2);          //从键盘接收两个字符
    printf("ch1 = %c,ch2 = %c\n",ch1,ch2);
}
```

例如,输入:aq,运行结果如图 2-9 所示。

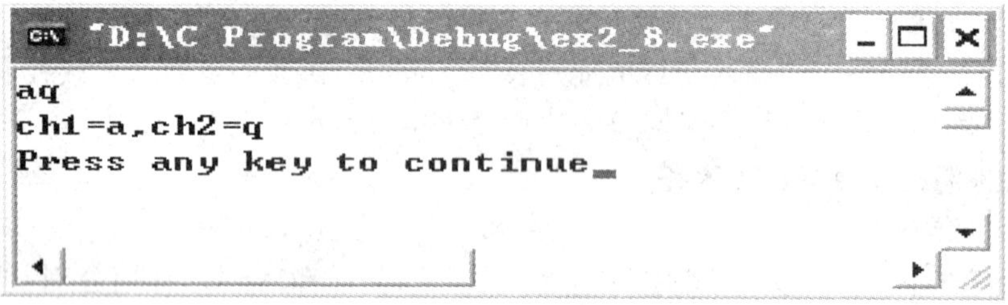

图 2-9　例 2-8 输入 aq 运行结果图

例如,输入:a␣q(a、q 之间有一个空格),运行结果如图 2-10 所示。

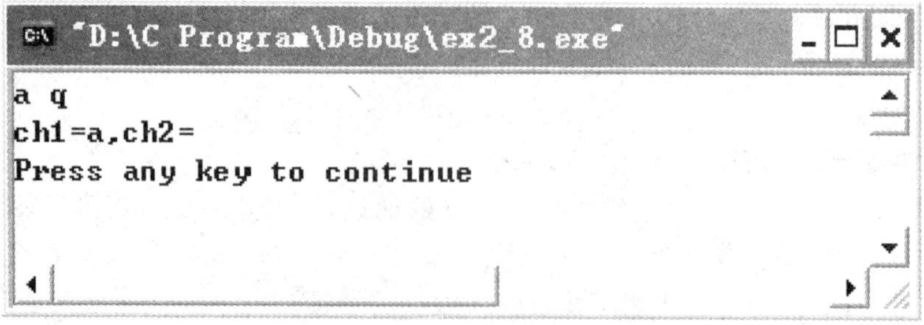

图 2-10 例 2-8 输入 a␣q 时的运行结果图

【例 2-9】 格式控制符%s 的使用。

程序代码：

```
/* ex2_9.c */
#include <stdio.h>
void main()
{
    char str[20];
    scanf("%s",str);              //从键盘接收一串字符
    printf("str=%s\n",str);
}
```

例如，输入：abcd1234，运行结果如图 2-11 所示。

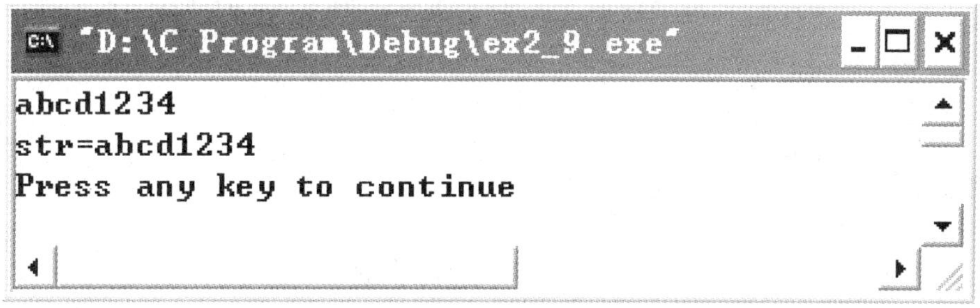

图 2-11 例 2-9 运行结果图

从图 2-11 中可以看到，str 数组接收到的字符串是“abcd1234”。

2.3.5 技能训练

【例 2-10】 编写一个程序，从键盘输入学生成绩并判断是否及格，若及格输出“pass”，否则不输出任何结果。

问题分析：

判断成绩是否及格，只需考察输入的成绩是否大于或等于 60，即可。若大于或等于 60，则输出“pass!”。

程序代码：

```
/* ex2_10.c */
#include <stdio.h>
void main()
{
    float score;
    printf("请输入成绩:");
    scanf("%f",&score);
    if(score>=60)
        printf("pass! \n");
}
```

程序执行效果如图 2-12 所示。

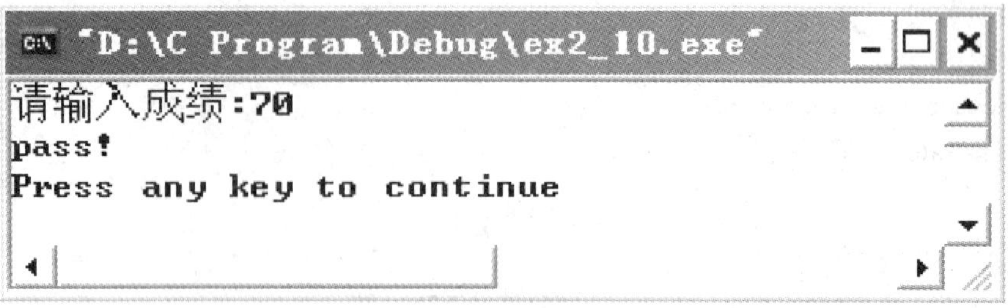

图 2-12　例 2-10 运行结果图

2.4　计算 s=1+2+3+4+5 问题

2.4.1　程序解析

【例 2-11】 计算 s=1+2+3+4+5。

问题分析：

①本例中设 i 为循环变量，s 为累加器，累加器变量使用前需要先赋初值，本题 s=0。

②在循环体中一定要有使循环趋于结束的语句，以上循环体中的语句"i=i+1"，使 i 不断加 1，当 i>5 时，循环结束。如果没有此语句，则 i 的值始终不变，循环将无限制地进行，即死循环。

程序代码：

```
/*ex2_11.c*/
#include <stdio.h>
void main()
{
    int i,s=0;
    for(i=1; i<=5; i++)
        s=s+i;
    printf("s=1+2+3+4+5=%d\n",s);
}
```

程序的执行效果如图 2-13 所示。

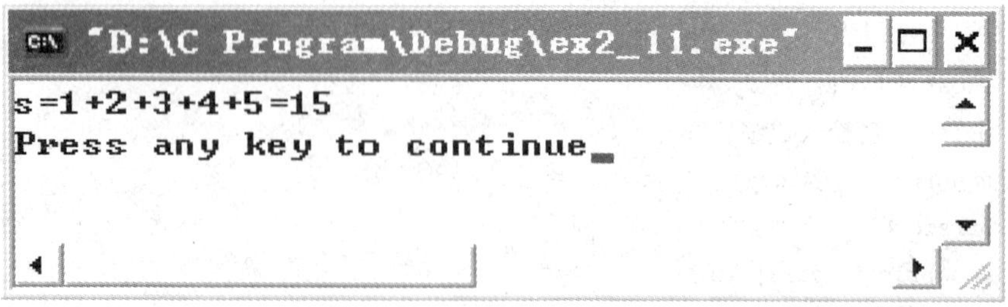

图 2-13　例 2-11 运行结果图

2.4.2 循环结构

在 C 语言中，for 语句被称为“循环语句”，它可以实现 C 语句的重复执行。

for 循环语句格式如下：

```
for(表达式 1;表达式 2;表达式 3)
{
    循环体语句;
}
```

for 语句中 3 个表达式可以是任意合法的表达式，循环体语句可以是一条语句，也可以是一条复合语句。下面结合例 2-11 讨论 for 语句中 3 个表达式和循环体语句的含义和功能：

```
for(i = 1; i< = 5; i + + )
    s = s + i;
```

①表达式 1：初值表达式，对循环变量赋初值，从而指定循环的起点。例如，i＝1，置 i 的初值为 1，即循环从 1 开始。

②表达式 2：条件表达式，给出循环的条件，通常判断循环变量是否超过循环的终点，若该表达式的值为“真”，则循环继续；若为“假”，则循环结束。例如 i＜＝5，5 作为 i 取值的上限，一旦 i 的值超过 5，表达式 2 就为“假”，循环随之结束。

③表达式 3：步长表达式，设置循环的步长，改变循环变量的值。例如，i＋＋，使 i 的值增 1，这样 i＞5，表达式 2 为“假”，循环正常结束。

④循环体语句：循环体语句可以是单个语句，也可是复合语句或空语句。

for 语句反映了循环（重复执行）的规则，从哪儿开始（起点），到哪儿结束（终点），每次跨多大步子（步长），重复做什么。例如，上述 for 语句给出了 i 重复转换的规则：i 从 1 开始，到 5 结束，每次增加 1，重复执行 s 累加和的计算。

2.4.3 循环程序设计

【例 2-12】输入一个正整数 n，求 $\sum_{i=1}^{n} i$ 。

问题分析：

这是一个反复求和的过程，在数学上可以表示为：$sum = 1+2+3+\cdots+n$，但无法直接表示成 C 语言的表达式。

为了解决这个问题，首先抽取具有共性的算式（称为循环不变式）：

sum＝sum＋i

sum 是累加和，其初值为 0。该算式重复 n 次，同时 i 从 1 变到 n，就实现了从 1 加到 n。设 i 为循环变量，确定 for 语句中的 3 个表达式和循环体语句：

①指定循环起点的表达式 1：i＝1。

②给出循环条件的表达式 2：i＜＝n（n 是循环终点）。

③设置循环步长的表达式 3：i＋＋。

④循环体语句：sum＝sum＋i。

程序代码：

```
/*ex2_12.c*/
#include <stdio.h>
void main()
{
    int i,n,sum;
    printf("请输入 n:");
    scanf("%d",&n);
    sum = 0;
    for(i = 1;i<= n;i++)
    {
        sum = sum + i;
    }
    printf("从 1 加到%d 的和为%d\n",n,sum);
}
```

程序的执行结果如图 2-14 所示。

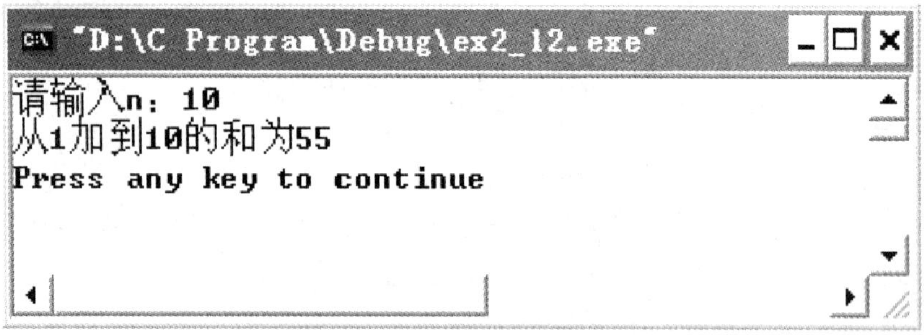

图 2-14　例 2-12 运行结果图

虽然循环次数由输入的 n 决定，但就 for 语句而言，n 的值在循环前已经确定。

由于 sum=sum+i 是在原累加和 sum 的基础上一步步地累加 i 的值，所以在循环开始前，必须置 sum 为 0，以保证 sum 在 0 的基础上累加，这个步骤千万不能遗漏。

☞**注意：**循环体语句向右缩进对齐，可以明确标识循环体的范围，这和 if 语句的风格一致。

从上述例题中可以看出，这是一个具有指定次数的循环程序设计。而这种具有指定次数的循环程序设计一般包含 4 个部分。

①初始化：指定循环起点，给循环变量赋初值，如 i=1，以及在进入循环之前设置相关变量的初值，如 sum=0 等。

②条件控制：只要循环变量的值未达到指定的上限，就继续循环。如例 2-12 中，只要满足 i<=n，循环就继续进行下去。

③重复工作：指重复执行的语句(循环体)。它必须是一条语句，可以是复合语句或空语句，如 sum=sum+i。

④改变循环变量：在每次循环中改变循环变量的值，如 i++，从而控制循环条件的

真假。

除初始化部分在进入循环之前执行(只执行一次),其他三部分都会重复执行。

如果缺少改变循环变量的内容,如果例 2-12 中少了 i++,则 i 的值就一直不变,那么循环条件 i<=n 恒为“真”,造成循环无法结束(死循环),这是初学者常犯的错误。

2.4.4 技能训练

【例 2-13】 编程输出图 2-15 所示的图形。

程序代码:

```
/* ex2_18.c */
#include <stdio.h>
void main()
{
    int i;
    for(i=1;i<=6;i++)
    {
        printf("\t* * * * * * * * * *\n");
    }
}
```

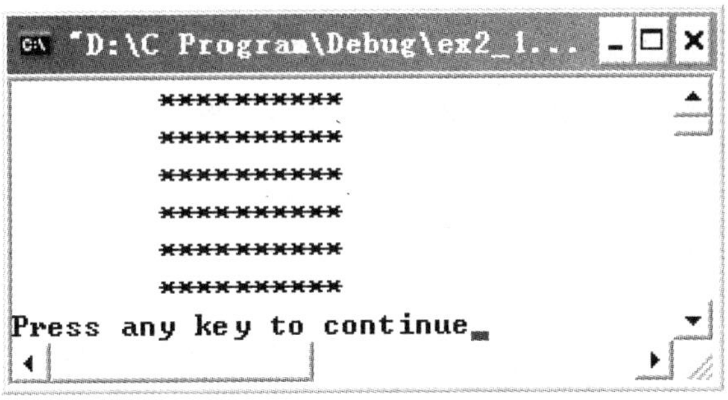

图 2-15 例 2-13 运行结果图

本章小结

➢常量是程序中其值不发生改变的量。

➢变量是程序中其值可以改变的量,通过变量可以引用存储在内存中的数据。

➢ C 语言中基本的数据类型包括整型、浮点型和字符型。

➢ printf()函数和 scanf()函数是格式化输出和输入函数。

➢ C 语言程序设计中的三大基本结构为:顺序结构、分支结构和循环结构。

➢分支结构解决了程序中需要根据不同情况进行判断的情况。条件语句需要提供判断条件,该条件要求返回逻辑值(真或假)。

➢循环结构又称重复结构,是按照一定的条件重复执行某段语句的程序控制结构。

习 题 2

一、单项选择题

1. 在下面的选项中，正确声明一个变量的选项是（　　）。

   A. int a，　　B. float x；　　C. char c　　D. short int y：

2. 下面不属于整型类型的关键字的是（　　）。

   A. int　　B. long　　C. char　　D. short

3. （　　）是一组合法的标识符。

   A. char　sum　_avestudent　　B. －ave　max　min　Sum

   C. 3ab　＃sd　fac　a＞b　　D. mydec　age　stu1　a_b

4. 下列选项中变量的初始化正确的选项是（　　）。

   A. int a＝5；　　B. char ch＝a；

   C. float x＝0128；　　D. unsigned float y＝123. 5；

5. 下列选项中不合法的转义字符是（　　）。

   A. \n　　B. \t　　C. \0x12　　D. \0127

6. 对于语句 printf“("This\na\nprogram");”，下面正确的输出选项是（　　）。

   A. This\na\nprongram　　B. Thisaprogram

   C. This
a
program　　D. This a program

7. 下列函数中使用形式正确的是（　　）。

   A. scnaf("%d",a)；　　B. getchar(s)；

   C. putchar(65)；　　D. printf("%f,%d"a,b)；

8. 下列浮点型常量的书写形式正确的是（　　）。

   A. 12. 3e－2　　B. e2　　C. 1e0. 2　　D. E－1

9. 以下叙述正确的是（　　）。

   A. 程序中使用 printf()和 scanf()必须在程序最前面包括命令行：＃include ＜stdio. h＞

   B. getchar()函数是有参函数

   C. 可以使用 define 定义符号常量

   D. 声明变量时必须使用小写字母

10. 下列程序执行后，屏幕上显示（　　）。

```
#include "stdio.h"
void main()
{
    int a;
    float b;
    a = 4;
    b = 9.5;
```

```
        printf("a = %d,b = %4.2f\n",a,b);
    }
```

A. a=%d,b=%f\n　　B. a=%d,b=%f

C. a=4,b=9.50　　D. a=4,b=9.5

二、阅读程序，写出程序运行结果

已知字符 a 的 ASCII 的十进制码值为 97，则以下程序执行后的输出为：__________。

```
#include "stdio.h"
void main()
{
    char ch;
    ch = 'a';
    printf("%d,%c\n",ch,ch);
}
```

三、程序设计题

1. 编写一个程序，在屏幕上显示一个短句"这是一个有趣的 C 程序！"，程序执行结果如下图所示。

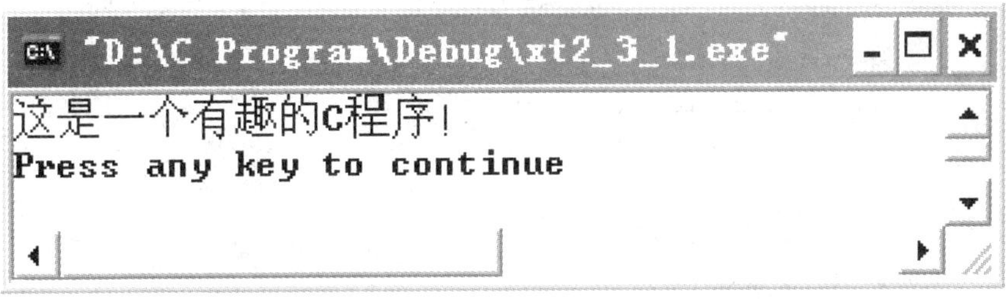

2. 编写程序，在屏幕上显示一个空心正方形图案，程序执行结果如下图所示。

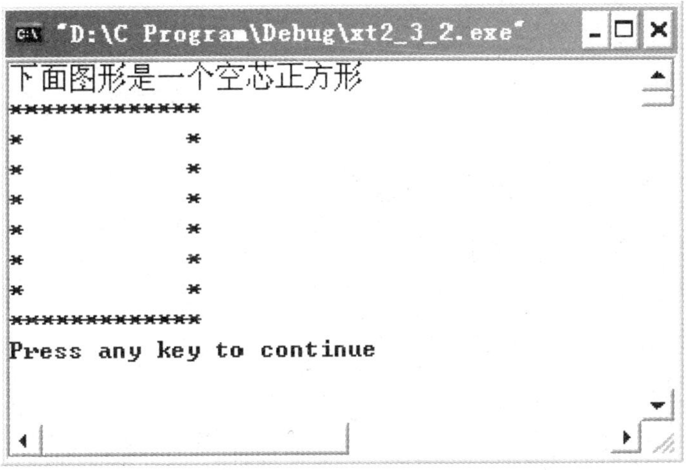

3. 一个物体从100m高空自由落下，编写一个程序，求它在前3s内落下的垂直距离。设重力加速度为10s^2。程序执行结果如下图所示。

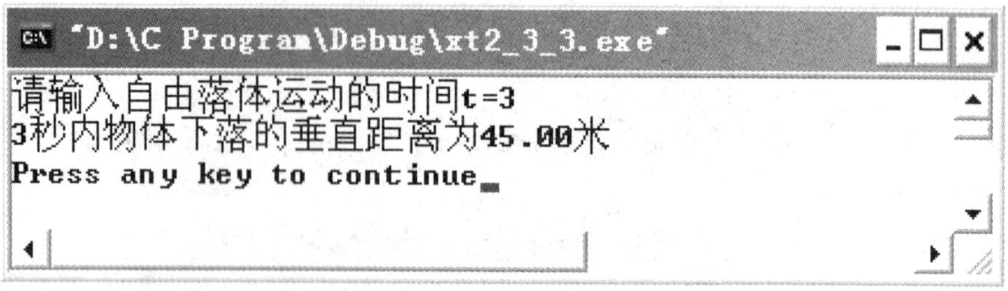

4. 编写一个程序，输入3个整数，计算并输出它们的平均值，程序执行结果如下图所示。

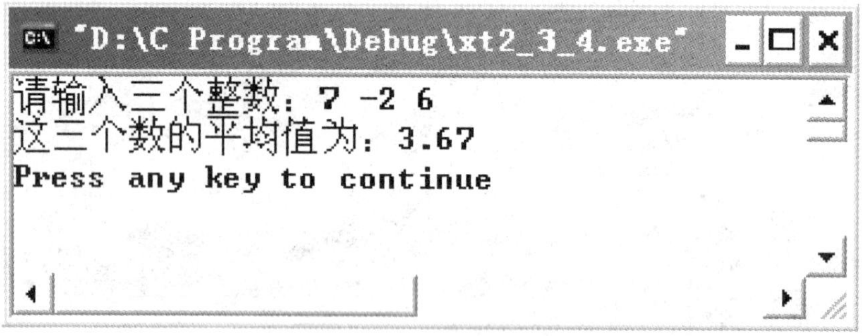

第3章
分支结构

本章工作任务

- 掌握 if 语句的格式和功能
- 掌握单分支、双分支、多分支的常用算法
- 完成使用分支结构解决实际问题的能力

本章知识目标

- 掌握分支语句的格式
- 掌握分支语句的流程图
- 掌握多重分支结构的配对问题
- 掌握 switch 语句的使用方法
- 掌握多重分支结构和 switch 结构的异同

本章技能目标

- 熟练掌握多重 if 结构的使用
- 掌握 if 语句中的嵌套关系和匹配原则

本章重点难点

- 多重 if 结构的使用
- 嵌套 if 结构的使用
- switch 结构的使用
- 使用多重条件语句解决实际问题

通过第2章的学习，我们对C语言的基本内容（数据表达、运算和流程控制）有了初步的认识，能使用顺序、分支和循环三种控制结构以及函数编写一些简单的程序。

本章通过典型程序解析，讨论分支结构程序设计的思想和实现，并介绍字符类型、逻辑运算和条件语句等语言现象。

在执行程序时，一般语句的书写格式顺序执行，但在很多情况下需要根据条件选择所要执行的语句，这就是分支结构。C语言中，使用条件语句（if 和 switch）来实现选择，根据条件判断的结果来选择所要执行的程序分支，其中条件可以用表达式来描述，如关系表达式和逻辑表达式。

3.1 简单的猜数游戏

3.1.1 程序解析

【例 3-1】 简单的猜数游戏。输入你所猜的整数（假定1～100内），与计算机产生的被猜数比较，若相等，显示猜中；若不等，显示与被猜数的大小关系。

问题分析：

在第1章中提到，按照结构化程序设计的观点，任何程序都可以使用3种基本的控制结构来实现，即顺序结构、分支结构和循环结构。其中分支结构就是根据条件选择所要执行的语句，一般分为二分支和多分支两种结构。

例3-1采用了第2章所阐述的if-else语句来实现，所不同的是在else部分又使用了一个if-else语句，称之为“if语句的嵌套”。显然程序中3个printf语句将根据条件只执行其中的一条，请读者仔细体会。

参考步骤：

①定义一个整型变量 mynumber，同时变量被赋值为38，即为被猜的数字。

②定义一个整型变量 yournumber，其值提示从键盘输入，即为您猜的数字。

③用 yournumber 和 mynumber 比较，分别判别大于、等于、小于的三种情况，由此得出结论。采用多层缩进的书写格式，使程序层次分明。

程序代码：

```
/* ex3_1.c */
/* 简单的猜数游戏 */
#include <stdio.h>
void main()
{
    int mynumber = 38;
    int yournumber;
    printf("Input your number:");
    scanf("%d",&yournumber);
    if(yournumber == mynumber)
        printf("Ok! you are right! \n");
```

```
else
    if(yournumber>mynumber)
        printf("Sorry! your number is bigger than my numger! \n");
    else
        printf("Sorry! your number is smaller than my numger! \n");
}
```

运行结果 1 如图 3-1 所示。

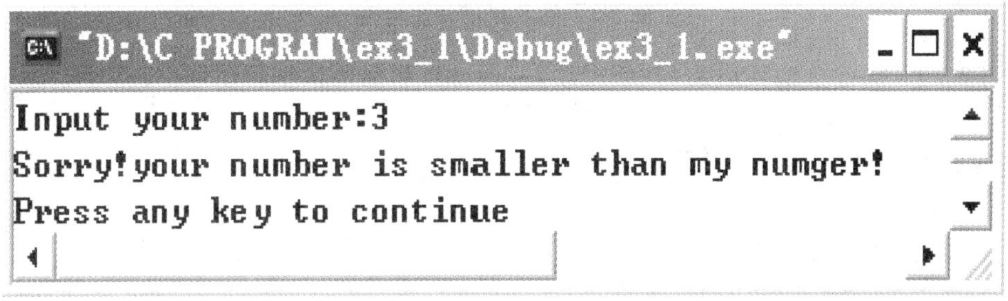

图 3-1　例 3-1 运行结果 1

运行结果 2 如图 3-2 所示。

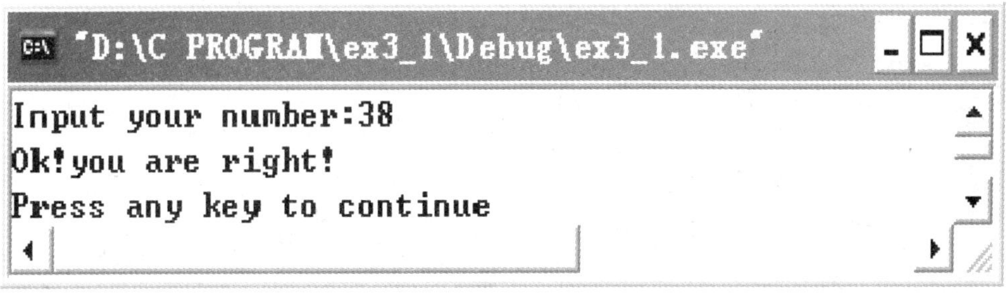

图 3-2　例 3-1 运行结果 2

3.1.2　单分支、双分支结构

1. 单分支结构

C 在程序中经常需要根据不同的情况做出判断，然后执行不同的操作。这种程序的流程称为“条件分支流程”，其结构也称为“条件结构”或“分支结构”。下面来回顾最简单的条件语句：if 语句。if 语句的基本形式为：

if (条件)
　语句；

☞**注意：**条件为一个表达式，此表达式的值可以为真或假，可以是任意类型的表达式。条件必须括在一对圆括号中。如果条件为真，则执行此语句；如果条件为假，则执行该语句后面的语句。在默认情况下，语句只有 1 条，如果语句中需要多条，则需要用大括号“{}”将它们括起来，称为“一条复合语句”或“语句”块，表明在条件为真时，需要同时处理多条语句。

基本 if 语句的控制流程如图 3-3 所示。

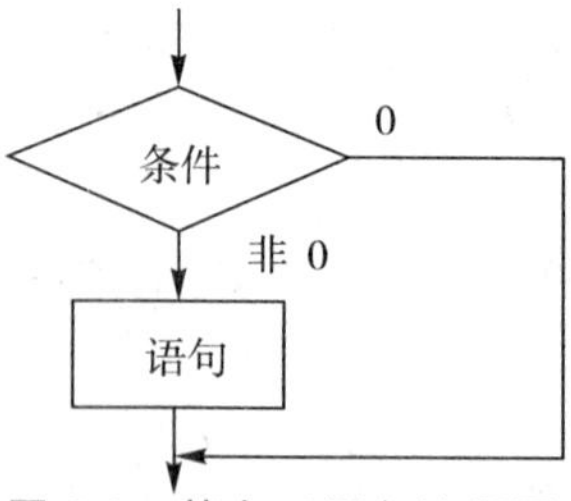

图 3-3　基本 if 语句流程图

【例 3-2】 从键盘输入成绩，判断成绩是否及格，如果及格则输出“您及格了”和“请继续努力!”。

程序代码：

```
/* ex3_2.c */
/*判断成绩是否及格*/
#include<stdio.h>
void main()
{
    int score;
    printf("请输入您的成绩:\n");
    scanf("%d",&score);
    if(score>=60)
    {
        printf("您及格了\n");
        printf("请继续努力! \n");
    }
}
```

运行结果如图 3-4 所示。

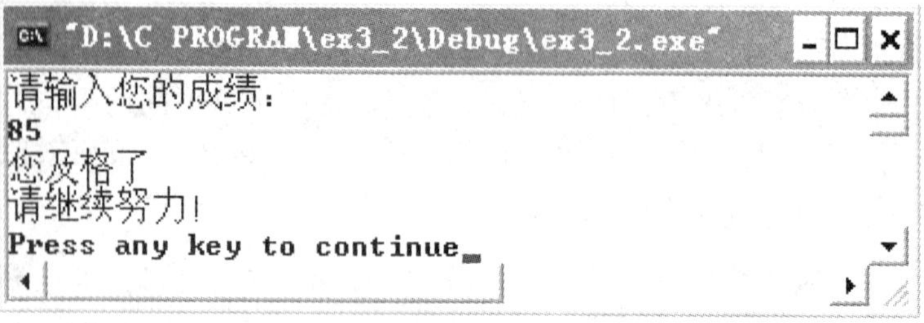

图 3-4　例 3-2 运行结果

程序分析：

本例中声明了变量 score 用于存储成绩值，再利用 scanf()函数接受用户输入的成绩值。通过 if 语句判断成绩是否大于等于 60 分，如果该关系表达式的值为真，则输出信息“您及格了”和“请继续努力”，如果该关系表达式的值为假，则程序什么也不显示。满足条件需要做的事情一定要放在一对大括号内，要做都做，要不做都不做。

2. 双分支结构

除基本 if 语句外，C 语言还提供了 if-else 结构，其语法形式如下：

```
if(条件)
    语句 1;
else
    语句 2;
```

在这种结构中，如果条件值为真，则将执行 if 后面的语句 1；如果条件值为假，则将执行 else 后面的语句 2。

if-else 语句的控制流程如图 3-5 所示。

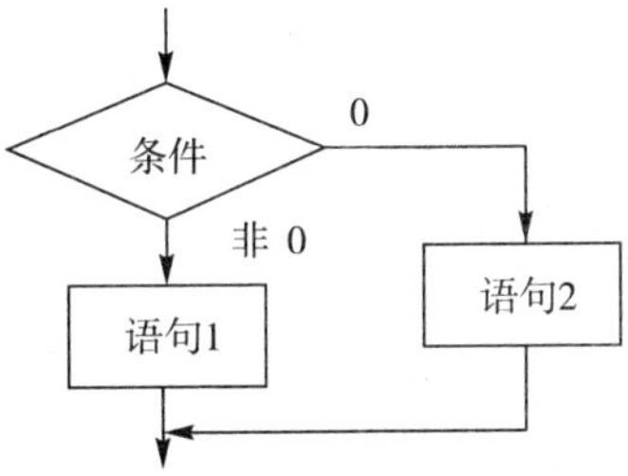

图 3-5　if-else 结构流程图

我们已经了解 C 语言中 if 结构和 if-else 结构的语法，下面来看如何在条件结构中使用关系表达式。

例如，测试两个数 a 和 b 的大小，可以写出关系表达式 a>b，然后将其放入 if 语句的条件中，即 if (a>b)。

【例 3-3】 从键盘输入一个数，判断该数是否是 5 的倍数。

问题分析：

判断一个数 a 是否是 5 的倍数，可以用 a%5 来实现。

程序代码：

```
/* ex3_3.c */
/* 判断是否是 5 的倍数 */
#include <stdio.h>
void main()
{
    int a;
    printf("请输入一个数:\n");
    scanf("%d",&a);
    if(a%5==0)
        printf("%d是 5 的倍数\n",a);
    else
        printf("%d不是 5 的倍数\n",a);
}
```

运行结果如图 3-6 所示。

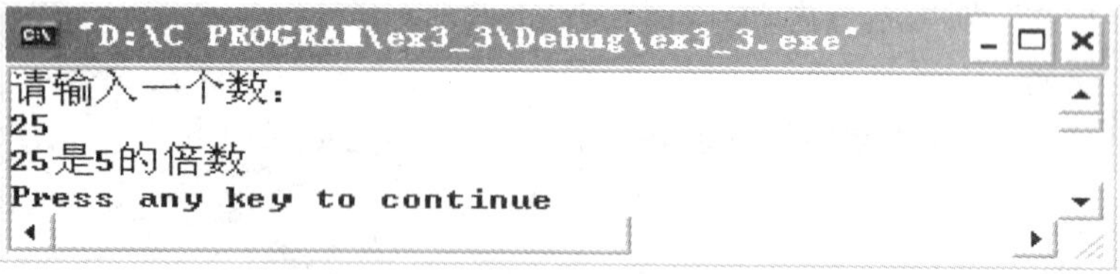

图 3-6 例 3-3 运行结果

程序分析:

程序中先调用 scanf()函数读入 a,再根据事先设定的条件,去判断 a 除以 5 的余数是否等于 0,这是典型的二分支结构,用 if-else 语句实现,最后调用 printf()函数输出结果。

3.1.3 技能训练

【例 3-4】 个人所得税收取规定:工资大于 2000 元的部分将征收 5%的个人所得税,小于 2000 元的部分不征收。要求用户输入基本工资,计算税后工资。

问题分析:

将用户输入的工资和 2000 做比较,有两种可能性:一种征税,一种不征收。

程序代码:

```
/* ex3_4.c */
/*用户工资征税问题*/
#include <stdio.h>
void main()
{
    float sal,rate;
    printf("请输入基本工资:\n");
    scanf("%f",&sal);
    if(sal<=2000)                        //计算税率
        rate=0;
    else
        rate=0.05;
    sal=sal-(sal-2000)*rate;
    printf("税后工资为:%f\n",sal);
}
```

运行程序结果如图 3-7 所示。

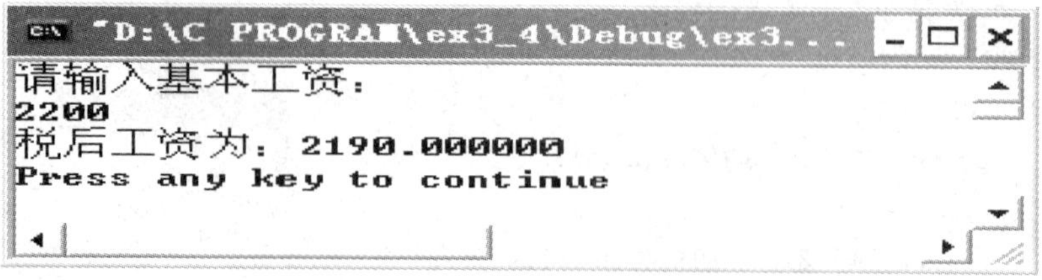

图 3-7 例 3-4 运行结果

【例 3-5】 判断学生能否毕业。毕业的条件为体育要达标并且学分要超过 60 分。

问题分析：

学生能否毕业的条件为体育要达标，设变量 sport 为体育是否达标，假定该值等于 y，体育达标；学分为 score，当 score>=60，学分修够。两个条件之间用 && 运算符连接，表示两个条件都满足。

程序代码：

```
/* ex3_5.c */
/*学生能否毕业*/
#include <stdio.h>
void main()
{
    char sport;
    int score;
    printf("请输入体育是否达标(y/n):");
    scanf("%c",&sport);                          //输入体育是否达标
    printf("请输入已修的学分数:");
    scanf("%d",&score);                          //输入所修学分数
    if((sport=='y'//sport=='Y')&&(score>=60))    //判断是否可以毕业
        printf("您可以毕业！\n");
    else
        printf("您不能毕业！\n");
}
```

运行程序结果如图 3-8 所示。

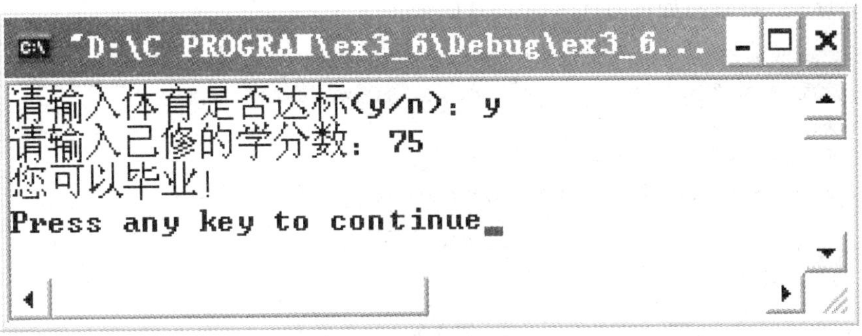

图 3-8　例 3-5 运行结果

3.2　交水费问题

3.2.1　程序解析

【例 3-6】 城市为鼓励市民节约用水，实行根据用水量分段计费。居民应交水费 y(元)与月用水量 x(吨)的函数关系如下，请编程计算。

$$y=f(x)=\begin{cases}0 & x<0\\ 4x/3 & 0\leqslant x\leqslant 15\\ 2.5x-10.5 & x>15\end{cases}$$

问题分析：

该程序是一个分段函数计算问题。虽然实际生活中月用水量不会小于0，但程序运行时如果不慎输入一个负数，水费计算将会出错。所以要将各种可能性考虑完整。

程序代码：

```
/* ex3_6.c */
/* 城市分段用水计费问题 */
#include <stdio.h>
void main()
{
    double x,y;
    printf("Enter x:");
    scanf("%lf",&x);
    if(x<0)
        y=0;
    else if(x<=15)              //不满足 x<0,但满足 x≤15,即满足 0≤x≤15
        y=4*x/3;
    else
        y=2.5*x-10.5;           //既不满足 x<0,也不满足 x≤15,即满足 x>15
    printf("f(%.2f)=%.2f\n",x,y);
}
```

运行程序，结果分别如图3-9、3-10、3-11所示。

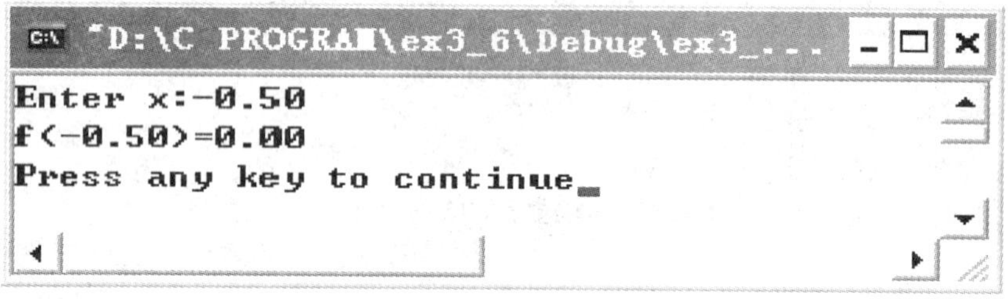

图 3-9　例 3-6 运行结果 1

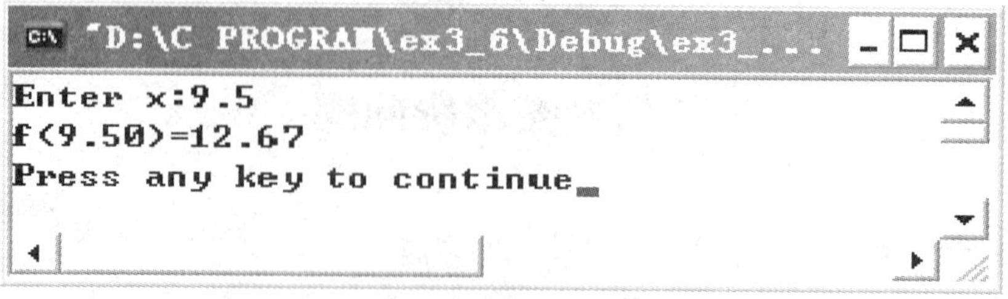

图 3-10　例 3-6 运行结果 2

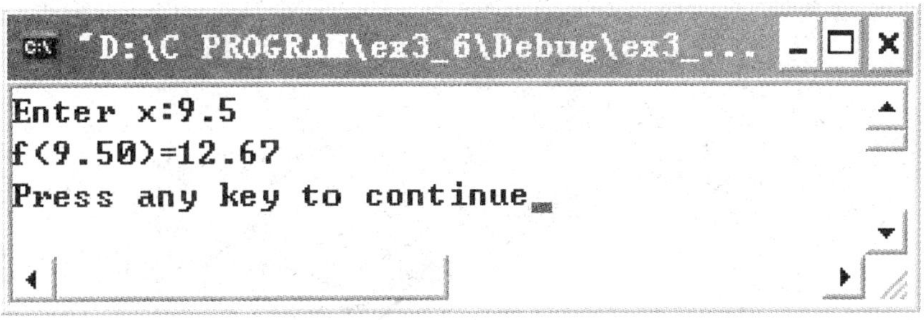

图 3-11 例 3-6 运行结果 3

程序分析：

当 x＜0 时，满足 y＝0 的式子；否则就是 x＞＝0。在 x＞＝0 的情况中，又分两种情况：一种是 x＜＝15，综合起来即 0≤x≤15；另一种是 x＞15。

3.2.2 多分支结构

当进行判断时，常遇到这样的情况，如果条件的值为真，则执行某些操作；否则，进一步进行条件判断，执行其他操作。例如，外出旅行时选择乘坐火车，那么需要购买火车票；如果火车票卖完了，就乘坐长途汽车；如果长途汽车也没票，那么考虑别的出行方式或者改变出行计划。在程序设计时遇到此类情况，则可使用多重 if 结构来解决。

多重 if 结构实际上是 if-else 结构的另一种形式：if-else-if，这种形式也称为阶梯式 if-else-if结构，这是因为它的外观是阶梯式的。当有多个分支选择时，可采用多重 if 结构。

多重 if 结构的语法如下：

```
if(表达式 1)
    语句组 1;
else
    if (表达式 2)
        语句组 2;
    else
        if (表达式 3)
            语句组 3;
    …
        else
            if (表达式 n)
                    语句组 n;
            else
                    语句组 n+1;
```

其中，语句组可以是一条语句，也可以是由多条语句构成的复合语句。

☞**注意：**如果语句组是复合语句，则需要将这些语句用"{}"括起来。

这种结构是从上到下对条件逐个进行判断，一旦发现条件满足就执行与该条件相关的语句组，并跳过其他的条件判断；若没有一个条件满足，则执行最后一个 else 后的语句组 n+1；如果没有最后的 else 语句，则不执行任何操作，转去执行 if-else-if 结构后的下一条语句。语句的控制流程如图 3-12 所示。

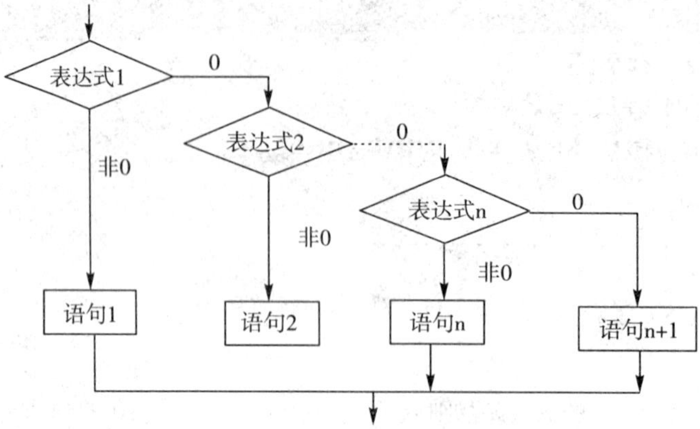

图 3-12　多重 if 结构流程图

除了使用多重 if 之外，还可以将整个 if 语句插入到另一个 if 语句中。这种结构称为"嵌套 if 结构"，这种结构通常用于检查多个条件的情况。

嵌套 if 结构的语法如下：

```
if (表达式)
    if (表达式)
        语句组 1;
    else
        语句组 2;
else
    if (表达式)
        语句组 3;
    else
        语句组 4;
```

多重 if 结构相当于在 else 部分又嵌套一个条件语句的情况，所以不会引起任何问题。而嵌套 if 结构是在 if 块插入另一个 if 语句，所以在写嵌套 if 结构时有时会引发一些问题。例如：

```
if (x>0)
if (y>0)
    z = 1;
else                              //这个 else 部分和哪个 if 匹配呢
    z = -1;
```

按条件语句的语法形式，上面的例子似乎有两种可能的解释。第一种解释：外层是一个没有 else 部分的条件语句，最后的 else 部分属于内层的那一个 if 语句；第二种解释：内层是一个不带 else 部分的条件语句，最后一行的 else 属于外层 if 语句。

为了避免这种二义性，C 语言规定，每个 else 总是和前面最近的那个缺少对应 else 部分的 if 语句相配对。根据这一规定，上面的例子按第一种解释是正确的，第二种解释不正确。

可见，上面示例里的写法很不规范，因为它的退格方式容易迷惑人，造成误解。如果真的需要写出具有第二种意义的嵌套条件语句，那么就应该采用下面的写法。

```
if(x>0)
{
    if(y>0)  z=1;
}
else
    z=-1;
```

【例 3-7】 判断两个数字的大小关系。

问题分析：

两数的大小关系无非 3 种：大于、等于或小于。本程序采用的是嵌套 if 语句格式。

程序代码：

```
/* ex3_7.c */
/* 判断两数大小关系 */
#include <stdio.h>
void main()
{
    int x,y;
    printf("请输入 x 和 y :\n");
    scanf("%d%d",&x,&y);
    if(x!=y)                              //在 if 语句部分嵌套 if 语句
        if(x>y)
            printf("x>y\n");
        else
            printf("x<y\n");
    else
        printf("\n x==y \n");
}
```

运行程序，结果如图 3-13 所示。

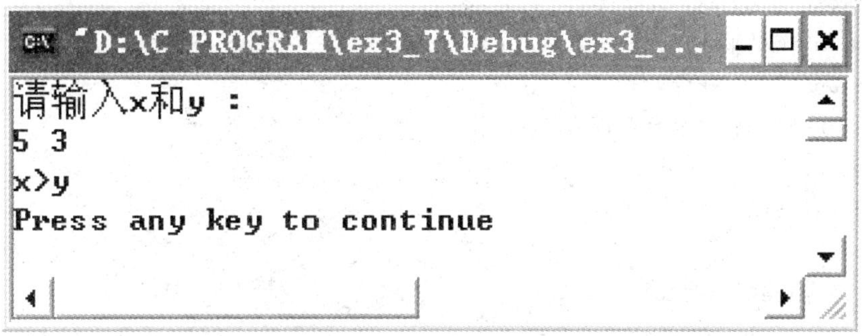

图 3-13　例 3-7 运行结果

程序分析：

采用嵌套结构实质上是为了便于进行多分支选择，例 3-7 中实际上有 3 种选择，即 x>y、x<y 或 x==y。这种问题用 if-else-if 结构也可以完成，而且程序更加清晰。因此，一般情况下较少使用 if 语句的嵌套结构，以使程序更便于阅读和理解。

3.2.3 技能训练

【例 3-8】 某商场打折促销商品。购买某种商品根据购买数量(x)给予不同折扣，根据用户输入的购买数量及该商品的单价，输出用户应付的金额。折扣信息如表 3-1 所表。

表 3-1 折扣表

数 量	折 扣
x<5	无
5<=x<10	1%
10<=x<20	2%
20<=x<30	5%
x>=30	10%

问题分析：

本程序是一个非常经典的分段函数计算问题，在计算时，一定要把分段区间划分清楚，思路要清晰，不能漏判任何一种情况，按规律来计算。

程序代码：

```
/* ex3-8.c */
/*计算商品折扣*/
#include <stdio.h>
void main()
{
    int x;
    float price,zk,total;
    printf("请输入用户购买数量:\n");
    scanf("%d",&x);
    printf("请输入商品单价:\n");
    scanf("%f",&price);
    if(x<5)
        zk = 0;
        else if(x<10)
            zk = 0.01;
            else if(x<20)
                zk = 0.02;
                else if(x<30)
                    zk = 0.05;
```

```
                else
                    zk = 0.1;
    total = x * price - x * price * zk;
    printf("用户应付金额为%f\n",total);
}
```

运行程序,结果如图 3-14 所示。

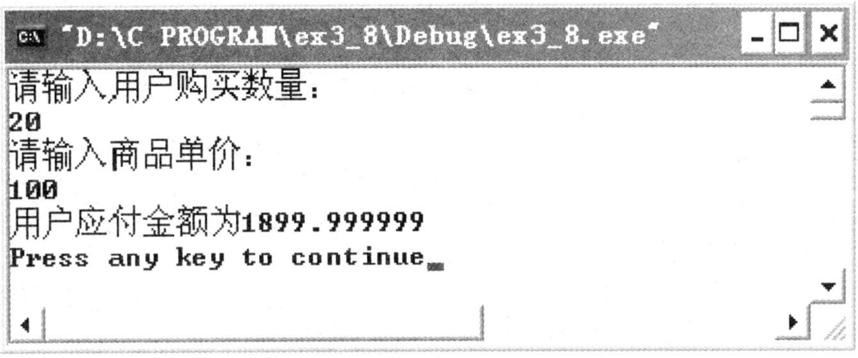

图 3-14　例 3-8 运行结果

程序分析:

程序因为嵌套层数比较多,所以以书写代码的时候,要层层缩进,使程序的可读性更好。

3.3　算术四则运算

3.3.1　程序解析

【例 3-9】 编写一个简单的计算器,实现两个整型数的四则运算。

问题分析:

该问题要求用户输入两个操作数和一个运算符,通过运算符来确定对这两个操作数执行什么运算。可以选择使用多重 if 结构,也可以使用 switch 结构(详见 3.3.2),但是选择 switch 结构更清晰。

程序代码:

```
/* ex3_9.c */
/* 四则运算器 */
#include <stdio.h>
void main()
{
    int a,b;
    char op;
    printf("请输入操作数 1,运算符,操作数 2 :\n");
    scanf("%d%c%d",&a,&op,&b);
    switch(op)
```

```
    {
        case '+':
            printf("\n%d+%d=%d\n",a,b,a+b);
            break;
        case '-':
            printf("\n%d-%d=%d\n",a,b,a-b);
            break;
        case '*':
            printf("\n%d*%d=%d\n",a,b,a*b);
            break;
        case '/':
            printf("\n%d/%d=%d\n",a,b,a/b);
            break;
        default:
            printf("\n运算符输入错误!");
    }
}
```

运行程序,结果如图 3-15 所示。

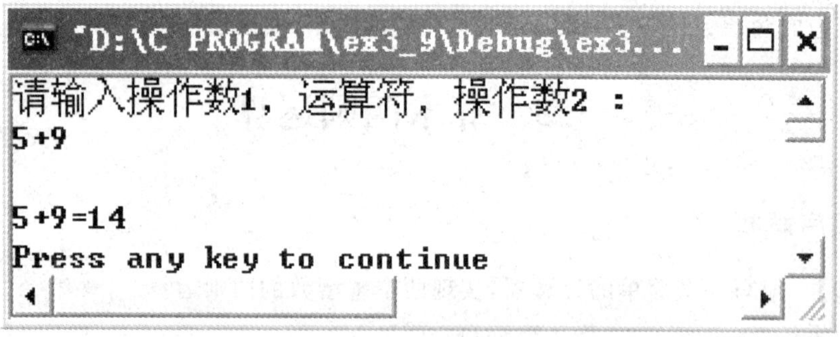

图 3-15　例 3-9 运行结果

程序分析:

本程序使用 switch 结构,非常清晰地标明了一个 5 路分支,对应了 5 个语句序列,前 4 个语句序列中都有 break 语句,最后一个语句序列不需要 break 语句,因为右大括号具有退出该语句的作用。本程序如果选用多重 if 结构,随着类别的增加,if-else-if 结构的复杂度也将增加。

3.3.2　switch 结构

在判断过程中,有时需要判断多个条件,需要使用多个 else 语句,这样便会导致程序冗长乏味,而且还会影响程序的可读性。C 语言提供了另一种用于多分支选择的结构——switch 结构,如果程序必须进行很多的判断,而且所有判断都取决于同一变量的值,则建议使用 switch 结构代替一系列的 if-else-if 结构。

switch 结构的语法如下:

```
switch(表达式)
{
    case 常量表达式 1: 语句组 1; break;
    case 常量表达式 2: 语句组 2; break;
    …
    case 常量表达式 n: 语句组 n; break;
    default :语句组 n+1; break;
}
```

switch 结构的执行过程如图 3-16 所示。

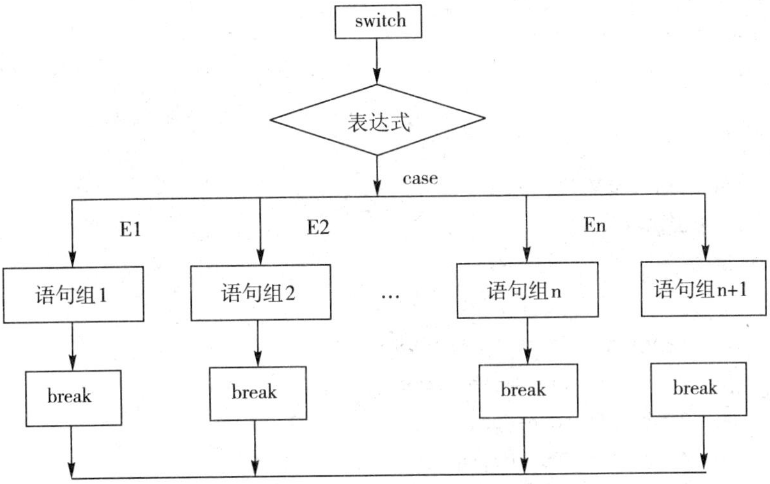

图 3-16 switch 结构执行流程图

首先计算关键字 switch 后面括号内的表达式的值,然后将该值依次与 case 语句后的常量表达式的值进行比较。如果表达式的值与某个 case 后的常量表达式的值相等,则执行该常量表达式后的相应语句段;如果表达式的值与任何一个 case 后的常量表达式的值都不相等,则执行 default 后的语句段,break 语句可在执行完要求的操作后,跳出 switch 语句。最后执行 break 语句,跳出 switch 语句。图中 Ei 代表对应的常量表达式,其中 i 是整型变量。

☞**注意:**

①在 switch 语句中,switch 后的表达式和 case 后的常量表达式的值必须是整型或字符型的表达式。

②在 case 后的各常量表达式的值不能相同,否则会出现错误。

③在 case 后,允许有多个语句,可以用{}括起来。

④各 case 和 default 子句的先后顺序可以变动,在有 break 的情况下,不会影响程序执行结果。

⑤default 语句不是必选项,如果没有该语句,当任何情况都不满足时不会执行任何操作。

⑥break 语句不是必选项,如果没有该语句,就顺序执行后面的 case 语句,直到遇到 break 或者结束为止。

3.3.3 技能训练

【例 3-10】 输入一个十进制数，根据输入的数输出所对应的英文星期单词，若所输入的数小于 1 或大于 7，则输出"Error"。

问题分析：

一周有 7 天，本程序的判断次数过多，所以考虑用 switch 结构来解决。

程序代码：

```
/* ex3-10.c */
/*根据数字输出英文星期单词*/
#include <stdio.h>
void main()
{
    int w;
    printf("请输入星期数:\n");
    scanf("%d",&w);
    switch(w)
    {
        case 1:printf("Monday\n");break;
        case 2:printf("Tuesday\n");break;
        case 3:printf("Wednesday\n"); break;
        case 4:printf("Thursday\n");break;
        case 5:printf("Friday\n");break;
        case 6:printf("Saturday\n");break;
        case 7:printf("Sunday\n");break;
        default: printf("Error\n"); break;
    }
}
```

运行程序，结果如图 3-17 所示。

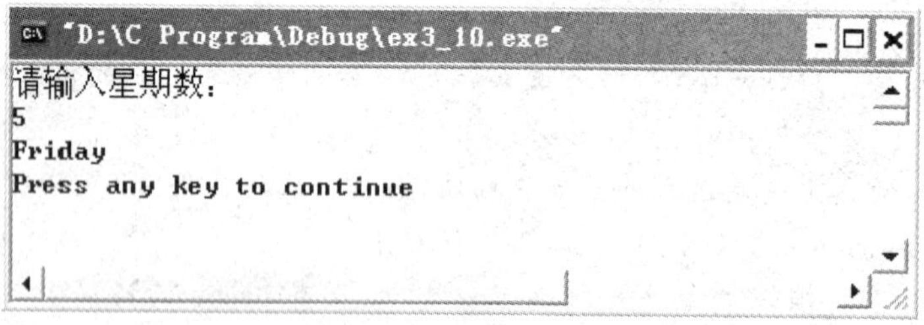

图 3-17　例 3-10 运行结果

程序分析：

如图 3-17 所示，用户输入 5。该数存储在变量 w 中。该值与 switch 结构中的每个 case 语句后面的常量值比较。变量 w 中的值与 case 5 选项匹配，执行该 case 语句后的打印语句，然后程序流程将借助 break 语句从 switch 结构中跳出。

补充说明：

读者可以尝试将 break 去掉，本题会产生什么样的结果，请读者自己分析原因。

3.4　考试成绩等级判定问题

3.4.1　程序解析

【例 3-11】　编写一个程序，根据用户输入的考试成绩，输出相应的成绩评定信息。成绩大于等于 90 分小于等于 100 分输出“优”；成绩大于等于 80 分小于 90 分输出“良”；成绩大于等于 60 分小于 80 分输出“中”；成绩小于 60 分输出“差”。

程序代码：

```
/* ex3_11.c */
/* 成绩等级判断 */
#include <stdio.h>
void main()
{
    float score;
    printf("请输入考试成绩：\n");
    scanf("%f",&score);
    if((score>100)||(score<0))
        printf("您输入的数据有误！请重新输入！\n");
    else
        if((score> = 90) && (score< = 100))
            printf("优\n");
        else
            if((score> = 80) && (score<90))
                printf("良\n");
            else
                if((score> = 60) && (score<80))
                    printf("中\n");
                else
                    printf("差\n");
}
```

运行程序，结果如图 3-18 所示。

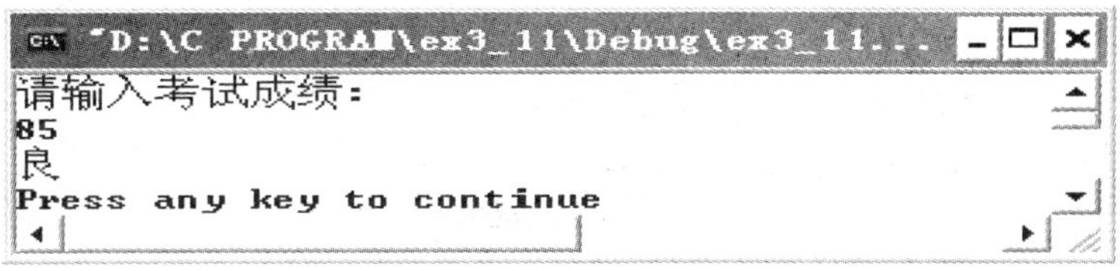

图 3-18　例 3-11 运行结果

程序分析：

程序执行后，将提示用户输入考试成绩。当输入的成绩为“79”时，先将该值存储在变量score中，然后使用if-else-if结构判断score变量中的值满足哪个if语句中的条件。如果第一个if条件返回结果为假，则检查else语句。此else语句有另一个组合的if语句用于计算下一个条件。检查每个条件直到找到正确的匹配项，或者到达该结构末尾。

【例3-12】 将例3-11用switch结构完成。

问题分析：

switch结构需要值完全匹配才会选择相应的分路。假如成绩的可能性有100种，不可能写100条case语句。因此考虑将各种情况归类，能否将case情况减为最少，同时又不会失去任何一种可能性呢？仔细分析score为90及90分以上的分数，有一个共同的特点，那就是和10整除，都等于9，其他各分数段也有类似特点，所以score/10是本题的关键点。

程序代码：

```
/* ex3_12.c */
/* 成绩等级判断 */
#include <stdio.h>
void main()
{
    int score;
    printf("请输入考试成绩：\n");
    scanf("%d",&score);
    if((score>100)||(score<0))
        printf("您输入的数据有误！请重新输入！\n");
    else
        switch(score/10)
        {
            case 0:
            case 1:
            case 2:
            case 3:
            case 4:
            case 5:printf("差\n");break;
            case 6:
            case 7:printf("中\n");break;
            case 8:printf("良\n");break;
            case 9:
            case 10:printf("优\n");break;
    }
}
```

运行程序,结果如图 3-19 所示。

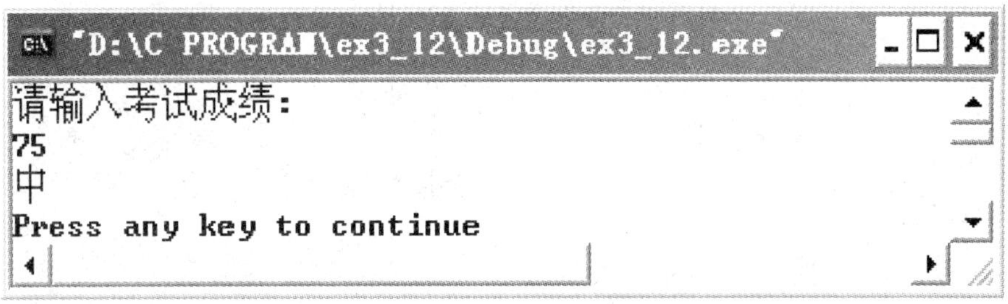

图 3-19　例 3-12 运行结果

程序分析:

在一些特殊的情况下,比如,多个不同的 case 值要执行一组相同操作时,可以共享一组语句。比如,case 6 和 case 7,在一起共享"中"这种情况;case 9 和 case 10,在一起共享"优"这种情况。

3.4.2　多重 if 语句和 switch 结构的比较

多重 if 结构和 switch 结构都可以用来实现多路分支。多重 if 结构用来实现两路、三路分支比较方便,而 switch 结构实现三路以上分支比较方便。

在使用 switch 结构时,应注意分支条件要求是整型表达式,而且 case 语句后面必须是常量表达式并且常量表达式的值互不相同,很多问题难以直接满足这一条件,需要对其进行转换后方可满足,有些问题只能使用多重 if 结构来实现,例如,判断一个值是否处在某个区间的情况。

【例 3-13】 判别键盘输入字符的类别。

问题分析:

根据输入字符的 ASCII 码可以来判别类型。由 ASCII 码表可知 ASCII 码值小于 32 的为控制字符,在 0～9 之间的为数字,在 A～Z 之间的为大写字母,在 a～z 之间的为小写字母,其余的则为其他字符。

程序代码:

```
/* ex3-13.c */
/* 字符类别判定 */
#include <stdio.h>
void main()
{
    char c;
    printf("请输入一个字符 :\n");
    c = getchar();
    if(c<32)
        printf("\n 该字符是一个控制字符\n");
    else if(c>='0' && c<='9')
        printf("\n 该字符是一个数字字符\n");
```

```
        else if(c>='A' && c<='Z')
            printf("\n 该字符是一个大写字母\n");
            else if(c>='a' && c<='z')
                printf("\n 该字符是一个小写字母\n");
                else
                    printf("\n 该字符是一个其他字符\n");
}
```

运行程序,结果如图 3-20 所示。

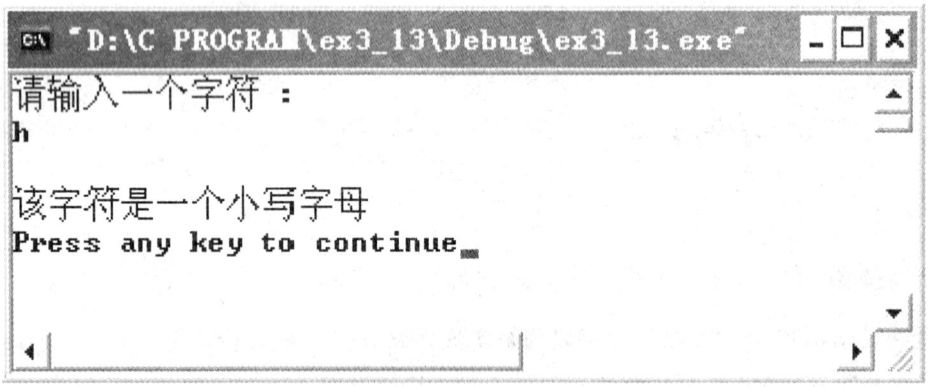

图 3-20　例 3-13 运行结果

程序分析:

这是一个多分支选择的问题,考虑选择用多重 if 结构或者 switch 结构。所有的判断都取决于用户输入的一个字符,该字符可以转换为整型,但是通过分析发现需要判断输入字符位于 ASCII 码表的哪个范围。在此情况中使用 switch 结构将是个冗长的过程,因为需要罗列整个 ASCII 码表中的所有值,以验证用户输入的字符与哪一个值相等,用户若写出所有的 case 情况,代码过长,所以本程序选择使用多重 if 结构。

3.4.3　技能训练

【例 3-14】 编写一个程序,根据条件确定职工是否可参保。

如果职工满足下列条件之一,则可参保:

①职工已婚;

②职工为 30 岁以上未婚男性;

③职工为 25 岁以上未婚女性。

如果以上条件一个也不满足,则公司不为该职工投保。

问题分析:

根据用户输入的职工婚姻状况、性别、年龄,利用 if-else 嵌套结构检查每一个条件,逐步得到需要的结果,该职工是否可参保。

程序代码:

```
/* ex3_14.c */
#include <stdio.h>
```

```
void main()
{
    char gender,ms;
    int age;
    /* 接收职工的详细信息 */
    printf("\n 职工的详细信息\n");
    printf(" \n 职工的婚姻状况(y/n):");
    scanf(" \n %c",&ms);
    printf(" \n 职工的性别(f/m):");
    scanf("\n %c",&gender);
    printf(" \n 职工的年龄:");
    scanf(" %d",&age);
    /* 多重 if 结构 */
    if (ms == 'y')  //检查职工的婚姻状况
        printf("\n 该职工可参保 \n");
    else
        if ((gender == 'm')&&(age>30))          //如果未婚,检查是否是 30 岁以上的男性
            printf  (" \n 该职工可参保\n");
        else
            if ((gender == 'f')&&(age>25))      //检查是否是 25 岁以上的女性
                printf("\n 该职工可参保 \n");
            else
                printf("\n 该职工不可参保 \n");
}
```

运行程序,结果如图 3-21 所示。

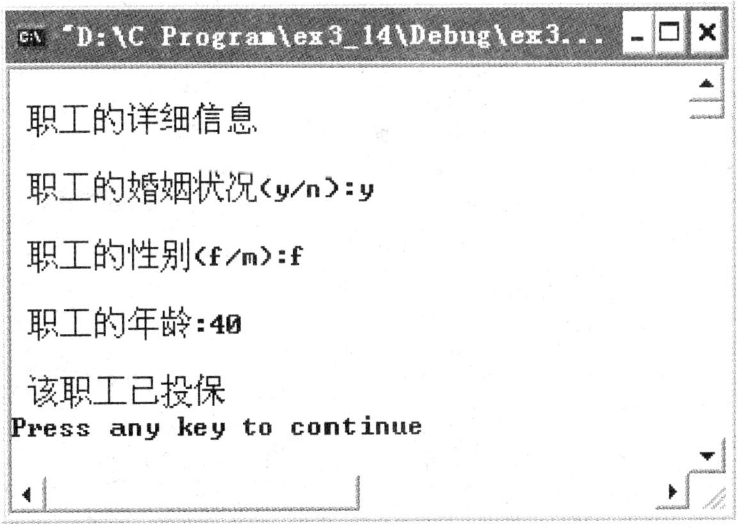

图 3-21　例 3-14 运行结果

程序分析：

分析该题的基本特点是一个组合条件，职工已婚、职工为 30 岁以上未婚男性或者职工为 25 岁以上未婚女性，要一一判断。使用 switch 结构无法将 3 个条件转换为一个常量表达式，因此选择多重 if 结构解决该问题更合适。

【例 3-15】 编写一个程序，用于计算长方形、圆形和三角形的面积。根据用户的选择要能计算相应形状的面积。

问题分析：

考虑用 switch 结构来实现。

①标识形状的类型：长方形、圆形和三角形分别用 1、2、3 表示。

②接收用户输入表示形状的数字。

③根据用户选择的形状，提示用户输入该形状的详细信息：长方形要求输入长和宽的值；圆形要求输入半径的值；三角形要求输入底和高的值。

④计算相应形状的面积。

程序代码：

```
/* ex3_15.c */
#include <stdio.h>
#define PI 3.14
void main()
{
    float radius,length,breadth,height,base;
    double area;
    int choice;
    /*用菜单形式选择*/
    printf("\n形状类型\n");
    printf("\n 1、长方形 \n");
    printf("\n 2、圆形 \n");
    printf("\n 3、三角形 \n");
    printf("\n请输入选项(1/2/3):");
    scanf("%d",&choice);
    switch (choice)
    {
        case 1:printf("\n请输入长方形的详细信息");
               printf("\n\n长为 :");
               scanf("%f",&length);
               printf("\n\n宽为 :");
               scanf("%f",&breadth);
               area = length * breadth;
               printf("\n该长方形的面积为%7.2f\n",area);
               break;
        case 2:printf("\n请输入圆形的详细信息");
```

```
                printf("\n\n 半径为 :");
                scanf("%f",&radius);
                area = PI * radius * radius;
                printf("\n 该圆形的面积为 %7.2f\n",area);
                break;
        case 3:printf("\n 请输入三角形的详细信息");
                printf("\n\n 高为:");
                scanf("%f",&height);
                printf("\n\n 底边为:");
                scanf("%f",&base);
                area = 0.5 * height * base;
                printf("\n 该三角形的面积为 %7.2f\n",area);
                break;
        default:printf("\n 选项错误\n");
    }
}
```

运行程序,结果如图 3-22 所示。

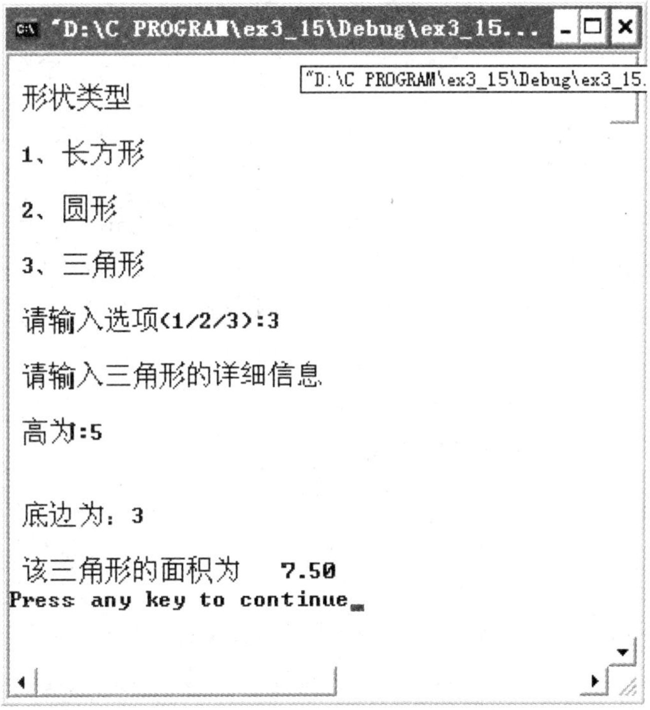

图 3-22　例 3-15 运行结果

程序分析:

该题中的条件判断比较简单,是一个常量的选择问题,根据输入的量进行判断即可,选择 switch 结构非常合适,整个程序也非常整齐清晰,可读性好。

本章小结

➢多重 if 结构就是在主 if 块的 else 部分中还包含其它 if 块。

➢嵌套 if 结构是在主 if 块或 else 部分中包含另一个 if 语句。

➢ C 语言规定，嵌套 if 结构中每个 else 部分总是和它前面的，最近的那个缺少对应的 else 部分的 if 语句配对。

➢在使用嵌套 if 和多重 if 结构时，建议在适当的位置使用大括号，以提高程序的可读性。

➢ switch 结构也可用于多分支选择结构。分支条件为整型表达式，判断该整型表达式的值是否等于某些值（这些值必须是可以罗列的），然后根据不同的情况，执行不同的操作。

➢ switch 结构的执行过程：先计算关键字 switch 后的表达式的值，然后在各个 case 语句中查找和这个变量相等的值，再执行相应的分支，直到执行 break 语句或者 switch 结构结束。

习题 3

一、单项选择题

1. 以下 4 个选项中，不能看作一条语句的是（　　）

   A. {;}　　　　B. a=0,b=0,c=0;

   C. if(a>0);　　　　D. if(b==0) m=1;n=2;

2. 以下程序段中与语句“k=a>b? (b>c? 1:0):0;”功能等价的是（　　）

   A. if((a>b)&&(b>c)) k=1;

   B. if((a>b)||(b>c)) k=1
   else k=0;

   C. if(a<=b) k=0;
   else if(b<=c) k=1;

   D. if(a>b) k=1;
   else if(b>c) k=1;

3. 有以下程序：

```
void main()
{
    int i=1,j=1,k=2;
    if((j++||k++)&&i++) printf("%d,%d,%d\n",i,j,k);
}
```

   执行后输出的结果是（　　）

   A. 1,1,2　　B. 2,2,1　　C. 2,2,2　　D. 2,2,3

4. 有以下程序：

```
void main()
{
    int a=15,b=21,m=0;
```

```
    switch(a%3)
    {   case 0:m++;break;
        case 1:m++;
        switch(b%2)
        {   default:m++;
            case 0:m++;break;
        }
    }
    printf("%d\n",m);
}
```

程序运行后的输出结果是(　　)。

A. 1　　B. 2　　C. 3　　D. 4

5. 以下程序的输出结果是(　　)。

```
void main()
{   int  a=5,b=4,c=6,d;
    printf("%d\n",d=a>b? (a>c? a:c):(b));}
```

A. 5　　B. 4　　C. 6　　D. 不确定

6. 有如下程序:

```
void main()
{   int x=1,a=0,b=0;
    switch(x){
    case 0: b++;
    case 1: a++;
    case 2: a++;b++;
    }
    printf("a=%d,b=%d\n",a,b);
}
```

该程序的输出结果是(　　)。

A. a=2,b=1　　B. a=1,b=1　　C. a=1,b=0　　D. a=2,b=2

7. 当 c 的值不为 0 时,在下列选项中能正确将 c 的值赋给变量 a、b 的是(　　)。

A. c=b=a;　　B. (a=c) ||(b=c);

C. (a=c) &&(b=c);　　D. a=c=b;

8. 在 C 语言中,认为(　　)为逻辑“真”。

A. true　　B. 大于 0 的数　　C. 非 0 整数　　D. 非 0 的数

9. 表示关系 x<=y<=z 的 C 语言表达式为(　　)。

A. (x<=y)&&(y<=z)　　B. (x<=y)AND(y<=z)

C. (x<=y<=z)　　D. (x<=y)&(y<=z)

10. 能正确表示逻辑关系:“a≥=10 或 a≤0”的 C 语言表达式是(　　)。

A. a>=10 or a<=0　　B. a>=0|a<=10

C. a>=10 &&a<=0　　D. a>=10||a<=0

11. 判断 char 型变量 c1 是否为大写字母的表达式为(　　)。

A. 'A'<=c1<='Z'　　　　B. (c1>='A') & (c1<='Z')

C. ('A'<=c1)AND('Z'>=c1)　　　　D. c1>='A' && c1<='Z'

12. 设 x,t 均为 int 型变量,则执行语句“x=10;t=x&&x>10;”后,t 的值为(　　)。

A. 不定值　　B. 10　　C. 1　　D. 0

13. 在下面的条件语句中(其中 s1 和 s2 表示是 C 语言的语句),只有一个在功能上与其他 3 个语句不等价,它是(　　)。

A. if (a)　s1;　else　s2;　　　　B. if (a==0)　s2;　else　s1;

C. if (a!=0)　s1;　else　s2;　　　　D. if (a==0)　s1;　else　s2;

14. 假定所有变量均已正确定义,则下列程序段运行后 y 的值是(　　)

```
int a=0,y=10;
if(a=0) y--;
else if(a>0) y++;
else y+=y;
```

A. 20　　B. 11　　C. 9　　D. 0

15. 假定所有变量均已正确定义,则下列程序段运行后 x 的值是(　　)

```
a=b=c=0; x=35;
if(!a) x--;
else if(b);
if(c) x=3;
else x=4;
```

A. 34　　B. 4　　C. 35　　D. 3

16. C 语言对嵌套 if 语句的规定是:else 语句总是与(　　)配对。

A. 其之前最近的 if　　　　B. 第一个 if

C. 缩进位置相同的 if　　　　D. 其之前最近的且尚未配对的 if

17. 在 C 语言语句中,用来决定分支流程的表达式是(　　)。

A. 可用任意表达式　　　　B. 只能用逻辑表达式或关系表达式

C. 只能用逻辑表达式　　　　D. 只能用关系表达式

18. 该程序的输出结果是(　　)。

```
void main()
{    int x=0,a=0,b=0;
     switch(x){
         case 0:   b++;
         case 1:   a++;
         case 2:   a++;b++;}
     printf("a=%d,b=%d\n",a,b);}
```

A. a=2,b=1　　B. a=1,b=1　　C. a=1,b=0　　D. a=2,b=2

19. 以下程序的输出结果是(　　)。

```
void main()
{    int x=-10,y= 1,z=1;
```

```
    if(x<y)
        if(y<0) z = 0;
        else z = z + 1;
    printf(" %d\n",z);
}
```

A. 0　　B. 1　　C. 2　　D. 3

20. 以下程序段的输出结果是(　　)。

```
int a = 10,b = 50,c = 30;
if(a>b)
    a = b;
    b = c;
    c = a;
printf("a = %2d b = %2d c = %2d\n",a,b,c);
```

A. a=10 b=50 c=10　　B. a=10 b=30 c=10

C. a=50 b=30 c=10　　D. a=50 b=30 c=50

二、程序填空题

1. 以下程序实现输出 x,y,z 三个数中的最大者,请填空。

```
void main()
{
    int x = 4,y = 6,z = 7;;
    int ___(1)___;
    if (___(2)___)
        u = x;
    else
        u = y;
    if(___(3)___)
        v = u;
    else
        v = z;
    printf("v = %d",v);
}
```

2. 以下程序将输入的 3 个整数按从大到小顺序输出,请填空。

```
void main()
{
    int x,y,z,c;
    scanf("%d%d%d",&x,&y,&z);
    if(___(1)___)
    {c = y;y = z;z = c;}
    if(___(2)___)
    {c = x;x = z;z = c;}
    if(___(3)___)
```

```
    {c = x;x = y;y = c;}
    printf("%d,%d,%d",x,y,z);
}
```

3. 以下程序对输入的一个小写字母进行循环后移 5 个位置后输出。如'a'变成'f','w'变成'b'。请填空。

```
void main()
{
    char c;
    c = getchar();
    if (c>='a'&&c<='u')
        ___(1)___;
    else if (c>='v'&&c<='z')
        ___(2)___;
    putchar(c);
}
```

4. 输入一个字符,如果它是大写字母,则把它变成小写字母,如果它是一个小写字母,则把它变成大写字母,其他字符不变。请填空。

```
void main()
{
    char ch;
    scanf("%c",&ch);
    if(___(1)___)
        ch = ch + 32;
    else if(ch>='a'&&ch<='z')
        ___(2)___;
    printf("%c",ch);
}
```

5. 根据以下嵌套的 if 语句所给条件,填写 switch 语句,使它完成相同的功能。(假设 mark 的取值在 1～100 之间)

if 语句:

```
if(mark<60) k = 1;
else if(mark<70) k = 2;
else if(mark<80) k = 3;
else if(mark<90) k = 4;
else k = 5;
```

switch 语句:

```
switch(___(1)___)
{
    ___(2)___ k = 1;break;
    case 6 :k = 2;break;
    case 7 :k = 3;break;
```

```
    case 8 :k = 4;break;
    ____(3)____ k = 5;
}
```

三、程序阅读题

1. 下面程序的运行结果是__________。

```
void main()
{
    int a = 2,b = -1,c = 2;
    if(a<b)
        if(b<0) c = 0;
    else c++;
    printf("%d\n",c);
}
```

2. 当运行时输入:1992<CR>,则以下程序的运行结果是__________。

```
void main()
{
    int y,t;
    scanf("%d",&y);
    t = ((y%4 == 0)&&(y%100!= 0)||y%400 == 0)? 1:0;
    if(t)
        printf("%d is",y);
    else
        printf("%d is not",y);
    printf("a leap year");
}
```

3. 设有如下程序段,若 grade 的值为'C',则输出结果是__________。

```
switch(grade)
{
    case 'A':printf("85 - 100\n");
    case 'B':printf("70 - 84\n");
    case 'C':printf("60 - 69\n");
    case 'D':printf("<60\n");
    default:printf("error! \n");
}
```

4. 下面程序的运行结果是__________。

```
void main()
{
    int x = 1,y = 0,a = 0,b = 0;
    switch(x)
    {
        case 1:switch(y)
```

```
        {
            case 0:a++;break;
            case 1:b++;break;
        }
        case 2:a++;b++;break;
    }
    printf("a=%d,b=%d",a,b);
}
```

5. 下面程序的运行结果是__________。

```
void main()
{
    int x,y=1,z;
    if(y!=0) x=5;
    printf("\t%d\n",x);
    if(y==0) x=4;
       else x=5;
    printf("\t%d\n",x);
       x=1;
    if(y<0)
       if(y>0) x=4;
    else x=5;
    printf("\t%d\n",x);
}
```

四、程序设计题

1. 编制程序,要求输入整数 a 和 b,若 a^2+b^2 大于 100,则输出 a^2+b^2 百位以上的数字,否则输出两数之和。
2. 试编程判断输入的正整数是否既是 5 又是 7 的整数倍,若是输出 yes,否则输出 no。
3. 请编程序,根据以下函数关系,对输入的每个 x 值,计算出相应的 y 值。

x	y
$x\leqslant 0$	0
$0<x\leqslant 10$	x
$10<x\leqslant 20$	10
$20<x<40$	$-0.5x+20$

4. 编一程序,对给定的一个百分制成绩,输出相应的五分值成绩。设 90 分以上为'A',80~89 分为'B',70~79 分为'C',60~69 分为'D',60 分以下为'E'(用 switch 语句实现)。

第 4 章
循环结构

本章工作任务

- 熟练掌握 while、do-while 和 for 语句的基本格式、流程图
- 在不同情况下选择使用 break 语句和 continue 语句
- 完成使用循环解决实际相关问题的任务

本章知识目标

- 掌握循环条件和循环体的确定
- 掌握使用 while 和 do-while 语句实现次数不确定的循环
- 掌握 while 和 do-while 语句的不同点
- 掌握使用 for 语句解决循环问题
- 掌握使用 break 语句处理多循环条件
- 掌握多重循环的实现

本章技能目标

- 熟练掌握三种循环语句的使用
- 熟练使用 break 语句和 continue 语句

本章重点难点

- 三种循环语句的使用
- break 语句和 continue 语句的异同
- 使用多重循环结构解决实际问题

4.1 1+2+3+…+100的计算问题

4.1.1 程序解析

【例 4-1】 计算 s=1+2+3+…+100 。

问题分析：

这是一个有规律的式子的计算问题。仔细先找出规律：要加的数字每次递增 1，这是循环体，总共要加 100 次，这是循环条件。找到这两个规律，问题就容易解决了。

程序代码：

```
/*ex4_1 .c*/
#include <stdio.h>
void main()
{
    int i,s;
    i = 1;s = 0;
    while(i< = 100)                //循环控制
    {
        s = s + i;
        i = i + 1;
    }
    printf("1 + 2 + 3 + … + 100 = %d\n",s);
}
```

程序运行结果如图 4-1 所示。

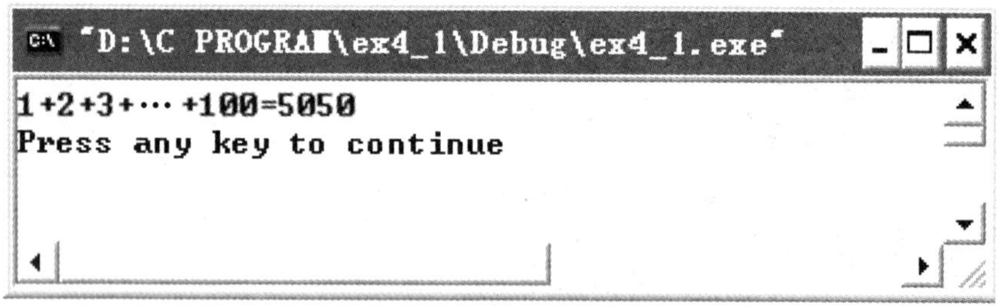

图 4-1 例 4-1 运行结果

程序分析：

while 后面括号内的是循环条件，大括号里面是反复执行的内容，即循环体。

4.1.2 while 语句

while 语句用来构造“当型”循环，多用于解决循环次数事先不确定的问题。while 语句的一般格式为：

while(表达式)

{
语句；
}

while 语句是一种先判断后执行的循环语句，先计算表达式的值并判断，若表达式的值为真(非零)，则执行循环体的语句；若表达式的值为假(零)时，结束循环。

☞**注意：**

①“表达式”一般为关系表达式或逻辑表达式，但表达式的类型可以任意。

②循环体可以是单个语句，也可以是多个语句。如果是多个语句必须使用大括号“{ }”将多个语句括起来构成一个复合语句。

③循环的实现一般包括 4 个部分，即初始化、条件控制、重复的操作以及循环变量的值的改变，使循环能正常结束。

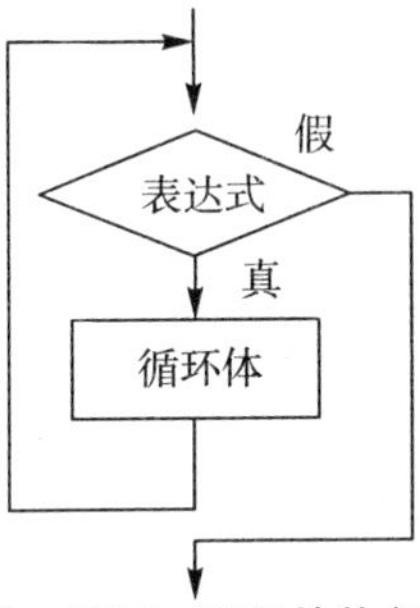

图 4-2　While 语句的执行过程

【例 4-2】 利用 while 语句计算 n！(即：1 * 2 * 3 * … * (n－1) * n)。

问题分析：

这是一个累乘的问题，在给 n 赋值时，应注意 s 的取值范围，以免造成溢出，发生错误。

程序代码：

```
/* ex4_2.c */
#include <stdio.h>
void main()
{
    int n,i = 1;
    long int s = 1;                     // 将累乘器 s 初始化为 1
    scanf("%d", &n);
    while(i< = n)
    {
        s = s * i;                      //实现累乘
        i++;
    }
    printf("n! = %d! = %ld\n",n,s);
}
```

程序运行结果如图 4-3 所示。

图 4-3 例 4-2 运行结果

程序分析：

程序从 1 开始往累乘器 s 上相乘，乘完自加 1，继续乘，直到大于 n 结束循环。

【例 4-3】 从键盘输入一批学生的成绩，计算平均成绩，并统计不及格学生人数。

问题分析：

这依然是一个求累加的问题，将输入的成绩先累加，最后再除以学生的人数，算出平均成绩。本题的难点在于确定循环条件，由于题目中没有给出学生的人数，不知道输入数据的个数，所以无法事先确定循环次数，这时需要自己设计循环条件，可以用一个特殊的数据作为正常输入数据的结束标志，由于成绩都要正数，就选一个负数作为结束标志。因此，循环条件就是输入的数据 grade>=0。

程序代码：

```
/*ex4_3.c*/
#include <stdio.h>
void main()
{
    int count,num;                  //num记录人数,count记录不及格人数
    double grade,total;             //分别存放成绩、成绩之和
    num = 0;
    total = 0;
    count = 0;
    printf("Enter grade:");
    scanf("%lf",&grade);            //输入第一个数据
    /*当输入数据大于等于0时,执行循环*/
    while(grade>=0)
    {
        total = total + grade;      //累加成绩
        num++;                      //计数
        if(grade<60)
            count++;
        scanf("%lf",&grade);        //读入一个新数据,为下次循环做准备
    }
```

```
    if(num!=0)
    {
        printf("Grade average is %.2f\n",total/num);
        printf("Number of failures is %d\n",count);
    }
    else
        printf("Grade average is 0\n");
}
```

程序运行结果如图 4-4 所示。

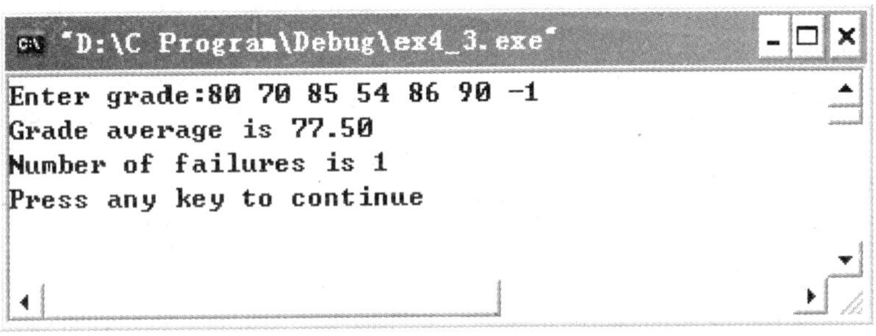

图 4-4 例 4-3 运行结果

程序分析：

程序中用负数作为输入的结束标志，运行时，连续输入并累加，直到输入－1 为止。

while 语句先判断是否满足循环条件，只有当 grade＞＝0 时才执行循环，所以在进入循环之前，先输入第一个数据，如果该数不是负数，就进入循环并累加成绩，然后再输入新的数据，继续循环。

补充说明：

在不确定循环次数的情况下，可以选用 while 语句。

4.1.3 技能训练

【例 4-4】 使用格雷戈里公式求 π 的近似值，要求精确到最后一项的绝对值小于 10^{-4}。

$\pi/4=1-1/3+1/5-1/7+\cdots$

问题分析：

这是一个求累加的问题，循环算式都是 sum＝sum＋第 i 项，第 i 项用变量 item 表示，item 的值，在每次循环中都会改变。但本题没有显式地给出循环次数，只提出了精度要求。在反复计算累加的过程中，一旦某一项的绝对值小于 10^{-4}（即 $|item|<10^{-4}$）时，就达到了给定的精度，计算终止。这说明精度要求实际上给出了循环的结束条件，还需要将其转换为循环条件 $|item|\geqslant 10^{-4}$，换句话说，当 $|item|\geqslant 10^{-4}$ 时，循环累加 item 的值，直到 $|item|<10^{-4}$ 为止。

通过该分析，明确了循环条件和循环体，并选择 while 语句实现循环。

程序代码：

```
/*ex4_4.c*/
```

```
#include <stdio.h>
#include "math.h"                   //程序中调用绝对值函数 fabs( ),需包含 math.h
void main()
{
    int denominator,flag;
    double item,pi;                 //pi 用于存放累加和
    /*循环初始化*/
    flag=1;                         //flag 表示第 i 项的符号,初始为正
    denominator=1;                  //denominator 表示第 i 项的分母,初始为 1
    item=1.0;                       //item 中存放第 i 项的值,初值取 1
    pi=0;                           //置累加和 pi 的初值为 0
    while(fabs(item)>=0.0001)       //当|item|≥0.0001 时,执行循环
    {
        item=flag*1.0/denominator;  //计算第 i 项的值
        pi=pi+item;                 //累加第 i 项的值
        flag=-flag;                 //改变符合,为下一次循环做准备
        denominator=denominator+2;  //分母递增 2,为下一次循环做准备
    }
    pi=pi*4;                        //循环计算的结果是 pi/4
    printf("pi=%.4f\n",pi);
}
```

程序运行结果如图 4-5 示。

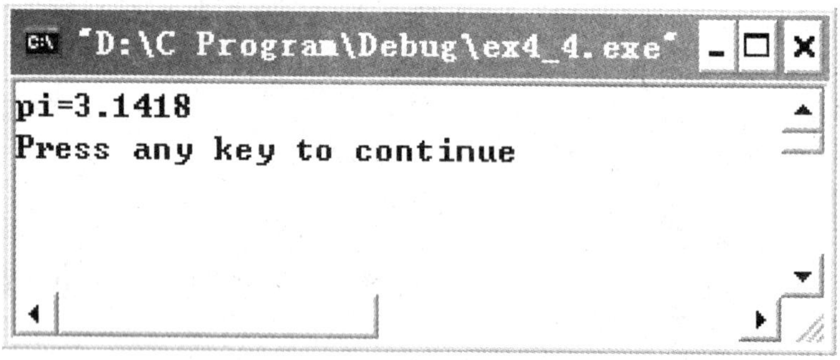

图 4-5　例 4-4 运行结果

程序分析：

在进入循环前，对 item 赋初值 1.0，目的是保证初始的循环条件为真，使循环能正常开始。在随后的循环中，每次都重新计算 item 的值，并将它和精度相比较，决定何时结束循环。在进入循环前对 item 赋初值时，其值可以是满足绝对值大于等于 10^{-4} 的任意值。

【例 4-5】 用泰勒级数求 e 的近似值，直到最后一项小于 1e−6 为止。

e=1+1/1!+1/2!+1/3!+…+1/n!+…

问题分析：

该程序是一个有规律项的计算问题，要控制好各个变量所代表的含义。

程序代码：

```
/* ex4_5.c */
#include <stdio.h>
void main( )
{
    float e = 1.0;                  //用 e 存放结果
    int n = 1,t = 1;                //用 t 存放 n!
    while(1/(float)t>1e - 6)
    {
        t = t * n;                  //求 n!
        e = e + 1/(float)t;         //实现求 n! 的倒数的和
        n++ ;
    }
    printf("e 的近似值为 % f\n",e);
}
```

程序运行结果如图 4-6 所示。

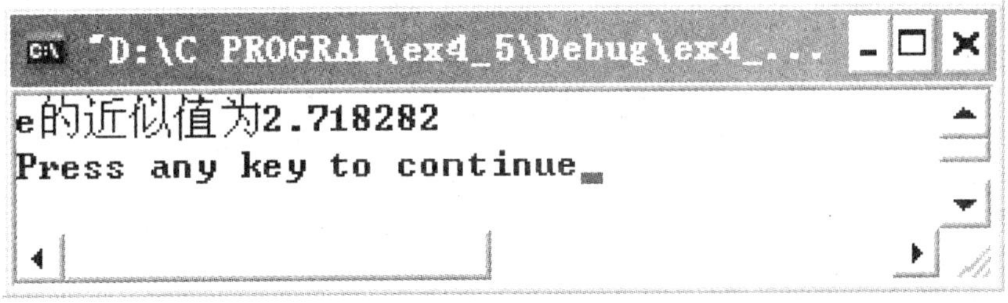

图 4-6　例 4-5 运行结果

程序分析：

①凡是遇到求若干个有规律变化的项的乘积问题，就可在循环体中用求累乘积的编程通式 t=t * x 来编程实现，t 的初值为 t=1。

②凡是遇到求若干个有规律变化的项的求和问题，就可在循环体中用求累加的编程通式 s=s+x 来编程实现，s 初值为 s=0。

③在循环中进行累乘运算时，必须要对变量 t 进行强制类型转换，即利用(float)t 使其变为浮点型变量后进行运算，否则 1/t 将按整型规则运算，其结果总是 0。

4.2　统计整数的位数

4.2.1　程序解析

【例 4-6】　从键盘读入一个整数，统计该数的位数。例如，输入 12534，输出 5；输入99，输出 2；输入 0，输出 1。

问题分析：

一个整数由多位数字组成，统计过程需要逐位地计算，因此这是个循环过程，循环次数由整数的位数决定。由于需要处理的数据有待输入，故无法事先确定循环次数。程序中引入了第二种循环语句 do-while。

程序代码：

```
/ * ex4_6 .c * /
# include <stdio.h>
void main()
{
    int count,number;                  //count 记录整数 number 的位数
    count = 0;
    printf("Enter a number:");
    scanf(" % d",&number);
    if(number<0)                       //将输入的负数转换为正数
    number = - number;
    do
    {
        number = number/10;            //整除后减少一位个位数，组成一个新数
        count + + ;                    //位数加 1
    }while(number! = 0);               //判断循环条件
    printf("if contains  % d digits.\n",count);
}
```

程序运行结果分别如图 4-7、4-8 所示。

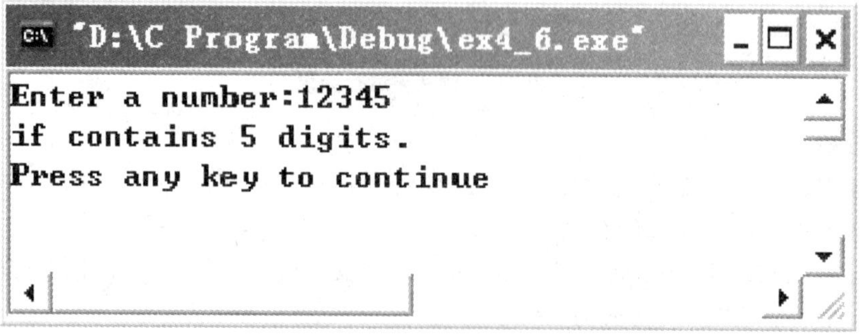

图 4-7　例 4-6 运行结果 1

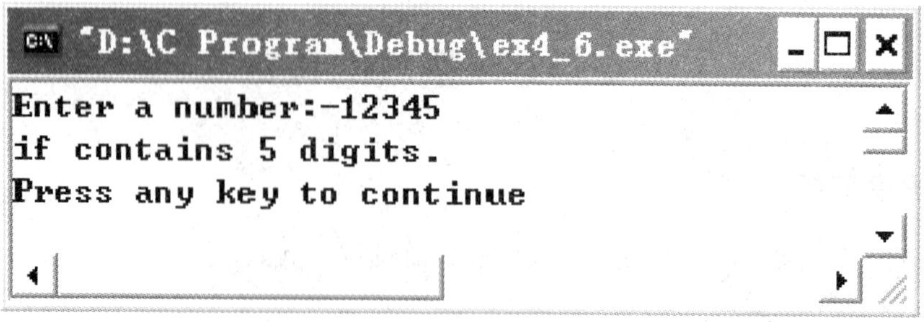

图 4-8 例 4-6 运行结果 2

程序分析：

由于负数和相应的正数的位数是一样的，所以把输入的负数转换为正数后再处理。将输入的整数不断地整除，该数最后变成了 0。例如，234/10 的商为 23，23 再整除 10 商为 2，2 再整除 10 商为 0，结束循环，一共循环了 3 次，故 234 的位数是 3。

4.2.2　do-while 语句

do-while 语句与 while 语句略有不同，它先执行循环体，后判断循环条件。所以无论循环条件的值如何，至少会执行一次循环体。其一般形式为：

```
do
{
    循环体语句
} while(表达式)；
```

do-while 语句的执行过程如图 4-9 所示，第一次进入循环时，首先执行循环体语句，然后再检查循环控制条件，即计算表达式，若值为“真”，继续循环，直到表达式的值为“假”，循环结束，执行 do-while 后面的语句。

do-while 语句的使用方法和 while 语句类似，语句中的表达式可以是任意合法的表达式，循环体语句可以是一条或者多条语句；使用时要另外初始化部分，循环体语句必须包含能最终改变真假性的操作。例如，例 4-6 的循环体语句包括：每次执行 number/10 并累加位数，这样 number 的值在每次循环中都会改变，最终将会满足 number＝＝0，使循环正常结束。

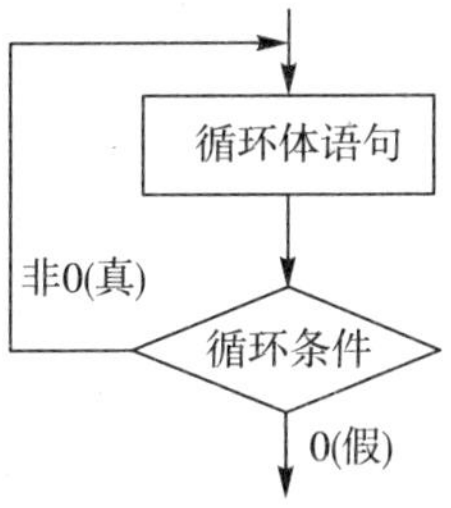

图 4-9　do-while 语句的执行过程

☞**注意：**

①do 是 C 语言的关键字，必须和 while 联合使用。

②do-while 循环由 do 开始，用 while 结束。在 while 结束后必须有分号，它表示该语句的结束。

while 与 do-while 语句的区别：

①while 语句是先判断，后执行的循环语句；而 do-while 语句是先执行，后判断循环语句。

②当第一次进行判断表达式的值时，表达式的值为假时，while 语句不执行循环体语句，而转去执行循环结构的下一语句；而 do-while 语句先执行一次循环体语句，而后转去执行循环结构的下一语句。

③不论是 while 还是 do-while 语句构成的循环，在循环体中都应有修改循环控制变量

值的语句，否则程序会进行无限循环状态。

请读者分析以下两例的区别。

void main( )
{
    int i , s = 0;
    scanf(" %d",&i);
    while(i< = 10)
    {
        s = s + i;
        i + + ;
    }
    printf("s = %d\n", s);
}
	void main( )
	{
	    int i , s = 0;
	    scanf(" %d",&i);
	    do
	    { s = s + i;
	        i + + ;
	    }
	    while(i< = 10) ;
	    printf("s = %d\n", s);
	}

输入:1　　打印:55 输入:11　　打印:0	输入:1　　打印:55 输入:11　　打印:11

【例 4-7】 从键盘上输入若干字符，以“#”号结束，统计其中字符 A 或 a(包括大写字母或小写字母)的个数。

问题分析：

统计字符 A 或 a 的个数，只需 ch=='A'||ch=='a'表达式即可，以“#”号结束，即为循环终止的条件。

程序代码：

```
/* ex4_7. c */
#include <stdio.h>
void main()
{
    char ch;
    int count = 0;
    printf("请输入若干字符并以#号结束:\n");
    while((ch = getchar())! = '\n')
    {
        if(ch = = 'A'||ch = = 'a')
        count = count + 1;
    }
    printf("大写字母 A 或小写字母 a 的总个数为%d 个\n",count);
}
```

程序运行结果如图 4-10 所示。

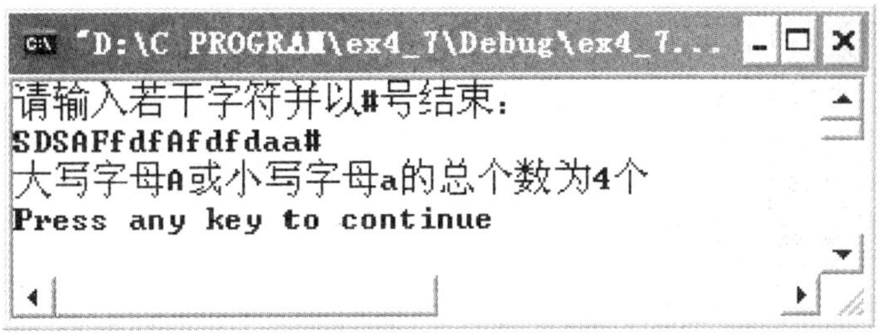

图 4-10 例 4-7 运行结果

程序分析:

在循环开始之前,ch 的值必须先赋值一次;do-while 表达式的判断条件,要注意运算的优先级别问题,因为"="级别比"!="低,要优先计算,在 ch=getchar()外要加一对括号。

4.2.3 技能训练

【例 4-8】 每个苹果 0.8 元,第一天买 2 个苹果,第二天开始买前一天的 2 倍,直至购买的苹果个数达到不超过 100 的最大值。编写程序求每天平均花多少钱。

问题分析:

本题苹果个数不超过 100 即为循环结束的条件。要将天数、苹果数的初始值定义好,变化的过程记录好。

程序代码:

```
/*ex4_8.c*/
#include <stdio.h>
void main()
{
    int day = 1,apple = 2;
    double sum = 0,ave;
    do
    {
        sum = sum + 0.8*apple;
        printf("第%d天买%d个苹果\n",day,apple);
        day++;
        apple = apple*2;
    }while(apple<=100);
    ave = sum/day;
    printf("平均每天花%.1lf元钱\n",ave);
}
```

程序运行结果如图 4-11 所示。

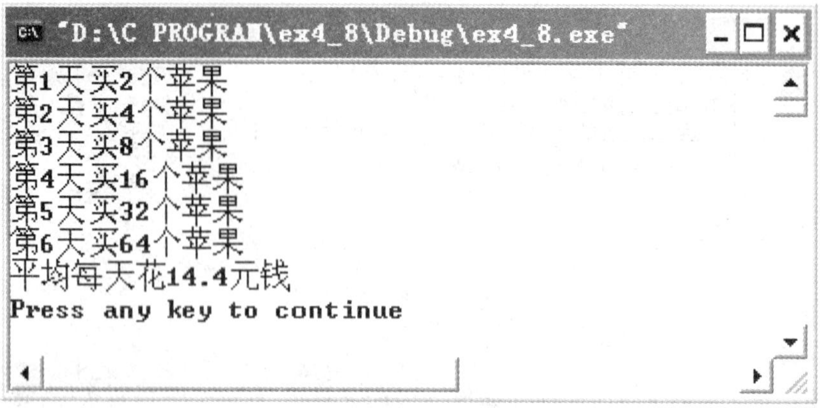

图 4-11　例 4-8 运行结果

程序分析:

程序中用 day 控制天数,apple 控制苹果数,0.8 * apple 即为每天花的钱数。只要 apple 数不超过 100,循环就进行下去,直到超过 100 为止。

4.3　输出斐波那契数列的前 20 项

4.3.1　程序解析

【例 4-9】 求斐波那契(Fibonacci)数列的前 20 个数。该数列的生成方法为:F1=1,F2=1,Fn=Fn-1+Fn-2(n>=3),即从第 3 个数开始,每个数等于前 2 个数之和。

问题分析:

斐波那契数列的头两项均为 1,后面任一项都是其前两项之和。程序在计算中需要用两个变量存储最近产生的两个序列值,且产生了新数据后,两个变量要更新。题目要求输出 20 项,循环次数确定,可采用 for 语句。

假定头两项分别用 f1=1 和 f2=1 表示,则新项 f=f1+f2,然后更新 f1 和 f2:f1=f2 及 f2=f,为计算下一个新项 x 作准备。

程序代码:

```
/* ex4_9.c */
#include <stdio.h>
void main()
{
    long int f,f1 = 1,f2 = 1;                //定义并初始化数列的前 2 个数
    int i;
    printf("%-10ld%-10ld",f1,f2);            //左对齐,先输出前两项
    for(i = 3;i <= 20;i++)                   //循环输出后 18 个数
```

```
    {
        f = f1 + f2;                        //计算新项
        printf("% - 10ld",f);
        if(i % 5 = = 0)
            printf("\n");                   //每输出 5 个后换行
        f1 = f2;                            //更新 f1 和 f2,为下一次计算新项作准备
        f2 = f;
    }
}
```

程序运行结果如图 4-12 所示。

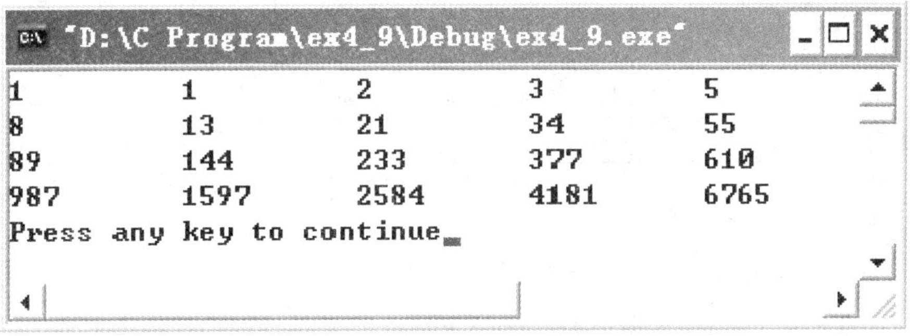

图 4-12 例 4-9 运行结果

4.3.2 for 语句

for 语句是 C 语言提供的一种在功能上比前面介绍的两种循环语句更强的一种循环语句。

for 循环语句格式如下：

```
for(表达式 1;表达式 2;表达式 3)
{
    循环体语句
}
```

for 语句的执行过程为：

①首先计算表达式 1。

②然后求表达式 2 的值。若其值为非零，则转到③执行循环体语句；若其值为零，则结束 for 语句。

③执行循环体语句，之后接着计算表达式 3。

④表达式 3 计算完，转②执行，反复执行②、③、④，直到表达式 2 的值为假结束循环。

☞**注意：**

①循环体语句可以是单个语句，也可是复合语句或空语句。

②for 是 C 语言的关键字，3 个表达式之间的必须用分号";"隔开。3 个表达式可以是任意形式的 C 表达式。

③一般“表达式 1”用于计算循环变量初始值,“表达式 2”为循环体是否执行的条件,“表达式 3”为循环变量的调整。“循环体语句”的使用同 while、do-while 循环语句。for 语句的执行过程如图 4-13 所示。

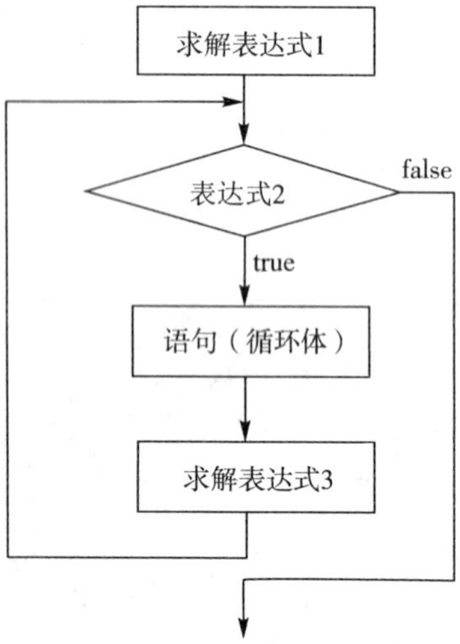

图 4-13　for 语句的执行过程

【例 4-10】 用 for 语句实现求 1～100 之和。

问题分析:

前面用 while 解决过此问题,现在再用 for 解决这个问题。

程序代码:

```
/*ex4_10.c*/
#include <stdio.h>
void main()
{
    int i,sum=0;
    for(i=1;i<=100;i++)
        sum+=i;
    printf("其和是 %d\n",sum);
}
```

程序运行结果如图 4-14 所示。

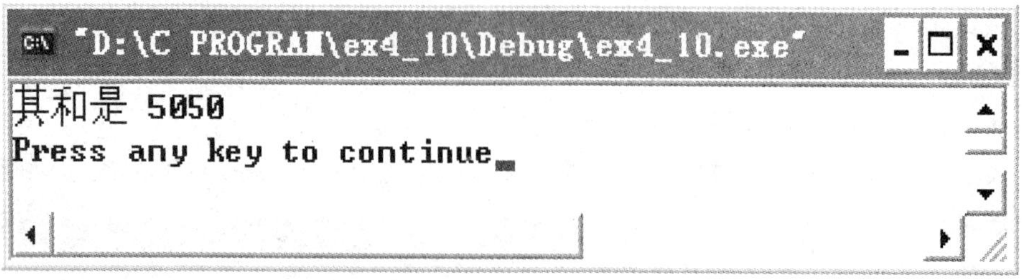

图 4-14　例 4-10 运行结果

程序分析：

for 循环的执行过程：先执行表达式 1，i=1，然后判断“i<=100”是否成立，如果为真，执行循环体“sum+=i”，转而执行“i++”，再判断“i<=100”，如此反复，直到“i<=100”为假为止。在这个例子中，i 是循环控制变量，每次循环时，它的值都被改变且进行检验。

【例 4-11】 输出所有的水仙花数。水仙花数是指一个 3 位数，其各位数字的立方和等于该数本身。例如：$153=1^3+5^3+3^3=153$，所以 153 就是水仙花数。

问题分析：

要求出所有的“水仙花数”，就要从 100、101……999 依次判断这些数是否满足“水仙花数”的条件，分别求出百位、十数、个数即可。

程序代码：

```
/*ex4_11.c*/
#include <stdio.h>
void main()
{
    int num, bai, shi ,ge;
    for(num=100; num<=999; num++)
    {
        bai=num/100;
        shi=num/10%10;
        ge=num%10;
        if(num==bai*bai*bai+shi*shi*shi+ge*ge*ge)
            printf("水仙花数为%5d\n", num);
    }
}
```

程序运行结果如图 4-15 所示。

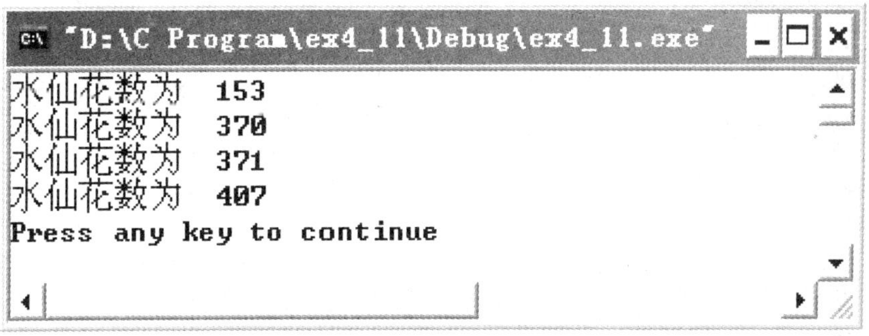

图 4-15 例 4-11 运行结果

4.3.3 技能训练

【例 4-12】 从键盘上输入 10 个数，求出其中的最大值与最小值。

问题分析：

求 10 个数中的最大值和最小值，要逐一的进行比较。把键盘输入的第一个数暂时当成最大值，同时也把它当成最小值；然后拿输入的第二个值和该数比较，如果比它大，大值被刷新为第二个值，如果不比它大，大值仍然为原来的数字，依次递推。

程序代码：

```
/* ex4_12.c */
#include <stdio.h>
void main()
{
    int i,x,max,min;
    printf("请输入 10 个数:\n");
    scanf("%d",&x);
    max = x;
    min = x;
    for(i = 2;i<= 10;i++)
    {
        scanf("%d",&x);
        if(x>max)
            max = x;
        else if(x<min)
            min = x;
    }
    printf("最大值为%d,最小值为%d\n",max,min);
}
```

程序运行结果如图 4-16 所示。

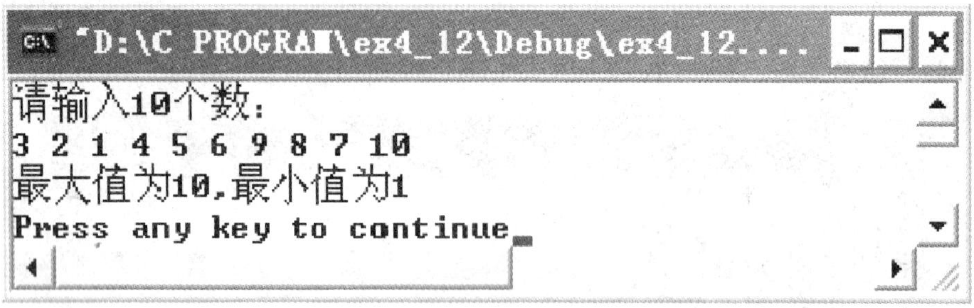

图 4-16　例 4-12 运行结果

程序分析：

第一个值输入为 3，max=3，min=3，然后输入第二个值 2，2 和 3 比较，不比它大，所以 max 依然为原来的 3，但是 2 比 3 小，所以 min 被刷新为 2；依次递推。

【例 4-13】 编写程序，找出 1 至 99 之间的全部同构数。同构数是这样一组数：它出现在平方数的右边。例如，5 是 25 右边的数，25 是 625 右边的数，5 和 25 就是同构数。

问题分析：

这是一类求特殊值 i 的问题，要找出特殊值的满足条件是关键。根据题目意思，5 出现在 25 的右边，即 5*5%10==5；25 出现在 625 的右边，25*25%100==25；找出满足条件的通式，即 i＊i％10＝＝i 或者 i＊i％100＝＝i。

程序代码：

```
/* ex4_13.c */
#include <stdio.h>
void main()
{
    int i;
    for(i = 1;i<100;i++)
        if(i * i % 10 == i||i * i % 100 == i)
            printf("%3d",i);
}
```

程序运行结果如图 4-17 所示。

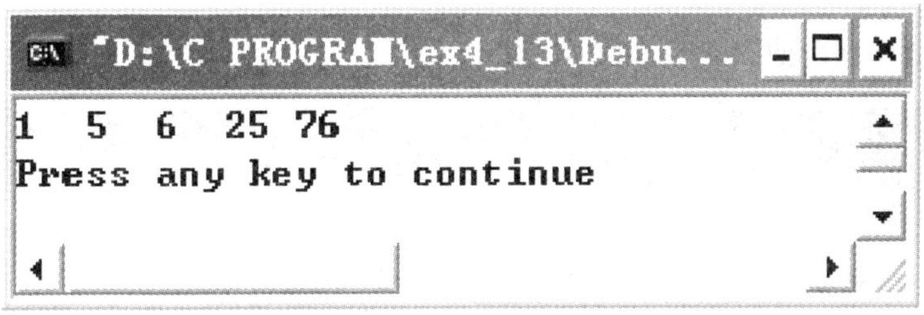

图 4-17 例 4-13 运行结果

4.4　判断素数

4.4.1 程序解析

【例 4-14】 输入一个正整数，判断它是否为素数。所谓素数 n 是指只能被 1 和自身整除的正整数，1 不是素数，2 是素数。

问题分析：

判断一个数 m 是否为素数，需要检查该数是否能被除 1 和自身以外的其他数整数，即判断 m 是否能被 2～m－1 之间的整数整除。用求余运算％来判断整除，余数为 0 表示能被整除，否则不能被整除。

设 i 取值[2，m－1]，如果 m 不能被该区间上的任何一个数整除，即对每个 i，m％i 都不为 0，则 m 是素数，但是只要 m 能被该区间上的某个数整除，即只要找到一个 i，使 m％i 为 0，则 m 肯定不是素数。

由于 m 不可能被大于 m/2 的数整除，所以上述 i 的取值区间可缩小为[2，m/2]，数学上能证明，该区间还可以是[2，sqrt(x)]。

程序代码：

```
/* ex4_14 .c */
#include <stdio.h>
```

```
void main()
{
    int i,m;
    printf("请输入一个数:\n");
    scanf("%d",&m);
    for(i=2;i<=m/2;i++)
        if(m%i==0)
            break;
    if(i>m/2&&m!=1)
        printf("该数是一个素数! \n");
    else
        printf("该数不是一个素数! \n");
}
```

程序运行结果分别如图 4-18 和 4-19 所示。

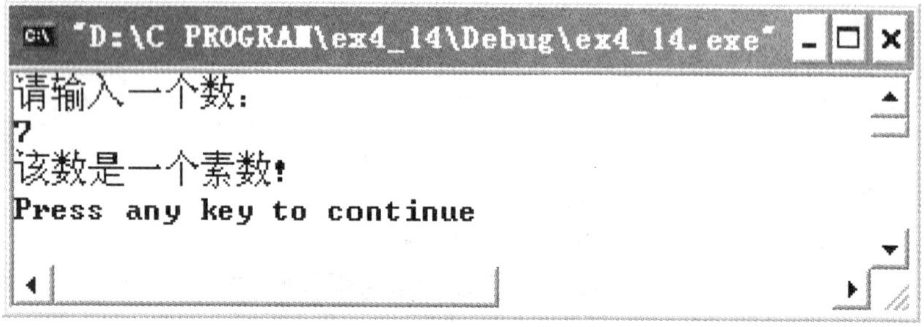

图 4-18　例 4-14 运行结果 1

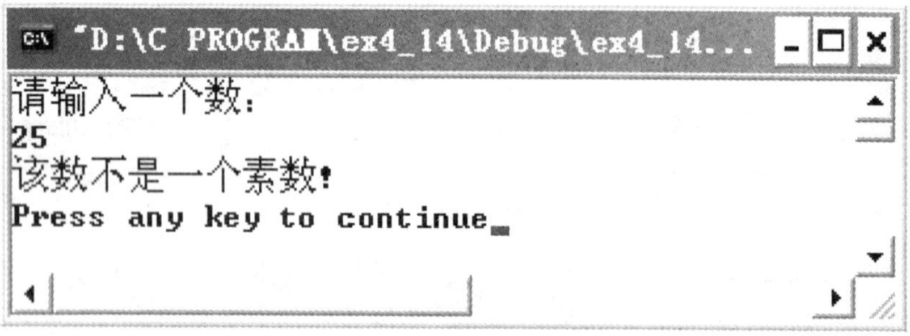

图 4-19　例 4-14 运行结果 2

程序分析:

使用循环来判断素数,得到两种结构,是素数或者不是素数,分别对应循环的两个结束条件:一为正常的 for 循环结束条件 i>m/2,可判定 m 是一个素数;二为 m%i==0,说明 m 能被某个 i 整除,可判断 m 不是素数。

当循环结构中出现多个循环条件时,可以由循环语句中的表达式 2 和 break 语句共同控制。break 语句的功能下节介绍。

4.4.2　break 语句和 continue 语句

前面已经介绍过用 break 语句跳出当前的 switch 语句流程。在循环结构中，也可以用 break 语句使流程跳出本层循环体，从而提前强制性结束本层循环。

break 语句的一般形式为：

break;

☞**注意：**

①只能在 switch 语句体和循环体内使用 break 语句。

②当 break 语句出现在 switch 语句体中，其作用是跳出该 switch 语句体。当 break 语句出现在循环体中，则在执行 break 语句后，使流程跳出本层循环体。

【例 4-15】 分析以下程序中 s 的最终值。

程序代码：

```
/* ex4_15.c */
#include <stdio.h>
void main()
{
    int i,s=0;
    for(i=1;i<=10;i++)
    {
        s=s+i;
        if(s>5)
            break;
        printf("s=%d\n",s);
    }
    printf("使用 break 语句时，s 的最终值为：%d\n",s);
}
```

程序运行结果如图 4-20 所示。

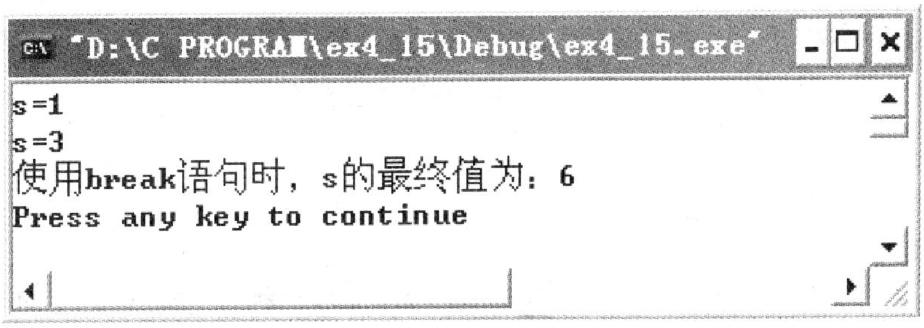

图 4-20　例 4-15 运行结果

程序分析：

本例中，如果没有 break 语句，程序将进行 10 次循环。当 i=3 时，s 的值为 6，if 语句中的表达式 s>5 值为 1，于是执行 break 语句，循环立即中断，跳出 for 循环，从而提前中止循环，并转向循环体外的下一条语句。此时，s 的值为 6。

还有一种语句为 continue，continue 语句的作用是跳过循环体中 continue 后面的语句，继续下一次循环，通常与 if 语句配合使用。

continue 语句的一般形式为：

continue；

【例 4-16】 将例 4-15 中的 break 语句改用 continue 语句，分析程序中 s 的最终值。

程序代码：

```
/* ex4_16.c */
#include <stdio.h>
void main()
{
    int i,s = 0;
    for(i = 1;i< = 10;i ++ )
    {
        s = s + i;
        if(s>5)
            continue;
        printf("s = %d\n",s);
    }
    printf("使用 break 语句时，s 的最终值为：%d\n",s);
}
```

程序运行结果如图 4-21 所示。

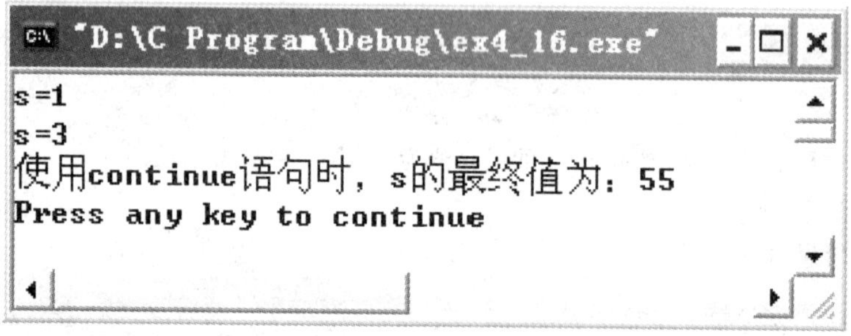

图 4-21　例 4-16 运行结果

程序分析：

在本例中，当 i=1 时，输出 s=1；当 i=2 时，输出 s=3；当 i=3 时，s 的值为 6。if 语句中的表达式 s>5 值为 1，于是执行 continue 语句，跳过循环体中余下的语句，而去对 for 语句中的“表达式 3”求值，然后进行“表达式 2”的条件测试，最后根据“表达式 2”的值来决定循环是否继续执行。不论 continue 作为何种语句成分出现，都将按此功能执行，这点与 break 有所不同。从上可以看出，continue 语句的功能是结束本次循环。

4.4.3　技能训练

【例 4-17】 圆的半径为 1～100，要求打印圆面积小于 100 时的圆半径和圆面积。

问题分析：

当圆面积 area 大于 100 时，立即结束循环，输出圆的半径的面积。此题是跳出循环，应该使用 break。

程序代码：

```
/* ex4_17.c */
#include <stdio.h>
void main()
{
    int r;float area;
    for (r = 1;r< = 100;r ++ )
    {
        area = 3.1415926 * r * r;
        if(area>100)
            break;
        printf("r = %d,area = %f\n",r,area);
    }
}
```

程序运行结果如图 4-22 所示。

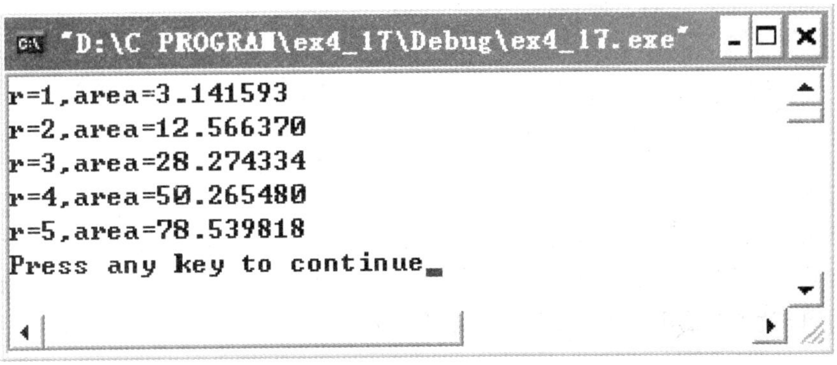

图 4-22 例 4-17 运行结果

程序分析：

当圆的半径 r 为 1、2、3、4、5 时，圆的面积 area 均未超过 100，所以均打印输出；当 r=6 时，圆的面积 area 超出 100，所以执行 break 语句，跳出循环，提前结束循环，程序结束。

补充说明：

读者分析，假如在循环体的外面再加一条输出语句，该程序运行结果是什么？

【例 4-18】 输出 100～200 之间不能被 7 整除的数，要求每行输出 10 个数。

问题分析：

一个数能否被 7 整除，用该数和 7 求余即可。本循环的初始值是 100，终值是 200，循环变量每次自增 1。

程序代码：

```
/* ex4_18.c */
```

```
#include <stdio.h>
void main()
{
    int n;
    for (n=100;n<=200;n++)
    {
        if(n%7==0)
            continue;
        printf("%d\t",n);
    }
    printf("\n");
}
```

程序运行结果如图 4-23 所示。

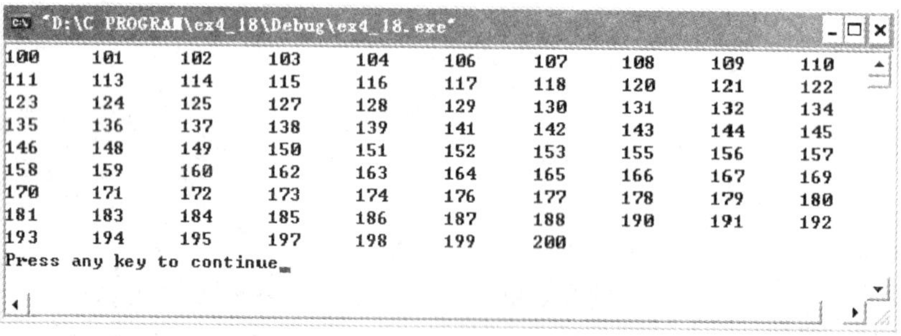

图 4-23 例 4-18 运行结果

程序分析：

n 和 7 求余，只要 n%7!=0，就不是 7 的倍数，就不要 continue，直接输出。如果 n%7==0，是 7 的倍数，就要 continue，continue 的含义是跳过循环体中剩下的语句不执行，直接进入下一次循环，所以就不要输出，n++取下一个数字。

4.5 九九乘法表

4.5.1 程序解析

【例 4-19】 打印如下形式的乘法九九表：

1*1=1

2*1=2　2*2=4

…

9*1=9　9*2=18　9*3=27 … 9*9=81

问题分析：

本题是一个有规律的输出问题，以前学过的单重循环解决不了，必须要用循环的嵌套来解决。

程序代码：

```
/ * ex4_19.c * /
#include <stdio.h>
void main()
{
    int i,j;                          // i,j 分别控制行和列的输出
    for(i = 1;i< = 9;i + + )
    {
        for(j = 1;j <=  i;j + + )
            printf(" %d * %d = % - 3d",i,j,i * j);
        printf("\n");                 //另起一行
    }
}
```

程序运行结果如图 4-24 所示。

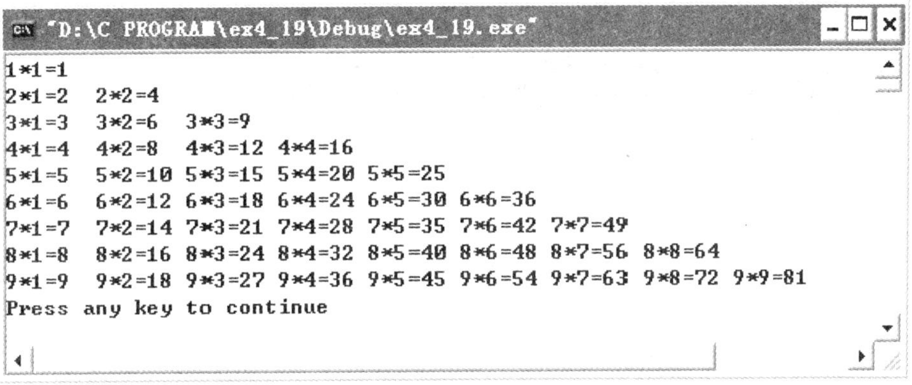

图 4-24　例 4-19 运行结果

程序分析：

①表体共九行，所以首先考虑一个打印九行的算法：

```
for(i = 1;i< = 9;i + + )
{打印第 i 行}
```

②考虑如何“打印第 i 行”。每行都有 i 个表达式，可以写为：

```
for(j = 1;j <=  i;j + + )
{打印第 j 个表达式}
```

③打印第 j 个表达式，可写为：

```
printf(" %d * %d = % - 3d",i,j,i * j);
```

④在写这个语句时，不写换行，只能在第 j 个表达式输出后写一个语句，故使之换行。

printf("\n");

4.5.2　循环的嵌套结构

在一个循环内又完整地包含另一个循环，称为“循环的嵌套”，即循环体自身包含循环语

句。前面介绍了三种类型的循环，它们自己本身可以嵌套，如在 for 循环中包含另一个 for 循环，也可以互相嵌套。例如，在 for 循环中包含一个 while 循环或者 do-while 循环等。

下面通过几个例子来介绍循环嵌套的概念和运用。

【例 4-20】 运行下面的程序，分析运行结果。

程序代码：

```
/ * ex4_20.c * /
#include <stdio.h>
void main()
{
    int i,j;
    for(i = 0;i<2;i++)
        for(j = 0;j<3;j++)
            printf("i = %d,j = %d\n",i,j);
}
```

程序运行结果如图 4-25 所示。

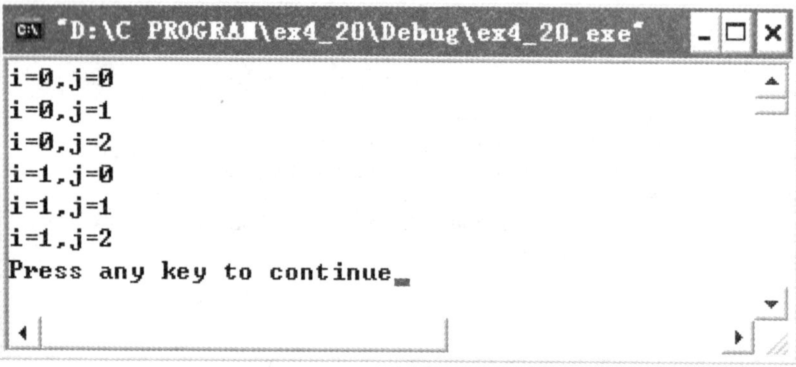

图 4-25 例 4-20 运行结果

程序分析：

从上例可以看出，外层循环的控制变量每取一个值，内层循环的控制变量取值就从初值变化到终值。例如，当 i=0 时，j 取值 0～2；当 i=1 时，j 再次取值 0～2。

【例 4-21】 编程输出如下图形：

```
        *
      * * *
    * * * * *
  * * * * * * *
* * * * * * * * *
```

问题分析：

本题是一个有规律的图形输出问题，控制好行数和每行的内容是关键，可以用外循环控制行数，用内循环控制每行的具体内容。

程序代码：

```
/ * ex4_21 .c * /
#include <stdio.h>
void main()
{
    int i,j;
    for(i = 1;i< = 5;i + + )
    {
        for(j = 1;j< = 10 - i;j + + )
            printf(" ");
        for(j = 1;j< = 2 * i - 1;j + + )
            printf(" * ");
        printf("\n");
    }
}
```

程序运行结果如图 4-26 所示。

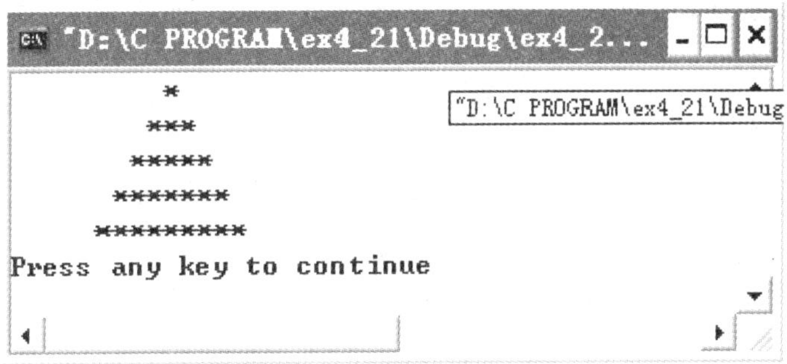

图 4-26 例 4-21 运行结果

程序分析：

①该图有 5 行，for(i=1;i<=5;i++)控制了行数。

②每行的具体内容用 i 和 j 共同控制。for(j=1;j<=10−i;j++)控制的是每行的空格数，空格数越来越少，即 10−i 来控制；for(j=1;j<=2*i−1;j++)控制的是每行的" * "的个数，有规律的在增加，用 2*i−1 来控制。

③printf("\n")每输出完一行要换行，所以该语句应该是外循环的循环体。

4.5.3 技能训练

【例 4-22】 36 人搬 36 块砖，男子一人一次搬 4 块，女子一人一次搬 3 块，小孩两人一次搬 1 块，刚好一次搬完，问男子，女子和小孩各多少人？

问题分析：

解决这类问题不能用方程求解，只能一一列举各种情况，选取满足要求的解。这类问题可应用 for 嵌套结构实现。这种方法也叫"穷举法"。

程序代码：

```
/* ex4_22 .c */
#include <stdio.h>
void main()
{
    int man,woman,child;
    for(man = 1;man< = 36;man + + )
        for(woman = 1;woman< = 36;woman + + )
            for(child = 1;child< = 36;child + + )
                if((man * 4 + woman * 3 + child/2.0 = = 36)&&(man + woman + child = = 36))
                    printf("男的有 %d 人\n 女的有 %d 人\n 小孩有 %d 人\n",man,woman,child);
}
```

程序运行结果如图 4-27 所示。

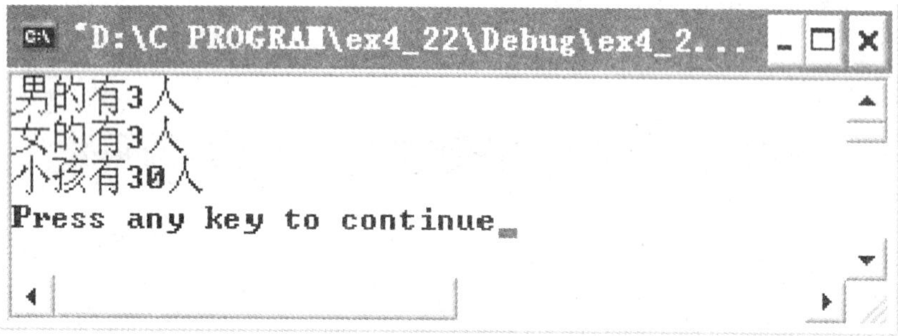

图 4-27　例 4-22 运行结果

程序分析：

符合题目条件的男、女、小孩人数应该同时满足 man * 4＋woman * 3＋child/2.0＝＝36 和 man＋woman＋child＝＝36 这两个条件。child/2.0 是为了排除奇数个小孩的情况，因为两个小孩搬一块砖，小孩人数必然为偶数个。

【例 4-23】 统计一个班内 5 名同学 3 名课程的平均成绩。

问题分析：

统计成绩，要用双层循环来解决。外层循环控制学生人数，内层循环控制该学生分数。

程序代码：

```
/* ex4_23.c */
#include <stdio.h>
void main()
{
    int i,j;
    float s,sum,ave;
    for(i = 0;i<5;i + + )
    {
        printf("请输入第 %d 个同学的成绩:\n",i + 1);
        sum = 0;
```

```
        for(j = 1;j< = 3;j + + )
        {
            scanf(" % f",&s);
            sum = sum + s;
        }
        ave = sum/3;
        printf("No. % d ave = % 6.2f\n",i + 1,ave);
    }
}
```

程序运行结果如图 4-28 所示。

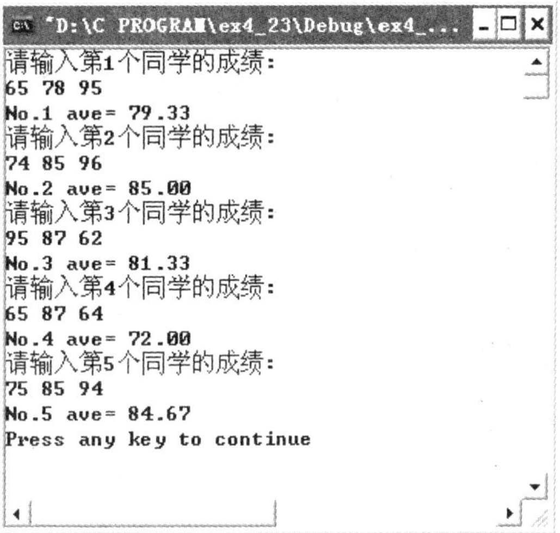

图 4-28 例 4-23 运行结果

程序分析:

每算完一个同学的平均成绩,再输入另一个同学之前,累加器都应该清 0。所以 sum=0 应该写在外循环的循环体中。

本章小结

➢ while 语句和 for 语句是属于先测试终止条件的循环语句,故循环体有可能一次也不执行。

➢ do-while 语句是后测试终止条件的循环语句,循环体至少执行一次。

➢ for 语句与 while 语句本质上相近,很容易互换。所有循环语句都是在循环条件为真时才能执行循环体。

➢如果循环次数可以在进入循环语句之前确定,使用 for 语句较好;在循环次数难以确定时使用 while 和 do-while 语句较好。

习题 4

一、单项选择题

1. 以下叙述正确的是(　　)。

A. do-while 语句构成的循环不能用其他语句构成的循环来代替

B. do-while 语句构成的循环只能用 break 语句退出

C. 用 do-while 语句构成的循环，在 while 后的表达式为非零时结束循环

D. 用 do-while 语句构成的循环，在 while 后的表达式为零时结束循环

2. 程序段如下：

```
int k = -20;
while(k = 0)  k = k + 1;
```

则以下说法中正确的是(　　)。

A. while 循环执行 20 次　　B. 循环是无限循环

C. 循环体语句一次也不执行　　D. 循环体语句执行一次

3. 以下程序的输出结果(　　)。

```
#include <stdio.h>
void main()
{
    int x = 3;
    do
    {
        printf("%3d",x -= 2);
    }while(--x);
}
```

A. 1　　B. 30 3　　C. 1 -2　　D. 死循环

4. 下面程序的运行结果是(　　)。

```
#include <stdio.h>
void main()
{
    int x,y;
    x = y = 0;
    while(x<15)
        {y++ , x += ++y; }
    printf("%d, %d",y,x);
}
```

A. 20，7　　B. 6，12　　C. 20，8　　D. 8，20

5. 下面程序的运行结果是(　　)。

```
#include <stdio.h>
```

```
void main()
{
    int i = 10,j = 0;
    do
    {
        j = j + i;
        i--;
    }while(i>5);
    printf("%d\n",j);
}
```

A. 45　　B. 40　　C. 34　　D. 55

6. 下面程序的运行结果是(　　)。

```
#include <stdio.h>
void main()
{
    int y = 10;
    do
    {y--;}while(--y);
    printf("%d\n",y--);
}
```

A. −1　　B. 1　　C. 8　　D. 0

7. 以下程序的输出结果是(　　)。

```
#include <stdio.h>
void main()
{
    int i = 0,a = 0;
    while(i<20)
    {
        for( ; ; )
        {
            if((i%10) == 0)
                break;
            else
                i--;
        }
        i += 11; a += i;
    }
    printf("%d\n",a);
}
```

A. 21　　B. 32　　C. 33　　D. 11

8. 在下列程序中，while 循环的循环次数是(　　)。

```
#include <stdio.h>
void main( )
{
    int i = 0;
    while(i<10)
    {
        if(i<1)
            continue;
        if(i = = 5)
            break;
        i + + ;
    }
    …
}
```

A. 1　　B. 10　　C. 6　　D. 死循环、不能确定次数

9. while (leap)和(　　)下列等价。

A. while (leap!=0)　　B. while (5)

C. while (leap=0)　　D. while (0)

10. 执行循环语句"for(k=1; k++<4;);"后，变量 k 的值是(　　)。

A. 3　　B. 4　　C. 5　　D. 不定

11. 下面有关 for 循环的正确描述是(　　)。

A. for 循环只能用于循环次数已经确定的情况

B. for 循环是先执行循环体语句，后判断表达式

C. 在 for 循环中，不能用 break 语句跳出循环体

D. for 循环的循环体语句中，可以包含多条语句，但必须用花括号括起来

12. 对 for(表达式 1; ;表达式 3)可理解为(　　)。

A. for(表达式 1;0;表达式 3)　　B. for(表达式 1;1;表达式 3)

C. for(表达式 1;表达式 1;表达式 3)　　D. for(表达式 1;表达式 2;表达式 3)

13. 若 i 为整型变量，则以下循环执行次数是(　　)。

```
for(i = 2; i = = 0;)
printf("%d",i - - );
```

A. 3　　B. 4　　C. 5　　D. 0

14. 以下循环体的执行次数是(　　)。

```
#include <stdio.h>
void main()
{
    int i,j;
    for(i = 0,j = 3;i< = j;i + = 2,j - - )
        printf("%d \n",i);
```

```
}
```

A. 3　　B. 4　　C. 1　　D. 2

15. “for(i=0;i<10;i++);”结束后,i 的值是(　　)。

A. 9　　B. 10　　C. 11　　D. 12

16. 要使下面程序段输出 10 个整数,则在下划线处填入正确的数是(　　)。

```
for(i = 0;i< = ____ ;)
    printf("%d\n",i += 2);
```

A. 9　　B. 10　　C. 18　　D. 20

17. 下面程序的输出结果是(　　)。

```
#include <stdio.h>
void main( )
{
    int s,k;
    for(s = 1,k = 2;k<5;k ++ )
        s += k;
    printf("%d\n",s);
}
```

A. 1　　B. 9　　C. 10　　D. 15

18. 以下 for 循环是(　　)。

```
for(a = 0,b = 0;(b! = 123)&&(a< = 4);a ++ )
```

A. 无限循环　　B. 循环次数不定

C. 执行 4 次　　D. 执行 5 次

19. 若 i,j 已定义为 int 型,则以下程序段中循环体的总的执行次数是(　　)。

```
for(i = 5;i;i -- )
for(j = 0;j<4;j ++ )
{    }
```

A. 20　　B. 24　　C. 25　　D. 30

20. 以下程序的输出结果是(　　)。

```
#include <stdio.h>
void main()
{
    int i;
    for(i = 1;i< = 5;i ++ )
    {
        if(i%2) printf("#");
        else continue;
        printf("*");
    }
    printf("$\n");
}
```

A. ＊＃＊＃＊＃$　　B. ＃＊＃＊＃＊$

C. ＊＃＊＃$　　D. ＃＊＃＊$

21. 下列程序段中语句“printf("%d" ，——y);”(　　)。

```
int y=15;
do { printf("%d", -- y); } while(!y);
```

A. 一次也不执行　B. 执行一次　C. 有语法错误　D. 执行无限次

22. 以下程序的输出结果是(　　)。

```
#include <stdio.h>
void main()
{
    int a=0,i;
    for(i=1;i<5;i++)
    {
        switch(i)
        {
            case 0:
            case 3:a+=2;
            case 1:
            case 2:a+=3;
            default:a+=5;
        }
    }
    printf("%d\n",a);
}
```

A. 31　B. 13　C. 10　D. 20

23. 以下程序的输出结果是(　　)。

```
void main()
{
    int j,i,sum=0;
    for(i=1;i<5;i++)
        for(j=1;j<i;j++)
            sum=sum+j;
    printf("%d\n",sum);
}
```

A. 5　B. 8　C. 10　D. 25

24. 以下正确的描述是(　　)。

A. continue 语句的作用是结束整个循环的执行

B. 只能在循环体内和 switch 语句体内使用 break 语句

C. 在循环体内使用 break 语句或 continue 语句的作用相同

D. 从多层循环嵌套中退出时，只能使用 goto 语句。

25. 在执行以下程序时，如果从键盘上输入，ABCdef<回车>，则输出为(　　)。

```
#include <stdio.h>
void main()
{
    char ch;
    while((ch=getchar())!='\n')
    {
        if(ch>='A'&&ch<='Z')
            ch=ch+32;
        else
            if(ch>='a'&&ch<='z')
                ch=ch-32;
        printf("%c",ch);
    }
    printf("\n");
}
```

A. ABCdef　　B. abcDEF　　C. abc　　D. DEF

二、程序填空题

1. 下面程序段是从键盘输入的字符中统计数字字符的个数，当输入换行符时结束循环。请填空。

```
#include <stdio.h>
void main()
{
    int n=0,c;
    c=getchar();
    while(___(1)___)
    {
        if(___(2)___)
            n++;
        c=getchar();
    }
}
```

2. 有1020个西瓜，第一天卖一半多两个，以后每天卖剩下的一半多两个，问几天以后能卖完？请填空。

```
#include <stdio.h>
void main()
{
    int day,x1,x2;
    day=0;x1=1020;
    while(___(1)___)
    {
```

```
        x2 = ___(2)___;
        x1 = x2;
        day++;
    }
    printf("day = %d\n",day);
}
```

3. 下面程序的功能是用“辗转相除法”求两个正整数的最大公约数。请填空。

```
#include <stdio.h>
void main()
{
    int a,b,m,n,c,t;
    printf("请输入两个整数:\n");
    scanf("%d%d",&a,&b);
    m = a;
    n = b;
    if(a<b)
    {
        t = a;
        a = b;
        b = t;
    }
    c = ___(1)___;
    while(c! = 0)
    {
        a = b;
        b = c;
        c = a % b;
    }
    printf("最大公约数为%d\n", ___(2)___);
    printf("最小公倍数为%d\n", ___(3)___);
}
```

4. 下面程序的功能是:输出 100 以内个位数为 6 并且能被 3 整除的所有数。请填空。

```
#include <stdio.h>
void main()
{
    int k,j;
    for(k = 1; ___(1)___; k++)
    {
        j = k * 10 + 6;
        if( ___(2)___ )
            continue;
```

```
        printf("%d\n",j);
    }
}
```

5.计算一个班某课程的平均分,通过键盘输入数据,−1 表示数据输入结束。请填空。

```
#include <stdio.h>
void main()
{
    int sum = 0,data,k = 0;
    scanf("%d",&data);
    while(data ___(1)___ )
    {
        scanf("%d",&data);
        sum = sum + ___(2)___ ;
        ___(3)___ ;
    }
    printf("%d\n",sum/ ___(4)___ ;
}
```

6.下面程序的功能是从 3 个红球、5 个白球、6 个黑球中任意取出 8 个球,且其中必须有白球,输出所有可能的方案。请填空。

```
#include <stdio.h>
void main()
{
    int i,j,k;
    printf("\n hong bai hei\n");
    for(i = 0;i< = 3;i ++ )
        for( ___(1)___ ;j< = 5;j ++ )
        {
            k = ___(2)___ ;
            if( ___(3)___ )
                printf(" %3d %3d %3d\n",i,j,k);
        }
}
```

7.下面程序的功能是求 1000 以内的所有完全数。说明:一个数如果恰好等于它的因子之和(除自身外),则称该数为完全数。例如:6=1+2+3。

```
#include <stdio.h>
void main()
{
    int a,i,m;
    for(a = 1;a< = 1000;a ++ )
    {
        for( ___(1)___ ;i< = a/2;i ++ )
```

```
            if(!(a%i))  (2)  ;
        if(m==a)
            printf("%4d",a);
    }
}
```

8. 若用 0 至 9 之间不同的 3 个数构成一个 3 位数，下面程序将统计出共有多少种方法。请分析程序填空。

```
#include <stdio.h>
void main()
{
    int i,j,k,count=0;
    for(i=1;i<=9;i++)
        for(j=0;j<=9;j++)
            if  (1)
                continue;
            else
                for(k=0;k<=9;k++)
                    if  (2)
                        count++;
    printf("%d",count);
}
```

三、程序阅读题

1. 下面程序的输出结果是__________。

```
#include <stdio.h>
void main()
{
    int s,i;
    for(s=0,i=1;i<3;i++,s+=i);
    printf("%d\n",s);
}
```

2. 下面程序的输出结果是__________。

```
#include <stdio.h>
void main()
{
    int i=10,j=0;
    do
    {
        j=j+i;
        i--;
    }while(i>2);
```

```
    printf("%d\n",j);
}
```

3. 设有以下程序：

```
#include <stdio.h>
void main()
{
    int n1,n2;
    scanf("%d",&n2);
    while(n2!=0)
    {
        n1=n2%10;
        n2=n2/10;
        printf("%d",n1);
    }
}
```

程序运行后，如果从键盘上输入 1298，则输出结果为__________。

4. 下面程序运行结果为__________。

```
#include <stdio.h>
void main()
{
    int  x,i;
    for(i=1,x=1;i<=50;i++)
    {
        if(x>=10)
            break;
        if(x%2==1)
        {
            x+=5;
            continue;
        }
        x-=3;
    }
    printf("%d\n",i);
}
```

5. 从键盘输入 1␣2␣3␣4␣5␣-1<回车>，"␣"代表空格，则下面程序运行的结果是__________。

```
#include <stdio.h>
void main()
{
    int n, k=0;
```

```
    do
    {
        scanf(" %d", &n);
        k += n;
    }while (n! = -1);
    printf("k = %d, n = %d", k, n);
}
```

6. 下面程序的运行结果为__________。

```
# include <stdio.h>
void main()
{
    int i, j, s = 0;
    for ( i = 1, j = 5; i<j; i++ , j-- )
        s += i * 10 + j;
    printf("\n%d", s);
}
```

7. 下面程序的运行结果为__________。

```
# include <stdio.h>
void main()
{
    int i = 10, s = 0;
    for ( ; --i; )
        if ( i % 3 == 0)
            s += i;
    s++ ;
    printf("\ns = %d", s);
}
```

8. 下面程序的运行结果为__________。

```
# include <stdio.h>
void main()
{
    int a = 2, n = 5, s;
    s = a;
    for ( ; --n; )
        s = s * 10 + a;
    printf(" %d", s);
}
```

9. 下面程序的运行结果为__________。

```
# include <stdio.h>
void main()
```

```
{
    int i = 1, s = 3;
    do
    {
        s + = i + + ;
        if (s % 7 = = 0)
            continue;
        else
            + + i;
    } while (s<15);
    printf("%d", i);
}
```

10. 当运行以下程序时,从键盘输入 China # <回车>,则下面程序运行的结果是＿＿＿＿＿＿。

```
#include <stdio.h>
void main ()
{
    int v1 = 0, v2 = 0;
    char c;
    while ( (c = getchar( ))! = '#')
    {
        switch (c)
        {
            case 'a':
            case 'h':
            default : v1 + + ;
            case 'o': v2 + + ;
        }
    }
    printf("%d, %d\n", v1, v2);
}
```

四、程序设计题

1. 任意输入 10 个数,分别计算并输出其中正数和负数的和。
2. 计算 1～100 以内所有含 6 的数的和。
3. 整元换零钱问题。把 100 元纸币兑换成 1 元、2 元和 5 元的纸币,共有多少种不同换法,请编写求解此问题的程序。
4. 有一分数序列:1/1,1/2,1/3,1/5,1/8,1/13,...,编写程序求这个数列的前 20 项之和(第 3 项开始,每个数的分母是其前两个数分母的和)。
5. 编一程序,将 2000 年到 3000 年中的所有闰年年份输出并统计出闰年的总个数,要求每 10 个闰年放在一行输出。

6. 编写程序输出下面图形：

```
1
2 3
4 5 6
7 8 9 0
```

第 5 章
函　数

本章工作任务

- 完成函数的定义及使用
- 完成实际应用中使用函数的参数及返回值

本章知识目标

- 理解 C 语言中的函数
- 理解函数中的形式参数和实际参数
- 理解变量的作用范围和存储类型
- 理解和应用两种参数传递方式:传值和传地址

本章技能目标

- 熟练使用及应用函数
- 掌握应用函数原型和函数的返回值
- 熟练掌握和应用自定义函数的定义和调用
- 熟练使用数组作为函数的参数

本章重点难点

- 函数的调用和返回值
- 函数的参数和传递
- 变量与函数的关系以及使用全局或局部变量
- 数值作为函数参数的使用

C程序的全部工作都是由各式各样的函数来完成的，所以也把C语言称为函数式语言。编写的每个程序都是需要用到函数，如：main()函数、printf()函数、scanf()函数等。

函数的作用是使人可以把相对独立的某个功能抽象出来，使之成为程序中的一个独立实体。可以为抽象出来的一段代码取一个名字，做成一个函数定义。当程序中需要这个功能时，可以通过一种简洁的形式执行这个功能，这个过程称为“函数调用”。

函数机制的优点：

➢重复出现的程序片段被一个唯一的函数定义和函数调用所取代，这样有可能使程序变得更简短而清晰；

➢由于整个程序里同样的功能仅描述一次，当需要改造这个功能时，就只要修改函数的定义即可，这有利于程序的维护；

➢函数定义和使用实际上是对程序复杂性的一种分解，使人在程序设计中可以分模块、孤立地考虑函数本身的定义与函数的使用问题，可以提高程序开发的效率；

➢可将函数分类保存到库中以用于别的项目，这样提高了代码的重用性。

在C语言中，从函数定义的角度看，函数可分为内置函数和自定义函数两种。

5.1 计算圆形面积

5.1.1 程序解析

【例5-1】 输入圆的半径，求圆的面积。要求定义调用函数area(r)计算圆面积。

程序代码：

```
/*ex5_1.c*/
#include <stdio.h>
#define PI 3.1415
double area(float r)                    //定义计算圆面积的函数
{
    double result;
    result = PI * r * r;
    return(result);                     //返回语句
}
void main()
{
    float r1;
    printf("请输入圆的半径:");
    scanf("%f",&r1);
    printf("面积为:%.4lf\n",area(r1));  //调用函数
}
```

运行程序，输入5，结果如图5-1所示。

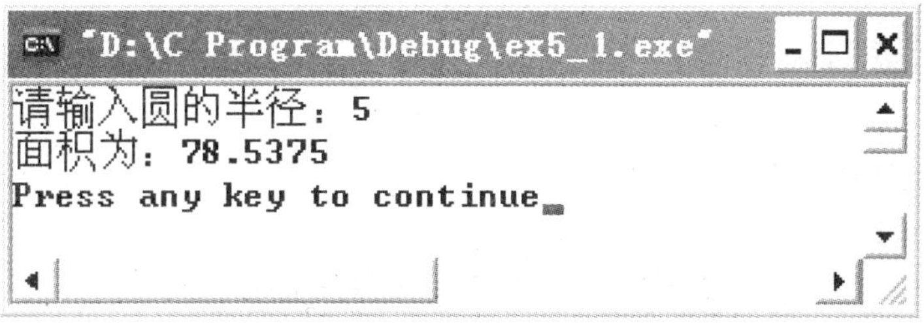

图 5-1 例 5-1 运行结果

本例中，area()函数为自定义函数，计算了圆面积。程序运行时，先通过主函数输入圆半径，然后调用 area()函数计算面积，最后由主函数输出显示。

5.1.2 函数的定义

每一个自定义函数在使用之前都必须先定义，然后才可以在其他函数中调用它。每个函数定义包含一段程序代码，执行时将完成一定工作。定义函数时给定了一个名字，供调用这个函数时使用。

一个函数由首部和函数体组成。其中函数头部一般占 1 行，不能用分号“;”结束。它描述了函数外部与函数内部的联系。

1. 函数首部

函数首部由 4 部分组成：函数类型、函数名、函数参数列表、参数的类型。

在图 5-2 中，return_type 说明该函数的类型，即描述该函数执行结束时返回值的类型。如果该函数无返回值时，用关键字 void 说明“无返回值”。

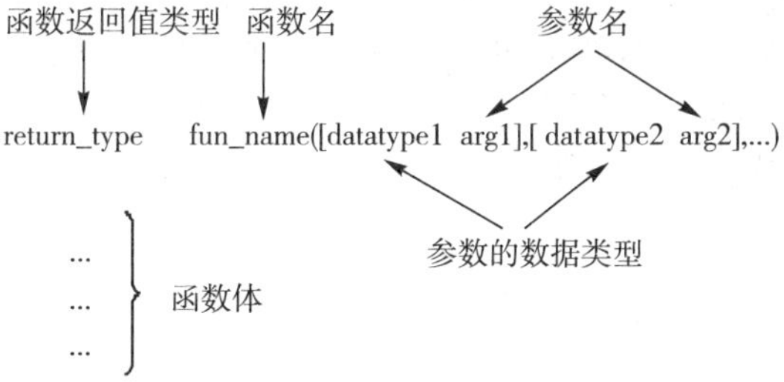

图 5-2 函数定义基本结构图

fun_name 为函数名，主要用于调用这个函数时的标识作用，函数名的命名规则与所有其他标识符的命名规则相同。

小括号内的列表表示参数，参数列表描述函数的参数个数和参数的类型。一个函数可以有多个参数，各参数描述之间用逗号分隔。每个参数描述包括一个数据类型名和一个参数名。此参数名称为函数的形式参数，简称“形参”。没有参数的函数又称“无参函数”。定义无参函数时参数列表应写成()或者(void)。

☞**注意**：每个参数需要单独给出类型，如果两个参数是相同的类型也得单独给出类型。

例 5-1 中，函数首部为：double area(float r)，表明函数类型为 double，函数名为 area，函数有一个形参 r，它的类型是 float，表示圆的半径。

2. 函数体

用一对大括号{}括起来的语句是函数体，由为了实现函数功能的若干条语句组成，根据需要而编写。

例 5-1 中，函数体首先是定义变量：

double result；

result 的类型与函数类型一致，以保存函数运算结果，并由 return(result)返回计算结果。result 是普通变量，不是形参，它只是函数实现过程中要用的工作单元，只有从主调函数中得到的已知条件，才定义为形参，其他需要的工作单元都定义成普通变量。

5.1.3　函数的调用

定义一个函数后，就可以在程序中调用这个函数。在 C 语言中，若调用标准函数时，则需要在程序的最前面用预处理语句＃include 命令包含相应的头文件。

1. 函数调用过程

通过在程序中使用函数名称，可以执行函数中包含的语句，这称为“调用函数”。函数调用本身可以是一个单独的语句，也可以是赋值语句的一部分，还可以是表达式的一部分，或用在 printf 语句中。函数之间允许相互调用，也允许嵌套调用。习惯上把调用者称为“主调函数”。函数还可以自己调用自己，称为“递归调用”。main()函数是主函数，它可以调用其他函数，而不允许被其他函数调用。因此，C 程序的执行总是从 main()函数开始，完成对其他函数的调用后再返回到 main()函数，最后由 main()函数结束整个程序。一个 C 源程序必须有，也只能有一个主函数 main()。

当函数调用后，程序执行将转移到被调函数的第一条语句。被调函数最后一条语句执行结束或执行一条返回语句后，被调函数执行将完成。然后，程序执行将回到主调函数，并继续计算进行函数调用的表达式或执行函数调用后的语句。

下面以 5-1 为例，分析函数调用过程，如图 5-3 所示。

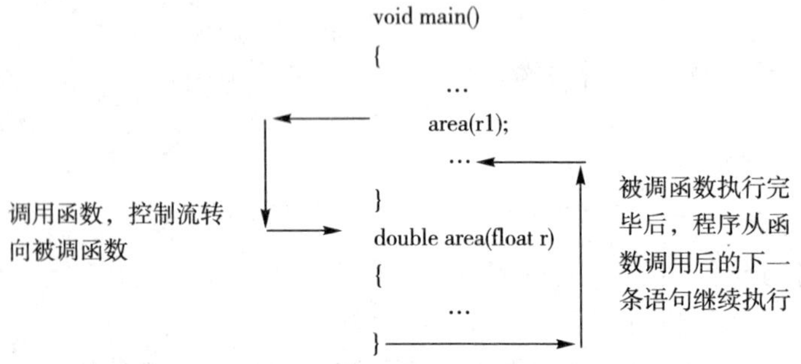

图 5-3　函数调用示意图

2. 函数调用的形式

函数调用的一般形式为：

　　函数名(实际参数列表)

实际参数(简称实参)可以是常量、变量和表达式。例如，area()中，使用变量 r1 作为实参。

对于实现计算功能的函数，函数调用通常是以下两种情况：

(1)赋值语句

```
volume = area(r1);
```

(2)输出函数的返回值

```
printf("面积为：%.4lf\n",area(r1));
```

3. 参数传递

函数定义时，位于其函数名括号内的参数称为“形参”，如例5-1中的r。主调函数的参数称为“实参”，如例5-1中的r1。

函数的形参必须是变量，用于接收实参传递过来的值；而实参可以是常量、变量或表达式，其作用是把常量、变量或表达式的值传给形参。如果实参是变量，它与所对应的形参是两个不同的变量。实参是主调函数的，形参是自定义函数的，这两者可以同名，也可以不同名。

☞**注意**：形参和实参必须一一对应，两者数量相同，类型尽量一致。建议初学者类型保持一致。

在C语言中，实参向形参的数据传递是“值传递”，单向传递，即只由实参传给形参，而不能由形参传给实参。

4. 函数结果返回

函数结果返回的形式如下：

return (表达式)；

或 return 表达式；

该语句将返回<表达式>的值，该值将被返回给调用程序。

C语言中的函数至多可以返回一个值，不能返回多个值。返回值的数据类型应与函数原型中返回值的数据类型匹配，即和函数定义时规定的函数返回值类型相同。

当遇到return语句时，函数执行将终止。程序控制流将立即返回调用函数。

例如，有下列判断一个数是否为5的倍数的函数：

```
int div5(int num)
{
    if(num % 5 == 0)
        return(1);
    else
        return(0);
}
```

return语句作为if条件结果的一部分，根据判断的结果，两条return语句只有一条被处理。

5. 函数原型声明

函数被定义之后，在调用之前一般需要对该函数进行声明，以便向编译器指出该函数要使用什么样的格式或语法，也称为“函数原型说明”。二者的区别，若为前者，则说明处到程序结束，这之间的函数中皆可调用被说明的函数，而对后者，则只可在说明所在的那个函数中调用被说明的函数。

函数原型说明在形式上与函数定义时的形式类似，基函数头的最后加一个分号就是函数原型说明。原型说明中参数表里的参数名可以不写(只写参数类型)。即使在这里写参数名，所用名字也不必与函数定义时用的名字一致。

下面是对前面定义的函数的原型说明：

```
double area(float r);
int div5(int num);
```

或者：

```
double area(float);
int div5(int) ;
```

函数声明有时可以省略，但如果一个函数是定义在后，调用在前，并且函数的返回值不是整型的，则调用之前必须声明。例如，下面的程序，由于函数 count()的定义在被调用之后，所以需要提前对该函数进行原型声明。

```
#include<stdio.h>
void count(int,int);                    //函数原型声明
void main()
{
    …
    count();                            //函数调用
    …
}
    …
void count(int a,int b)                 //函数定义
{
    …                                   //函数体
}
```

5.1.4 函数程序设计举例

【例 5-2】 从键盘输入 5 个数，统计能被 5 整除的数的个数。要求通过子函数来判断一个数是否能被 5 整除。

程序代码：

```
/*ex5_2.c*/
#include <stdio.h>
int div5(int); //函数原型声明
void main()
{
    int i,x,count = 0;
    for(i = 1;i< = 5;i + + )
    {
        printf("请输入第%d个数:",i);
        scanf("%d",&x);
```

```
    if(div5(x) == 1)  //调用函数 div5 判断 x 是否为 5 的倍数
    {
        printf("该数为 5 的倍数! \n");
        count ++ ;
    }
    else
        printf("该数不是 5 的倍数! \n");
    }
    printf("这 5 个数中有 %d 个数能被 5 整除\n",count);
}
/* 定义函数判断一个数是否为 5 的倍数 */
int div5(int num)
{
    if(num % 5 == 0)
        return(1);
    else
        return(0);
}
```

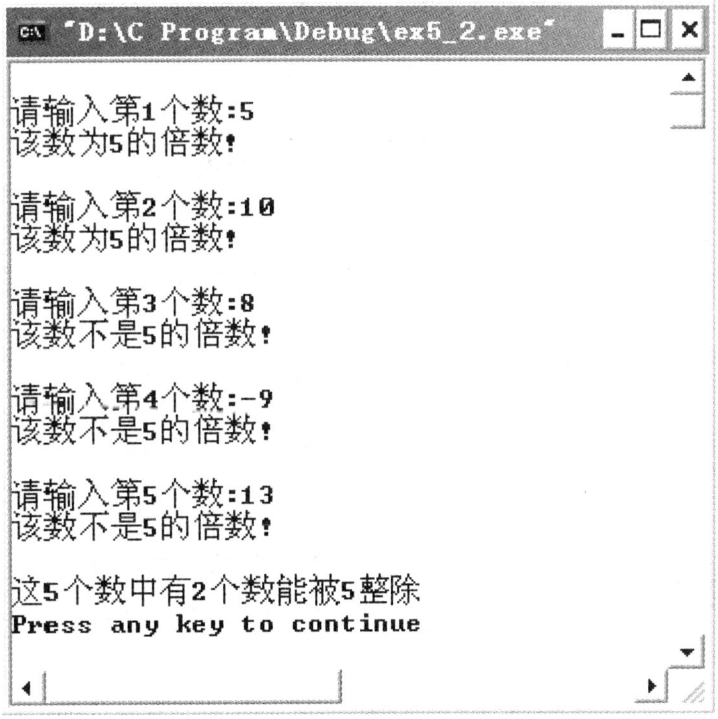

图 5-4　例 5-2 程序运行结果

程序分析:

定义函数 div5(),功能是判断一个数是否为 5 的倍数,如果是 5 的倍数,返回 1,否则返回 0,在主函数中通过循环接收 5 个数,当接收完一个数后立即调用函数 div5(),根据返回值来判断是否为 5 的倍数。通过计数器 count 来统计能被 5 整除的数的个数。

5.1.5 技能训练

【例 5-3】 输入两个整数,求输出两者中的较大数。要求在主函数中输入两个整数,用一个函数 max 实现输出其中的大者,并在主函数中输出此值。

问题分析:

题目要求用一个 max 函数实现比较两整数,并将得到的较大数带回主函数。显然,两个整数中较大数也该是整数,因此 max 函数应当是 int 型。两整数在主函数中输入,在 max 函数中进行比较,因此函数定义为有参函数,在函数调用时进行数据的传递。

程序代码:

```
/* ex5_3.c */
#include <stdio.h>
void main()
{
    int max(int x,int y);                    //函数原型声明
    int a,b,c;
    printf("请输入两个整数:");
    scanf("%d%d",&a,&b);
    c = max(a,b);
    printf("较大值:%d\n",c);
}
int max(int x,int y)                         //定义函数取较大值
{
    int z;
    if(x>y) z = x;
    else z = y;
    return(z);
}
```

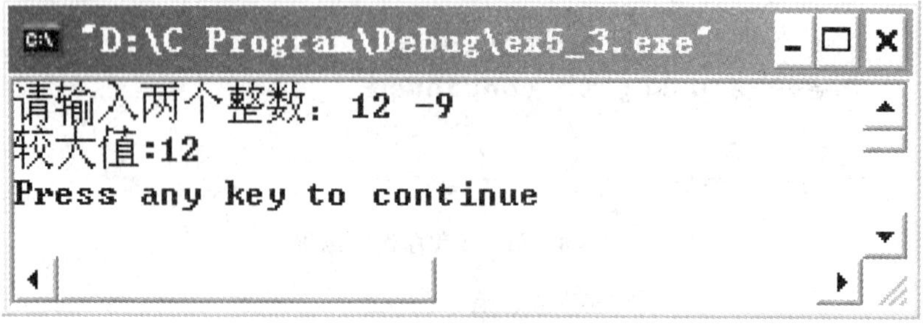

图 5-5 例 5-3 程序运行结果

max 函数也可改写为：

```
int max(int x,int y)
{
    if(x>y) return(x);
    else return(y);
}
```

这样在 max 函数中就可少定义一个变量 z。

5.2　等边三角形

5.2.1　程序解析

【例 5-4】 输出 6 行的等边三角形。

程序代码：

```
/＊ex5_4.c＊/
#include <stdio.h>
void display();                                   //display 函数的原型
void main()
{
    printf("\n 呈等边三角形显示\"＊\"");
    printf("\n -------------\n");
    display();                                    //调用函数 display
    printf("\n");
}
/＊定义函数 display  ＊/
void display ()                                   //函数头部
{
    int i,j,rows;
    for(i =0,rows=0;i<=5;i++, rows+=2)            //控制行数
    {
        for(j=10;j>i;j--)                         //控制每行中空格的个数
        {
            printf(" ");
        }
        for(j=0;j<=rows;j++)                      //控制每行中"＊"的个数
        {
            printf("＊");
        }
        printf("\n");                             //控制每行输出结束后换行
    }
}
```

程序运行结果如图 5-6 所示。程序的功能是使用“*”显示一个等边三角形。由一个主函数 main()和一个子函数 display()组成，其中子函数功能是完成等边三角形的显示，主函数调用子函数，实现整体功能。由于被调函数无返回值，又位于主函数(被调函数)之后，故必须前面对函数 display()进行函数原型声明。

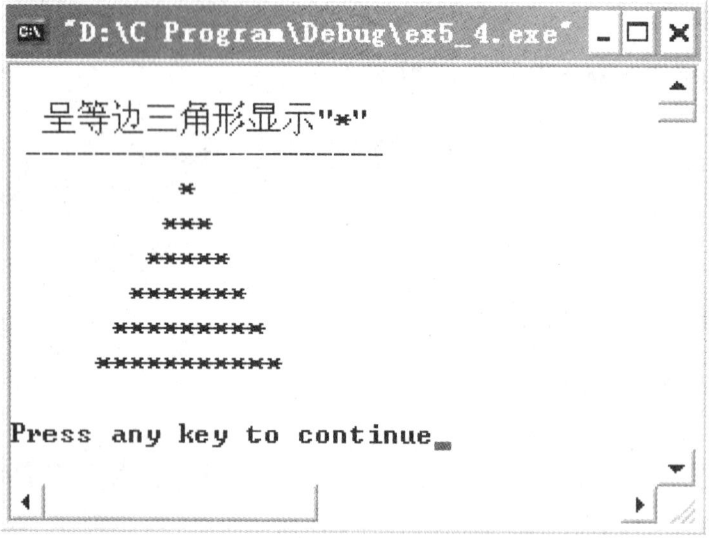

图 5-6 例 5-4 程序运行结果

5.2.2 不返回结果的函数

前面介绍的函数大多数是起计算(或判断)作用，最终有一个函数结果返回。在很多程序设计中，调用函数不是为了得到某个运算结果，而是要让它产生某些作用。例 5-4 的作用就是在屏幕上输出等边三角形。具有类似作用的函数在有些语言中也称过程。

不返回结果的函数定义：

```
void 函数名(形参表)                    //函数首部
{
    函数实现过程                        //函数体
}
```

函数类型为 void，表示不返回结果，函数体中可以使用没有表达式的 return 语句，也可以省略 return。void 类型的函数不直接返回一个值，它的作用通常以屏幕输出等方式体现。

☞**注意**：在不返回结果的函数定义中，void 不能省略。否则，函数类型被默认为 int。

定义 display ()函数时，省略的 return 语句，并不意味着函数不能返回。对于 void 类型的函数，如果省略了 return 语句，当函数中所有的语句都执行完后，遇到最后的大括号即返回主调函数。

由于没有返回值，这类函数的调用不能出现在表达式中，通常以独立的调用语句方式来调用这类函数，如：display (10)。

不返回结果的函数在定义、调用、参数传递、函数声明上，都与前面介绍的相同，只是函数类型变为 void。它适用的场合主要是一些确定的、相对独立的程序封装成函数。主函数通过调用不同的函数，体现算法步骤，而各步骤的实现由相对应的被调函数完成，从而简化主函数的结构，以体现结构化程序设计思想。

5.2.3 结构化程序设计思想

1968年在联邦德国召开的会议上正式提出并使用了“软件工程”的概念，即采用工程的概念、原理、技术和方法来开发与维护软件，以满足软件产品发展的需要。结构化程序设计是一种先进的程序设计技术，由著名科学家 W. E. Dijkstra 于 1969 年提出，许多专家学者们又对此进行了更广泛的研究，设计了 PASCAL、C 等结构化程序设计语言。本节简要介绍结构化程序设计方法的基本思想与要求，及其在问题、模块设计与程序编码上的应用。

结构化程序设计强调程序设计的风格和程序结构的规范化，提倡清晰的结构，其基本思路是将一个复杂问题的求解过程划分为若干阶段，每个阶段要处理的问题都容易理解和处理，包括按自顶向下的方法对问题进行分析、模块化设计和结构编码等多个步骤。适合规模较大的程序设计。

1. 自顶向下分析问题的方法

自顶向下分析问题的方法，就是把大的复杂的问题分解成小问题后再解决。面对一个复杂的问题，首先进行上层(整体)的分析，按组织或功能将问题分解成子问题，如果子问题十分复杂，再做进一步分解，直到处理对象相对简单、容易解决为止，当所有的子问题都得到了解决，整个问题也就解决了。在这个过程中，每一次分解都是对上一层问题的细化和逐步求精，最终形成一种类似树形的层次结构，用以描述分析的结果。

例如，开发一个学生成绩统计程序，输入一批学生的 5 门课程的成绩，要求输出每个学生的平均分和每门课程的平均分，找出平均分最高的学生。

按自顶向下、逐步细化的方法分析上述问题，按功能将其分解为 4 个子问题：成绩输入、数据计算、数据查找(查找最高分)和输出成绩，其中数据计算又分解为计算学生平均分和计算课程平均分两个子问题。

按照自顶向下的方法分析问题，有助于后续的模块化设计与测试，以及系统的集成。

2. 模块化设计

经过问题分析，设计好层次结构图后，就进入模块化设计阶段了。在这个阶段，需要将模块组织成良好的层次系统，顶层模块调用其下层模块以实现程序的完整功能，每个下层模块再调用更下层的模块，从而完成程序的一个子功能，最下层的模块完成最具体的功能。

模块设计时要遵循模块独立性的功能。

①一个模块只完成一个指定的功能。

②模块之间只通过参数进行调用。

③一个模块只有一个入口和一个出口。

④模块内慎用全局变量。

模块设计使程序结构清晰，易于设计和理解。当程序出错时，只需要改动相关的模块及其连接。模块化设计有利于大型软件的开发，程序员们可以分工编写不同的模块。

在 C 语言中，模块一般通过函数实现，一个模块对应一个函数。设计一个具体的模块时，模块中包含的语句一般不要超过 50 行，这既便于编程者思考与设计，也利于程序的阅读。如果该模块功能太复杂，可以进一步分解到低一层的模块，以体现结构化的程序设计思想。

3. 结构化编码主要原则

①经模块设计后，每一个模块都可以独立编码。编程时应选用顺序、选择和循环 3 种控制结构，对于复杂问题可以通过这 3 种结构的组合、嵌套实现，以清晰表示程序的逻辑结构。

②对变量、函数、常量等命名时，尽量见名知义，这样有助于对变量含义或函数功能的理解。如求和用 sum 做变量名，求阶乘函数取名 fact 等，忌贪图方便取名 a、b、c、x、y 等。

③在程序中增加必要的注释，增加程序的可读性。序言性注释一般放在模块的最前面。给出模块的整体说明，包括标题、模块功能说明、模块目的等；状态性注释一般紧跟在引起状态变化语句的后面给予必要说明。

④要有良好的程序视觉组织，利用缩进格式，一行写一条语句，呈现出程序语句的阶梯方式，使程序逻辑结构层次分明、结构清楚、错落有致、更加清晰。

⑤程序要清晰易懂，语句构造要简单直接。在不影响功能与性能时，做到结构清晰第一、效率第二。

⑥序有良好的交互性，输入有提示，输出有说明，并尽量采用统一整齐的格式。

5.2.4 技能训练

【例 5-5】 定义一个函数判断是否为素数，在主函数输入一个整数，程序输出该数是否为素数。

问题分析：

程序的功能是判断一个整数是否为素数。素数又称质数，有无限个。一个大于 1 的自然数，除了 1 和它本身外，不能被其他自然数(质数)整除，换句话说就是该数除了 1 和它本身以外不再有其他的因数。此程序设计的依据是源于数学中基本的判断依据，即对正整数 n，如果用 2 到$\sqrt{n}$之间的所有整数去除，均无法整除，则 n 为素数。

程序代码：

```
/* ex5_5.c */
#include <stdio.h>
#include <math.h>
void prime(num);                                    //函数原型声明
void main()
{
    int num;
    printf("请输入一个数:");
    scanf("%d",&num);
    prime(num);                                     //调用无返回值函数 prime
}
void prime(int m)
{
    int i;
    double k;
```

```
    k = sqrt(m);                          //求此数平方根
    for(i = 2;i< = k;i + + )              //逐个判断是否有因子
        if(m % i = = 0)
            break;
    if(i>k) printf(" % d 是素数\n",m);    //一直没找到因子,则为素数
    else printf(" % d 不是素数\n",m);
}
```

程序运行结果如图 5-7 所示。

由主函数对于判断整数的传递,在子函数 prime()函数完成素数的判断并输出。

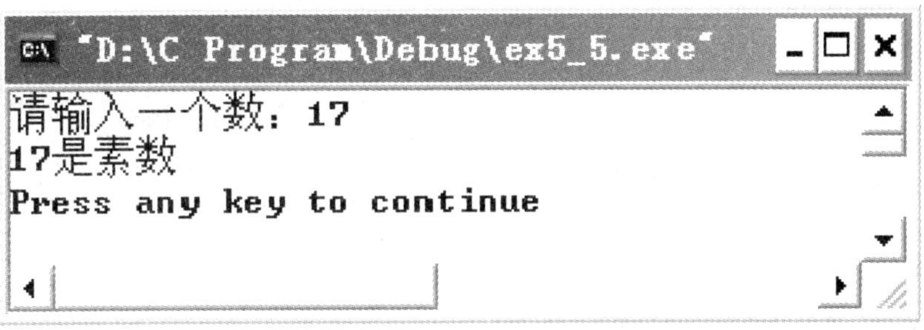

图 5-7 例 5-5 程序运行结果

【例 5-6】 根据用户的选择求不同形状(长方形、三角形或圆形)的面积。

问题分析:

由于长方形、三角形和圆形的面积求法各不相同,可以做成三个函数,分别表示求长方形、三角形和圆形的面积。编写一个主函数,首先选择类型,再调用不同的函数分别求相应的面积,并在函数中直接输出面积。

程序代码:

```
/ * ex5_6.c * /
# include <stdio.h>
void AreaOfRect();                        //函数原型声明
void AreaOfTriangle();                    //函数原型声明
void AreaOfRound();                       //函数原型声明
void main()
{
    int select;
    while(1)                              //循环条件恒真
    {
        printf("\n 面积函数应用\n");
        printf(" 0、退出\n 1、长方形\n 2、三角形\n 3、圆形\n");
        printf("请选择功能:");
        scanf(" % d",&select);
        if(select = = 0)
            break;                        //当选择 0 时退出循环
```

```
        switch(select)
        {
            case 1: AreaOfRect(); break;            //长方形
            case 2: AreaOfTriangle(); break;        //三角形
            case 3: AreaOfRound(); break;           //圆形
            default :printf("输入有误,请在 0~4 之间选择。\n");
        }
    }
}
/*定义函数实现求长方形面积*/
void AreaOfRect()
{
    float x,y;
    printf("请输入长方形的长:");
    scanf("%f",&x);
    printf("请输入长方形的宽:");
    scanf("%f",&y);
    printf("该长方形面积为:%f\n",(x*y));
}
/*定义函数实现求三角形面积*/
void AreaOfTriangle()
{
    float x,y;
    printf("请输入三角形的底:");
    scanf("%f",&x);
    printf("请输入三角形的高:");
    scanf("%f",&y);
    printf("该三角形面积为:%.3f\n",(x*y)/2);
}
/*定义函数实现求圆形面积*/
void AreaOfRound()
{
    float r;
    printf("请输入圆形的半径:");
    scanf("%f",&r);
    printf("该圆形面积为:%.3f\n",3.14*r*r);
}
```

程序运行结果如图 5-8 所示。

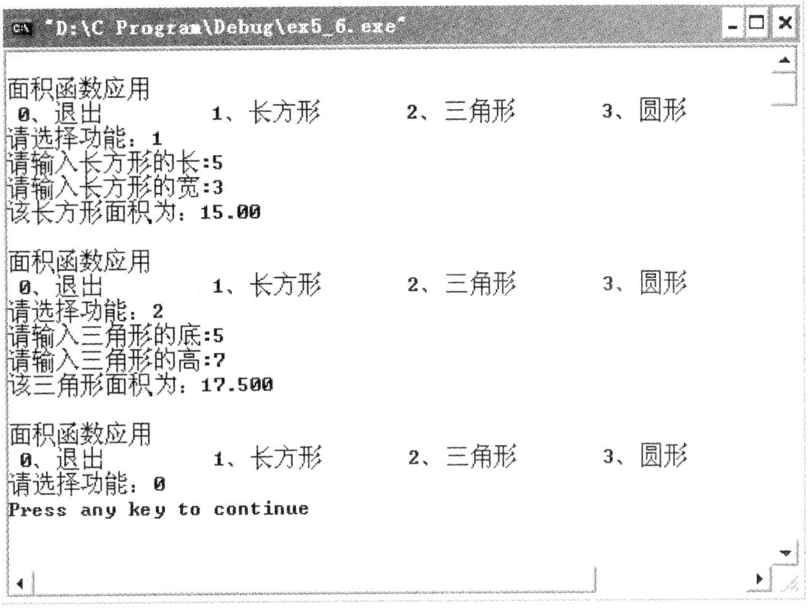

图 5-8 例 5-6 程序运行结果

5.3 年龄问题

5.3.1 程序解析

【例 5-7】 有 5 个学生坐在一起。问第 5 个学生多少岁？他说比第 4 个学生大 2 岁。问第 4 个学生的岁数，他说比第 3 个学生大 2 岁。问第 3 个学生的岁数，他说比第 2 个学生大 2 岁。问第 2 个学生的岁数，他说比第 1 个学生大 2 岁。最后问第 1 个学生，他说是 10 岁。请问第 5 个学生多大？

程序代码：

```
/*ex5_7.c*/
#include <stdio.h>
#include <math.h>
int age(n);                          //函数原型声明
void main()
{
    printf("年龄：%d\n",age(5));     //输出第 5 个学生的年龄
}
int age(int n)                       //求年龄的递归函数
{
    int c;                           //变量 c 用来存放函数的返回值
    if(n==1)
```

```
        c = 10;
    else
        c = age(n - 1) + 2;              //在执行 age 函数过程中又调用 age 函数,即递归调用
    return (c);
}
```

运行程序,结果如图 5-9 所示。

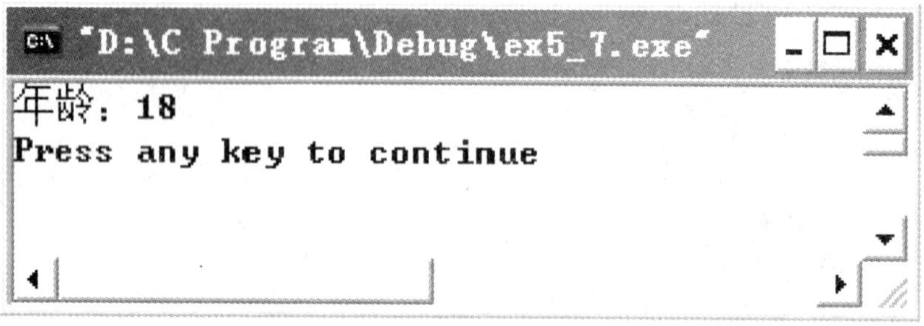

图 5-9　例 5-7 程序运行结果

程序分析:

如果 age 是年龄函数,age(n)代表第 n 个学生的年龄,可以用下面的式子表示关系。

```
age(5) = age(4) + 2
age(4) = age(3) + 2
age(3) = age(2) + 2
age(2) = age(1) + 2
age(1) = 10
```

可以用数学公式表述如图 5-10 所示。

age(n)=

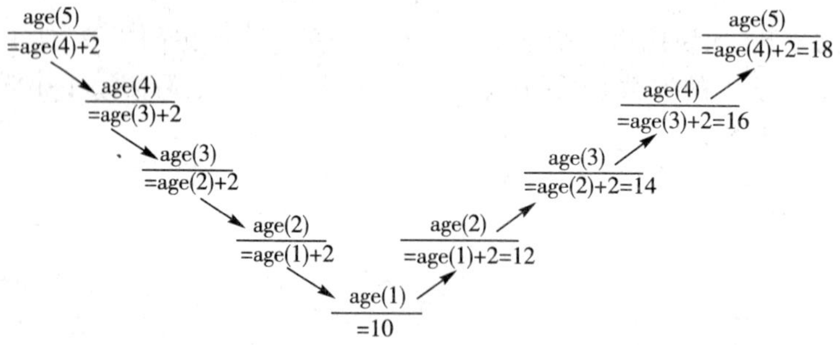

图 5-10　数学公式表述

当 n>1 时,求第 n 个学生的年龄公式是相同的。因此,求解可分为两个阶段:第一阶段是"回溯",即将第 n 个学生的年龄表示为第(n－1)个学生年龄的函数:age(n－1)＋2。而第(n－1)个学生的年龄依然不知道,还要"回推"到第(n－2)个学生的年龄……直到第 1 个学生的年龄。此时 age(1)已知,不必再向前推了。然后开始第二阶段,采用递推方法,从第 1 个学生的已知年龄推算出第 2 个学生的年龄(12 岁),从第 2 个学生的年龄推算出第 3 个学生的年龄(14 岁)……一直推算出第 5 个学生的年龄(18 岁)为止。也就是说,一个递归的问题可以分为 "回溯"和"递推"两个阶段。要经历若干步才能求出最后的值。显而易见,如果

要求递归过程不是无限制进行下去，必须具有一个结束递归的条件，例如，age(1)=10，就是使递归结束的条件。

如例 5-7 代码中，main 函数体只有一个语句。整个问题的求解全靠一个 age(5)函数调用解决。age 函数共被调用 5 次，即 age(5)、age(4)、age(3)、age(2)、age(1)，其中 age(5)是 main 函数调用的，其余 4 次是在 age 函数中的，即递归调用 4 次。应当强调说明的是，在某一次调用 age 函数时并不是立即得到 age(n)的值，而是一次又一次地进行递归调用，到 age(1)时才有确定的值，然后再递推出 age(2)、age(3)、age(4)、age(5)。具体示意如图 5-11 所示。

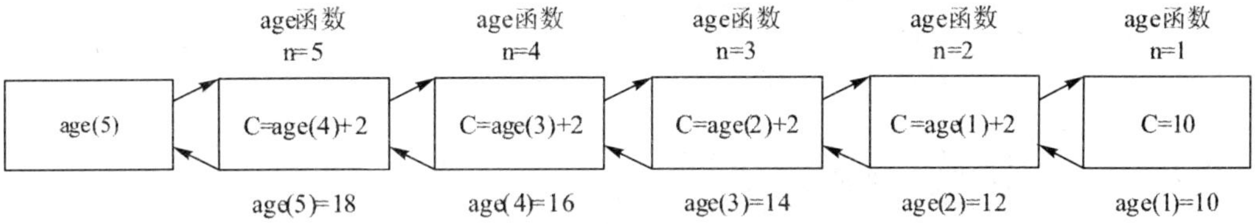

图 5-11 函数调用示意图

5.3.2 函数的递归调用

在调用一个函数的过程中又出现直接或间接地调用该函数本身，称为函数的递归调用。C 语言的特点之一就是允许函数的递归调用。如图 5-10，图 5-11 可以看到在调用 age()函数的过程中，又要调用 age()函数，这里直接调用本函数。

如果在调用 f1 函数过程中要调用 f2 函数，而在调用 f2 函数过程中又要调用 f1 函数，就是间接调用本函数。

程序中不应出现无终止的递归调用，而只应出现有限次数的、有终止的递归调用，譬如指定递归调用的次数，或指定当某一条件成立时才递归调用；当该条件不满足就不再继续。

☞**注意：**在调用一个函数过程中调用另一个函数，称为“函数的嵌套调用”。在调用一个函数过程中直接或间接调用本函数，称为“函数的递归调用”。

5.3.3 函数程序设计举例

【例 5-8】 分别用递推方法和递归方法求 n!。

1. 用递推方法求 n!

问题分析：

用递推方法，即从 1 开始，乘 2，再乘 3……一直乘到 n。这种方法容易理解，也容易实现。递推法的特点是从一个已知的事实出发，按一定规律推出下一个事实，再从这个新的已知的事实出发，再向下推出一个新的事实……这是和递归不同的。

程序代码：

```
/* ex5_8.c */
#include <stdio.h>
long fac(int n)                              // 定义 n! 的函数
{
    int i;
    long fac = 1;
```

```
    for(i=1;i<=n;i++)
    fac=fac*i;
    return (fac);                          // 返回语句
}
void main()
{
    int n;
    printf("请输入 n 的值:");
    scanf("%d",&n);
    printf("%d != %d\n",n,fac(n));        // 调用函数
}
```

运行程序,结果如图 5-12 所示。

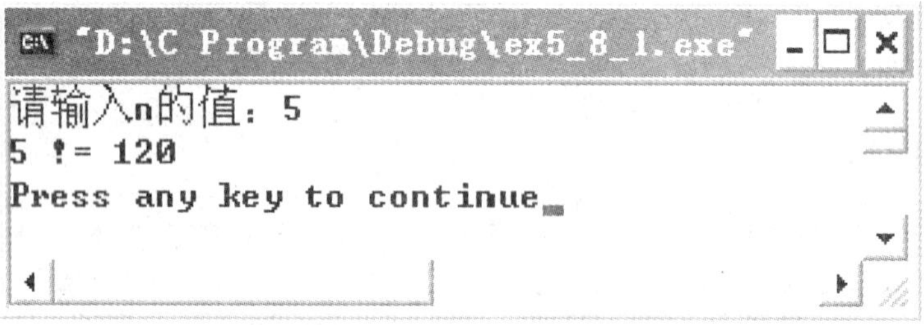

图 5-12　例 5-8 程序运行结果 1

2. 用递归方法求 n!

问题分析:

递归的思路和递推方法相反,不是先求 1×2,再×3……直到×n,而是直接从目标出发提出问题:现在要求 5!,怎么样才能得到 5!呢? 如果知道 4!,就能通过 4!×5 得到 5!。而 4!也不知道,先求出 3!,就能通过 3!×4 得到 4!。而 3!也不知道,所以要知道 3!就是通过 2!×3,而 2!等于 1!×2。而 1!是已知的,不必再回溯了。可用下面的递归公式表示:

$$n! = \begin{cases} 1 & (n=0,1) \\ n\times(n-1)! & (n>1) \end{cases}$$

有了上面的基础,很容易就能写出递归的程序。

程序代码:

```
#include <stdio.h>
long fac(int n)                           // 定义 n!的函数
{
    long f;
    if(n<0)
        printf("输入错误! \n");
    else if(n==0||n==1)
        f=1;
    else
        f=fac(n-1)*n;
```

```
    return f;                                    // 返回语句
}
```

运行程序,结果如图 5-13 所示。

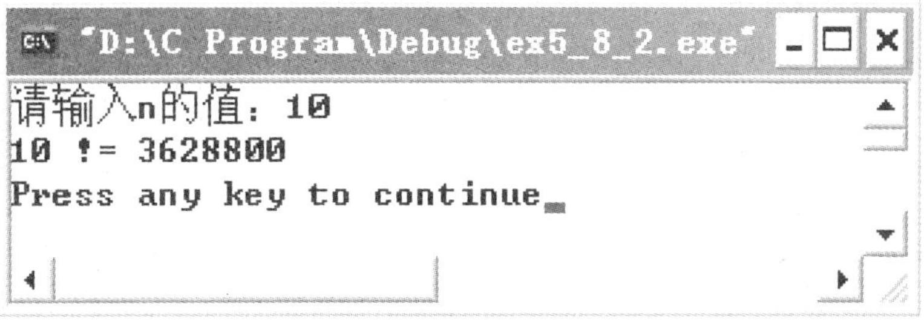

图 5-13 例 5-8 程序运行结果 2

5.3.4 技能训练(Hanoi 塔问题)

【例 5-9】 汉诺(hanoi)塔问题。古代某寺庙中有一个梵塔,塔内有 3 个座 A、B 和 C,座 A 上放着 64 个大小不等的塔,其中大盘在下,小盘在上。有一个和尚想把这 64 个塔从座 A 搬到座 B,但一次只能搬一个盘,搬动的盘只允许放在其他两个座上,且大盘不能压在小盘上。现要求用程序模拟该过程,并输出搬动步骤。

问题分析:

这是一个递归程序设计的经典例子,读者不妨拿 3 个盘子来模拟一下,虽然操作步骤类型不多,也是重复的要求,但重复步骤不尽相同,故很难描述出明确的重复规律,因此难以用循环实现。例如,4 个盘子的搬动步骤,无法在 3 个盘子的搬动基础上,通过简单增加循环变量来实现。本节将介绍递归函数,通过递归方法解决此类无法用已有知识解决的问题,具体如下:

①如果只有一个盘子,可直接搬动,问题解决。

②假设要搬 64 个盘子的和尚是方丈,他可以命令小和尚,把上面 63 个盘子从座 A 先搬到座 C,然后方丈自己只需把最大号盘,从座 A 搬到座 B,再命令小和尚把 63 个盘子从座 C 搬到座 B。问题很长时间才能够得以解决。

这个思想与数学归纳法一致,问题是需要用程序实现。63 个盘子如能搬动成功,64 个盘子当然也就没问题,可是谁来解决 63 个盘子的搬动呢?

从编程的角度出发,程序是给出解决问题的规律或方法,而不是一次次的具体展开。因此,不要钻到细节的实现上去,不必关心 63 个盘子如何搬,62 个盘子如何搬……只做轻松的方丈,让计算机做小和尚。因此把 64 个盘子的问题简化成 63 个盘子的问题,该简化方法就是解题规律,小和尚需要仿照这个方法去做,再找个小小和尚来搬 62 个盘子。计算机中的函数可以扮演小和尚、小小和尚的角色。

从上述分析,可以找出递归方法的两个要点:

①递归出口:一个盘子的解决方法。

②递归式子:如何把搬动 64 个盘子简化成搬动 63 个盘子的问题。

可以把汉诺塔的递归解法归纳成如下 3 个步骤:

①n－1 个盘子从座 A 搬到座 C。

②第 n 号盘子从座 A 搬到座 B。

③n－1 个盘子从座 C 搬到座 B。

n＝64 的问题简化成 n＝63 的问题，n＝63 的问题又简化成 n＝62 的问题……最终可以简化成 n＝1 的问题，最终依靠递归出口来解决问题。所以这样的描述是完备的。

算法：

```
hanoi(n个盘,A→B)
{   if(n==1)
    直接把盘子 A→B;
    else{
            hanio(n-1个盘,A→C);
            把n号盘子 A→B;
            hanio(n-1个盘,C→B);
        }
}
```

至此已建立了递归程序设计思想，其实现类似于结构化程序设计的函数调用过程，无非是函数调用了自身。

按照搬动规则，必须有 3 个座才能完成搬动，一个座是搬动源，一个座是搬动目的地，另一个座在中间过渡使用。在搬动过程中，3 个座的作用是动态变化的，因此在函数中 3 个座必须指定，令其作为函数的参数。具体搬动步骤在程序中只能通过信息显示来仿真，用 printf()实现。

程序代码：

```
/*ex5_9.c*/
#include<stdio.h>
void hanio(int n,char a,char b,char c);          //调用原型声明
void main()
{
    int n;
    printf("input the number of disk:");
    scanf("%d",&n);                               //输入需要移动的盘子数
    printf("the steps for %d disk are:\n",n);
    hanio(n,'a','b','c');                         //执行移动盘子
}
/*搬动n个盘,从a到b,c为中间过渡*/
void hanio(int n, char a, char b, char c)         //定义 hanio 函数
{
    if(n==1)                                      //最后只需要一个和尚移动一个盘子
        printf("%c-->%c\n",a,b);
    else
    {
```

```
        hanio(n-1,a,c,b);                  //递归调用下一个和尚移动n-1个盘子
        printf("%c-->%c\n",a,b);           //移动一个盘子
        hanio (n-1,c,b,a);                 //递归调用下一个和尚移动n-1个盘子
    }
}
```

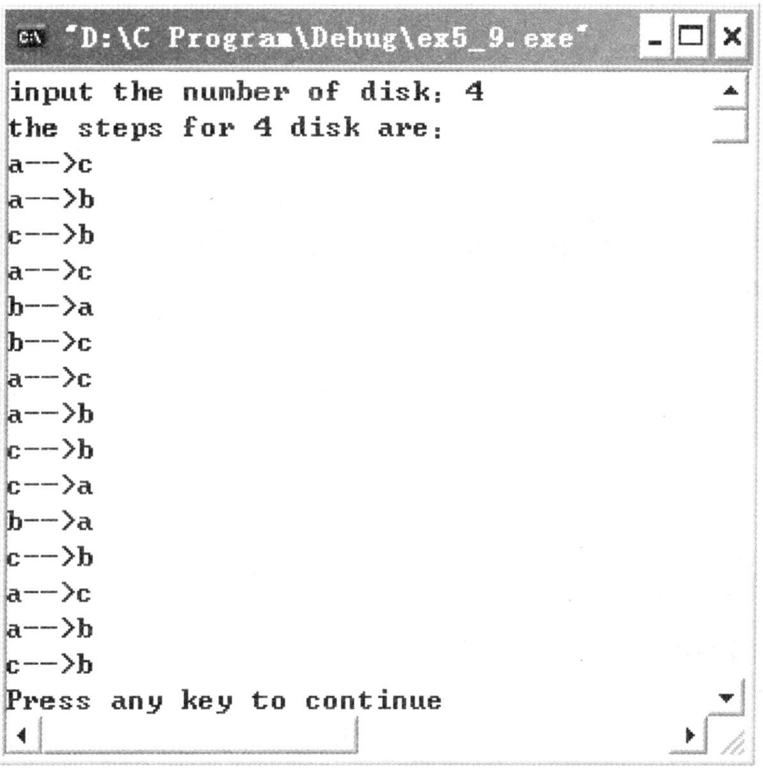

图 5-14 例 5-9 程序运行结果

5.4 两数求最大者问题

5.4.1 程序解析

【例 5-10】 调用函数,求两个整数中最大值。

问题引入:

以下程序中,外部变量与局部变量同名,注意观察程序的运行结果。

程序代码:

```
/*ex5_10.c*/
#include <stdio.h>
int a=3,b=5;                          //a,b是全局变量
void main()
{
```

```
    int max(int a,int b);                        //函数原型声明
    int a = 8;                                   //a是局部变量
    printf("max = %d\n",max(a,b));
}
int max(int a, int b)                            //a,b是函数形参
{
    int c;
    c = a>b ? a:b;
    return c;
}
```

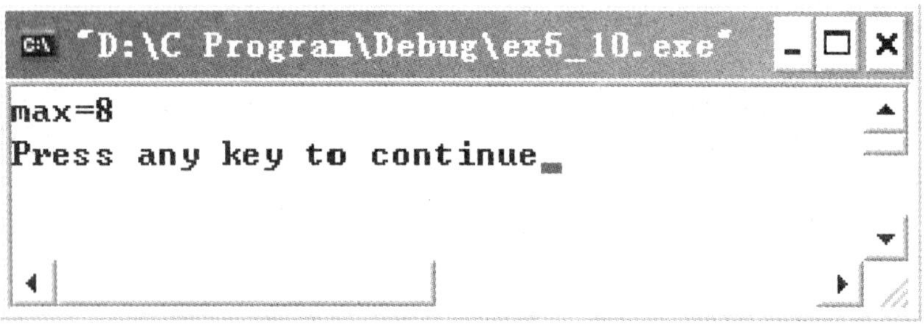

图 5-15　例 5-10 程序运行结果

5.4.2　局部变量和全局变量

程序中的变量都有它自己的使用范围，称为“变量的作用域”。变量的作用域决定了变量的可访问性。

C 语言中的变量，按作用域范围可分为两种：局部变量和全局变量。局部变量也称为“内部变量”，局部变量是在函数内定义的。其作用域仅限于该函数内，离开该函数后再使用这种变量是非法的。全局变量也称为“外部变量”，它是在函数外部定义的变量。它不属于具体的哪一个函数，它属于一个源程序文件，其作用域是定义点开始的整个源程序。

图 5-16 显示了局部变量和全局变量的作用范围。

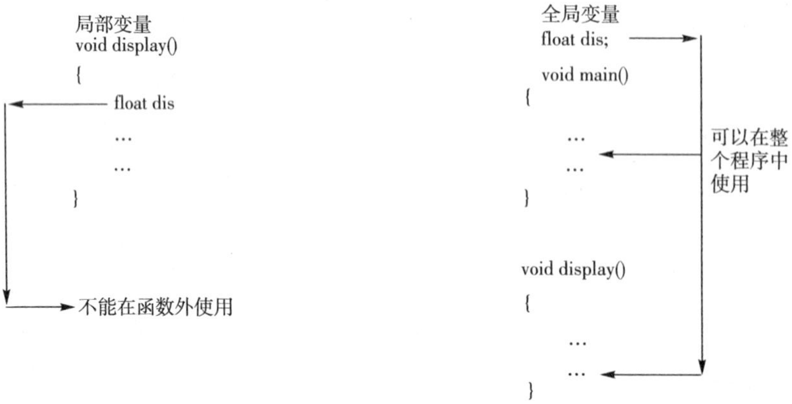

图 5-16　局部变量和全局变量作用范围示意图

左边程序声明了一个局部变量 dis，此变量只能在函数 display()内使用，在函数外不能被访问。

右边程序在主函数外部(函数前)声明一个全局变量 dis，它在整个程序中都可使用。

【例 5-11】 分析局部变量的使用。

程序代码：

```
/* ex5_11.c */
#include <stdio.h>
void addNumbers();
void main()
{
    int sum = 0;
    addNumbers();
    printf("\n 主函数中 sum 的值是 %d \n",sum);
}
/* 函数定义 */
void addNumbers()
{
    int num1,num2,sum;
    printf("\n 请输入两个数:");
    scanf("%d%d",&num1,&num2);
    sum = num1 + num2;
    printf("子函数中 sum 的值是 %d \n",sum);
}
```

程序运行结果如图 5-17 所示。

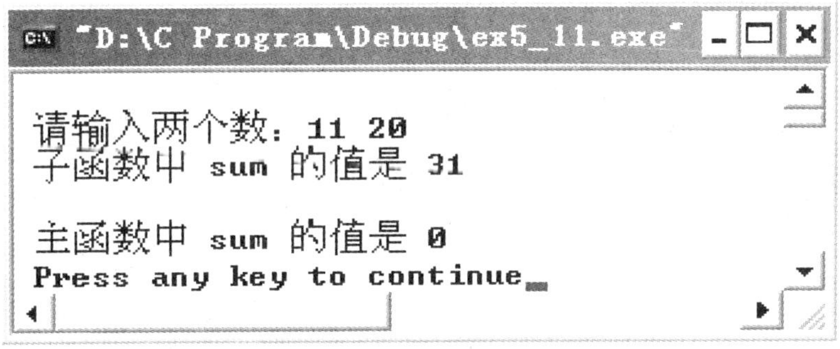

图 5-17　例 5-11 程序运行结果

自定义函数 addNumbers()用于接收用户输入的数，然后求两数之和，最后输出该和。为了存储相加的结果，定义了一个名为 sum 的局部变量。在 main()函数内也定义了一个名为 sum 的变量并赋初值，然后调用 addNumbers()函数。

从输出结果可以看出，主函数中变量 sum 的值和 addNumbers()函数中的 sum 值不同。这是因为在 addNumbers()函数中定义的局部变量 sum 与 main()函数中定义的 sum 是两个不同的变量，它们占用不同的内存空间，所以 addNumbers()函数中变量 sum 的改变并不会影响到 main()函数中的变量 sum。即在 addNumbers()函数内部才能正确地获得其局部变量 sum 的值，在该函数外部则不能得到。

【例 5-12】 分析全局变量的使用。

程序代码：

```
/*ex5_12.c*/
#include <stdio.h>
void addNumbers();
int sum = 0;
void main()
{
    addNumbers();
    printf("\n 主函数中 sum 的值是 %d \n",sum);
}
/* 函数定义 */
void addNumbers()
{
    int num1,num2;
    printf("\n 请输入两个数:");
    scanf("%d%d",&num1,&num2);
    sum = num1 + num2;
    printf("子函数中 sum 的值是 %d \n",sum);
}
```

程序运行结果如图 5-18 所示。

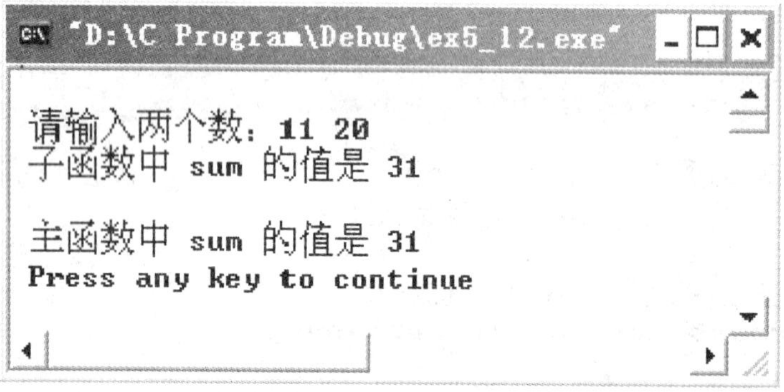

图 5-18 例 5-12 程序运行结果

程序分析：

本程序与例 5-11 的区别在于将 sum 定义为全局变量，并在 main()函数之前，这样它的作用范围为整个程序，即在整个程序中都可以使用变量 sum。addNumbers()函数和 main()函数中的 sum 值是一样的。

☞**注意：**全局变量和局部变量可以同名，但是当一个局部变量与全局变量同名时，局部变量优先，即局部变量起作用而全局变量被屏蔽。

5.4.3 变量生存周期和变量存储的内存分布

1. 变量生存周期

除了作用域以外，变量还有一个重要的属性：变量的生存周期，即变量值存在的时间。有的变量在程序运行的整个过程都是存在的，而有的变量则是在调用其所在的函数时才临时分配存储单元，而在函数调用结束后就马上释放了，变量不再存在。

变量的存储有两种不同的方式：静态存储方式和动态存储方式。静态存储方式是指在程序运行期间由系统在静态存储区分配存储空间，在程序运行整个期间不释放，而动态存储方式则是在函数调用期间根据需求在动态存储区临时分配存储空间。

全局变量采用静态存储方式，在程序开始执行时给全局变量分配存储区，程序执行完毕释放。在程序执行过程中它们占据固定的存储单元，而不是动态地进行分配和释放。在函数中定义的变量，在函数调用开始时分配动态存储空间，函数调用结束时释放这些空间。在程序执行过程中，这种分配和释放是动态的。

2. 变量存储的内存分布

每个变量和函数都有两个属性：数据类型和数据的存储类型。

在C语言中，对变量的存储类型说明有4种，如表5-1所示。

表 5-1 C语言中变量的存储类型

存储类型	说 明
auto	自动变量
register	寄存器变量
static	静态变量
extern	外部变量

自动变量和寄存器变量属于动态存储方式，外部变量和静态变量属于静态存储方式变量。可见，对一个变量和数组的说明不仅应说明其数据类型，还应说明其存储类型。

例如：

```
static int a,b;                    //a,b 为静态整型变量
auto char c1,c2;                   //c1,c2 为自动字符变量
static int a[5] = {1,2,3,4,5};     //a 为静态整型数组
extern int x,y;                    //x,y 为外部整型变量
```

5.4.4 变量存储类型

1. auto 存储类型

auto 存储类型是C语言程序中使用最广泛的一种类型。C语言规定，函数内凡未加存储类型说明的变量均视为自动变量，也就是说自动变量可省去说明符 auto。在前面各章的函数内所定义的变量凡未加存储类型说明符的都是自动变量。也就是说，局部变量在默认存储类型的情况下归为自动变量。

2. register 存储类型

以前所使用的各类变量都存放在内存中，因此当对一个变量频繁读写时，必须要反复访

问内存，从而耗费大量的存取时间。为此，C 语言提供了另一种变量，即寄存器变量。这种变量存放在 CPU 的寄存器中，使用时，不需要访问内存，而直接从 CPU 寄存器中读写，这样可提高效率。定义寄存器变量时，需要在变量类型名前加关键字 register。对于循环次数较多的循环控制变量及循环体内反复使用的变量均可定义为寄存器变量。

3. extern 存储类型

在实际应用中，程序普遍很长。随着程序量的增加，C 程序允许程序员把一个大的程序分解为两个或多个小程序，分别编译它们，然后将它们连接起来。当一个程序被分成几个小程序之后，必然会产生一些问题，如各程序间如何共享全局变量等。C 语言规定：一个全局变量只能定义一次，而在多个子程序的大程序中，会有两个或多个程序都需要访问这个全局变量。因此，C 语言必须提供一种方法通知编译器，该变量是程序的全局变量。

外部存储类变量的生存期非常长，它在整个程序运行结束后，才释放内存。

声明外部存储类变量，需要在变量声明语句前加关键字 extern。

外部变量由于它的作用域大，因此安全性较差，在程序中应慎重使用。

4. static 存储类型

静态变量在程序执行时存在，并且只要整个程序在运行，就可以继续访问该变量。因此，全局变量属于静态变量。局部变量也可定义为静态变量，使用关键字 static。

静态局部变量具有如下特点：

①静态局部变量在函数内定义，但不像自动变量那样，当调用时就存在，退出函数时就消失。静态局部变量始终存在着，也就是说它的生存期为定义之时起，到整个源程序结束时止。

②静态局部变量的生存期虽然为整个源程序，但是其作用域仍与自动变量相同，即只能在定义该变量的函数内使用该变量。退出该函数后，尽管该变量还继续存在，但不能使用它。

③对基本类型的静态局部变量若在说明时未赋以初值，则系统自动赋予 0。而对于自动变量如果不赋初值，则其值是不定的。

④函数被调用时，其中的静态局部变量的值将保留前次被调用的结果。

根据静态局部变量的特点，可以看出它是一种生存期为整个源程序的变量。虽然离开定义它的函数后不能使用，但如再次调用定义它的函数时，它又可继续使用，而且保存了上一次被调用后所保留的值。因此，当多次调用一个函数且要求在调用之间保留某些变量的值时，可考虑采用静态局部变量。

虽然用全局变量也可以达到上述目的，但全局变量的作用域为整个程序，可以在程序的任何地方修改它，这样有时会造成意外的副作用，因此仍以采用局部静态变量为宜。

5.4.5 函数程序设计举例

【例 5-13】 分析静态存储变量的使用，调用函数求 n!。

问题分析：

采用静态局部变量，使得变量离开函数后仍然保留值。

程序代码：

```
/*ex5_13.c*/
```

```
#include <stdio.h>
void format();
void main()
{
    int i;
    for(i = 1;i< = 5;i++)
    {
        printf("i = %d   ",i);
        format();
    }
}
/*定义函数 format()*/
void format()
{
    static int m  = 1,s = 1;            //声明静态局部变量
    s = s * m;
    m++;
    printf("i! = %d\n",s);
}
```

程序运行结果如图 5-19 所示。

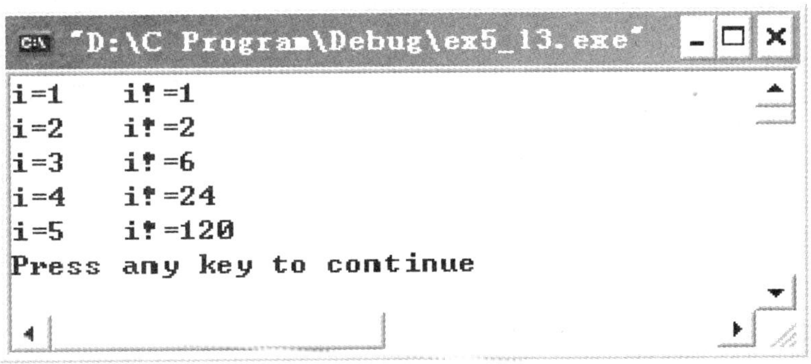

图 5-19　例 5-13 程序运行结果

在自定义函数中使用两个静态变量 m 和 s，初值都为 1。根据静态变量的特点，第一次被执行后变量 m 和 s 的值 2 和 1 都被保留下，当第二次调用函数 format()时，得到变量 s 的值为 1，变量 m 的值为 2。

依此类推，s 的值分别为 1、2、6、24 和 120。

如果变量 s 和 m 不定义为静态变量，则 s 的值一直不变，为 1。

5.4.6　技能训练

【例 5-14】　调用函数，求 3 个整数中的最大值。

问题分析：

用 extern 声明外部变量，扩展外部变量在程序文件中的作用域。

程序代码：

```
/* ex5_14.c */
#include <stdio.h>
void main()
{
    int max();
    extern int A,B,C;                    //把外部变量A,B,C的作用域扩展到此处
    printf("\n请输入三个整数:\n");
    scanf("%d%d%d",&A,&B,&C);
    printf("max=%d\n",max());
}
int A,B,C;                               //定义外部变量A,B,C
int max()                                //函数定义
{
    int m;
    m=A>B? A:B;                          //把A和B中较大值放入m中
    if(C>m) m=C;                         //将三数中最大值放入m中
    return m;                            //返回m值
}
```

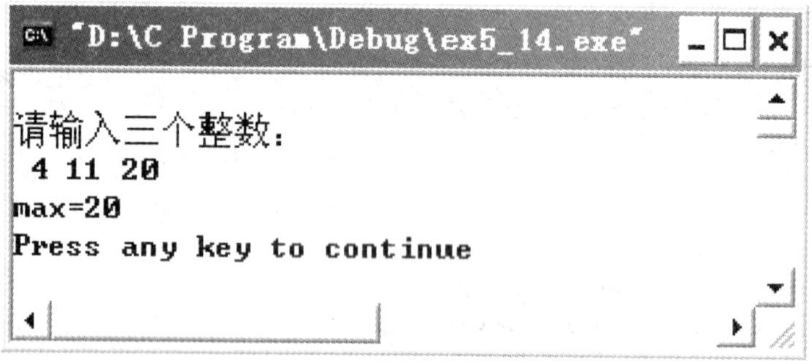

图 5-20　例 5-14 程序运行结果

本章小结

➢函数是程序中的一个相对独立的单元或模块，程序在需要时可以任意多次地调用函数来完成特定功能。

➢使用函数的好处是：程序更清晰、易维护、分模块方便设计与开发、提高代码的重用性。

➢C语言提供了极为丰富的内置函数，这些内置函数分门别类地放在不同的头文件中，要使用这些内置函数，只要在程序前包含相应的头文件即可。

➢自定义函数是用户在程序中根据需要而编写的函数。

➢函数的结构包括:函数头部(返回值类型、函数名、参数列表和参数类型)和函数体。

➢函数原型声明向编译器指出该函数使用什么样的格式和语法。

➢函数调用时程序控制流将转向被调函数,被调函数执行结束时,控制流返回主调函数。

➢ return 语句用于调用函数返回值。

➢根据变量的作用域可以将变量划分为局部变量和全局变量。

➢根据变量的存储类型将变量划分为自动变量、寄存器变量、静态变量和外部变量。静态局部变量的生存期为整个源程序,但其作用域为定义该变量的函数。静态全局变量的生存期为整个源程序,其作用域为定义该变量的源文件。

习题 5

一、单项选择题

1. 一个源文件中定义的全局变量的作用域是(　　)。

A. 本函数的全部范围　　B. 本程序全部范围
C. 本文件全部范围　　D. 从定义开始至本文件结束

2. 在 C 语言程序中,关于函数说法正确的是(　　)。

A. 函数的定义可以嵌套,但函数的调用不可以嵌套
B. 函数的定义不可以嵌套,但函数的调用可以嵌套
C. 函数的定义和函数的调用均不可以嵌套
D. 函数的定义和函数的调用均可以嵌套

3. C 语言规定,函数返回值的类型由(　　)决定。

A. 调用该函数时传递的实参类型　　B. 定义该函数时指定的函数类型
C. return 语句中表达式的类型　　D. 调用该函数的主调函数类型

4. 以下叙述中不正确的是(　　)。

A. 在不同的函数中可以使用相同名字的变量
B. 函数中的形式参数是局部变量
C. 在一个函数内定义的变量只在本函数范围内有效
D. 在一个函数内的复合语句中定义的变量在本函数范围内有效

5. 用户定义的函数(　　)。

A. 不可以调用非整型函数值的函数　　B. 可以嵌套调用
C. 可以调用 main()主函数　　D. 定义的位置一定位于调用位置的前面

6. 以下对 C 语言函数的有关描述中,正确的是(　　)。

A. 调用函数时,只能把实参的值传送给形参,形参的值不能传送给实参
B. 函数既可以嵌套定义,又可以递归调用
C. 函数必须有返回值,否则不能使用函数
D. 程序中有调用关系的所有函数必须放在同一个源程序文件中

7. 以下函数定义正确的是(　　)。

A. double fun(int x, int y)　　B. double fun(int x; int y)
C. double fun(int x, int y) ;　　D. double fun(int x , y)

8. 下面叙述中不正确的是(　　)。
A. 在不同的函数中可以使用相同名字的变量
B. 函数中的形式参数是局部变量
C. 在一个函数内定义的变量只在本函数范围内有效
D. 在一个函数内的复合语句中定义的变量在本函数范围内有效

9. C语言允许函数值类型缺省定义,此时该函数值隐含的类型是(　　)。
A. float 型　　B. int 型　　C. long 型　　D. double 型

10. 在C语言中,若有一变量能在本文件中被所有函数使用,则该变量的存储方式是(　　)。
A. register　　B. extern　　C. static　　D. auto

11. C语言规定,函数返回值的类型是由________决定。
A. return 语句中表达式值的类型
B. 调用该函数的主调函数类型
C. 调用该函数时传递的实参类型
D. 定义该函数时指定的函数类型

12. 有如下函数调用语句:
```
func(rec1,rec2 + rec3,(rec4,rec5);
```
该函数调用语句中,含有的实参个数是(　　)。
A. 3　　B. 4　　C. 5　　D. 有语法错误

13. 以下对函数描述中,不正确的是(　　)。
A. 调用函数时,实参可以是常量、变量或表达式。
B. 调用函数时,系统将为形参分配内存单元。
C. 调用函数时,由实参将值传递给形参。
D. 调用函数时,形参必须是整型。

14. 设有以下函数首部:
```
int func(double x[100],int n)
```
如果在程序中需要对该函数进行声明,则下列选项中错误的是(　　)。
A. int func(double x[ ],int n);　　B. int func(double,int);
C. int func(double a[100],int b);　　D. int func(double *x,int n);

15. 已知函数定义:
```
int sub(long x,float y)
{
    return x + y;
}
```
则当此函数调用结束后,返回给主函数的值类型是(　　)。
A. int　　B. char　　C. float　　D. double

二、程序填空题

1. 从键盘输入两个正整数,输出它们的最大公约数。

```
#include <stdio.h>
int gcd(int m,int n)
{
    int r,t;
    if(m<n)
    {
        t = m;
        m = n;
        __________;                     /* $ BLANK1 $ */
    }
    while(n>0)
    {
        r = m % n;
        m = n;
        n = r;
    }
    return(__________);                 /* $ BLANK2 $ */
}
void main()
{
    int m,n,result;
    printf("Pease input two number:\n");
    scanf("%d%d",__________);           /* $ BLANK3 $ */
    result = gcd(m,n);
    printf("result = %d\n",result);
}
```

2. fun 函数的功能是:根据形参 n,计算 s=1+1/2+1/3+1/4+…+1/n 的值。在主函数中输入一个正整数 n,通过调用 fun 函数,求得计算结果。

```
#include <stdio.h>
double fun(int n)
{
    int i;
    double s;
    s = 1.0;
    for(i = 2;i<= n;i++)
    s += 1.0/i;
    return __________;                  /* $ BLANK1 $ */
}
void main()
{   int n;
    double result;
```

```
    printf("\n please enter 1 integer numbers:\n");
    scanf("%d",__________);              /* $ BLANK2 $ */
    result = fun(__________);            /* $ BLANK3 $ */
    printf("\n the result is %lf\n",result);
}
```

3. 定义求 n! 的递归函数,并调用函数 f()求 1!+2!+3!+4!+5!的值,请填写程序。

```
#include <stdio.h>
long f(int n)
{   if(n==1||n==0)
        return(1);
    else
        return(n*f(__________));         /* $ BLANK1 $ */
}
void main()
{   int i;
    long s;
    s = __________;                      /* $ BLANK2 $ */
    for(i=1;i<=5;i++)
        s+=f(i);
    printf("1!+2!+3!+4!+5!=%ld\n",__________);   /* $ BLANK3 $ */
}
```

4. 若函数定义为:

```
int data(int y)
{
    float x =5.9;
    return(x + y);
}
```

则 data (5)的值为__________。

5. 下面函数的功能是求 a 的 b 次方,请填空。

```
double fun(double a,int b)
{
    int k;
    double y=1;
    for(k=1;__________;k++) y=y*a;      /* $ BLANK1 $ */
    __________                           /* $ BLANK2 $ */
}
```

三、阅读程序,写出运行结果

1. 以下程序的运行结果是__________。

```
#include <stdio.h>
int f(int n)
{
```

```
    if(n==1)
        return 1;
    else
        return 2*f(n-1)+2;
}
void main( )
{
    printf("%d\n",f(1));
    printf("%d",f(4));
}
```

2. 以下程序的运行结果是__________。

```
#include <stdio.h>
void main()
{
    int x,n;
    long p;
    x=2;n=6;
    p=pw(x,n);
    printf("%ld",p);
}
long pw(int x,int n)
{
    int i,p=1;
    for(i=0;i<n;++i) p*=x;
    return(p);
}
```

3. 以下程序的运行结果是__________。

```
#include <stdio.h>
void f(int c)
{   int a=0;
    static int b=0;
    a++;
    b++;
    printf("%d: a=%d, b=%d\n", c, a, b);
}
void main()
{   int i;
    for(i=1; i<=3; i++) f(i);
}
```

4. 以下程序的运行结果是__________。

```
#include <stdio.h>
```

```
int f(int x,int y)
{    return((y - x) * x); }
main()
{
    int a = 3,b = 4,c = 5,d;
    d = f(f(3,4),f(3,5));
    printf(" % d\n",d);
}
```

5. 以下程序的运行结果是__________。

```
#include <stdio.h>
int f(int a)
{
    int b = 0;
    static c = 3;
    b = b + 1;
    c = c + 1;
    return(a + b + c);
}
void main()
{
    int a = 2,i;
    for(i = 0;i< = 2;i + + )
    printf(" % 3d",f(a));
}
```

四、程序设计题

1. 编写求两个数的和、差及平均值的三个函数，在主函数中调用它们并输出结果。
2. 写两个函数，分别求两个整数的最大公约数和最小公倍数，用主函数调用这两个函数，并输出结果。
3. 编写一个函数计算输入整数的各位数字之和。主函数调用该函数，并输出结果。
4. 已有变量定义和函数调用语句“:int a=1, b=－5, c;c=fun (a,b);”fun()函数的作用是计算两个数之差的绝对值，并将差值返回调用函数，请编写 fun 函数。
5. 用递归方法，编写函数实现：求 1＋2＋3＋…＋100 的和。

第6章

阶段项目“小学算术运算考试系统”

本章工作任务

- 完成本课程第一个项目的设计、编辑、测试和调试等工作任务。

本章知识目标

- 掌握开发一个C程序所需的基础知识
- 掌握函数的设计过程
- 掌握函数的调用过程
- 掌握部分库函数的功能

本章技能目标

- 掌握一个C程序的开发过程
- 掌握模块化程序设计的过程
- 灵活应用顺序结构、分支结构和循环结构三大结构解决实际问题

本章重点难点

- 实际项目的开发过程
- C程序的测试和调试过程

6.1 项目需求描述

拟开发一个“小学算术运算考试系统”,用于对学习过算术运算的学生进行测试,能实现加法、减法、乘法和除法四则运算,需要实现自动出题、自动评分并能给出最终成绩。

该系统运行结果如图 6-1 所示。

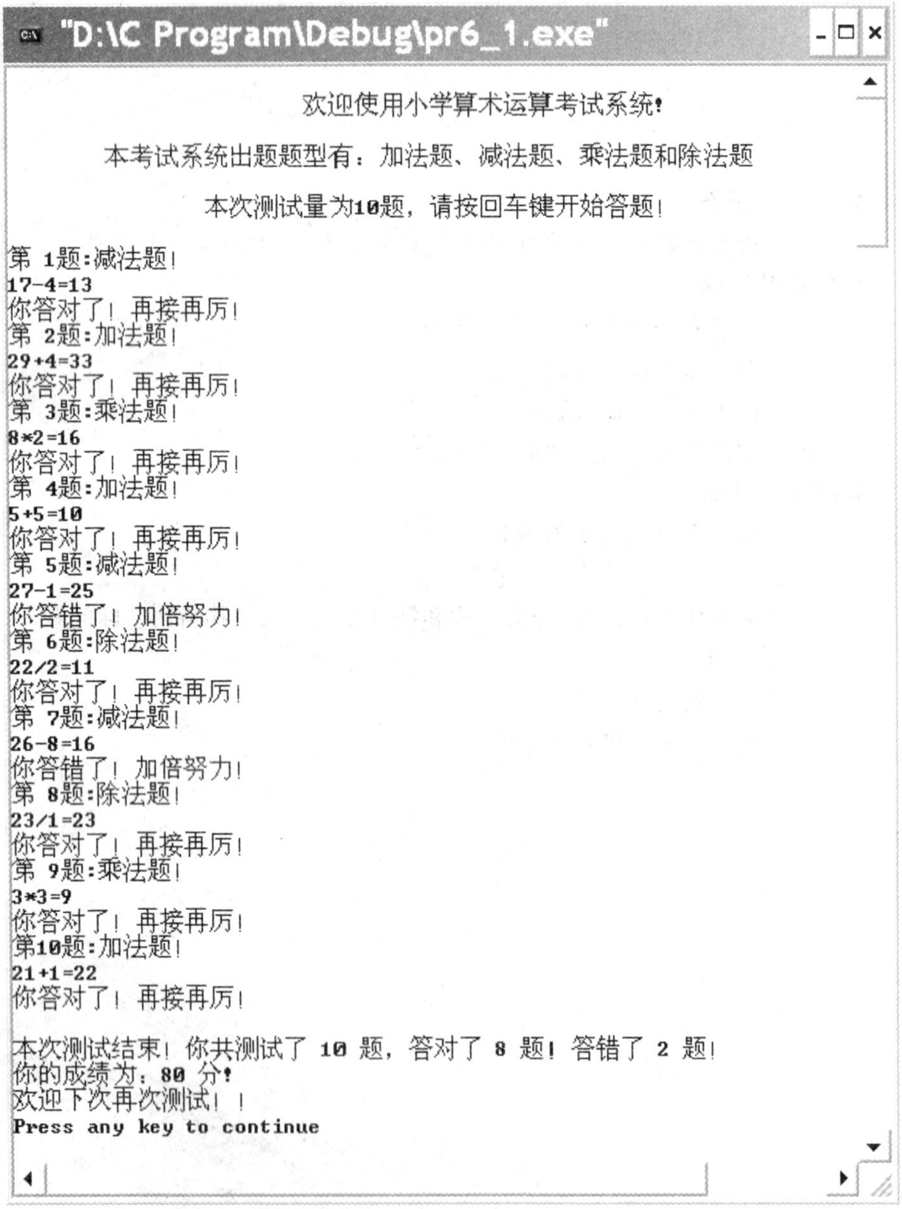

图 6-1 “小学算术运算考试系统”示例图

6.2　系统设计

6.2.1　总体设计

1. 系统功能概述

本系统的主要功能有：

(1)用于测试算术运算

包括加法、减法、乘法和除法运算。

(2)自动出题

测试的题目由系统自动给出，题型和题目都是自动给出，被测试者不需要选择，也不可以选择。

(3)学生答题

系统可以接收被测试者输入的答题数据。

(4)自动判题

根据被测试者给出的答题数据和标准答案对比，进行评判，给出“正确”或“错误”的结论。

(5)自动判分

自动统计答对题数，根据正确率给出最后的成绩，比如，10 题答对 6 题，则得 60 分。

2. 具体功能描述

(1)系统随机出 10 道题

本系统以 10 题为测试量。必须是系统自动出题，并且加法题、减法题、乘法题和除法题的出题顺序是随机的，不能有规律。

(2)参加运算的数的范围

为了便于简单运算，加法运算数、减法运算数和除法运算数的范围为 1～30，乘法运算数的范围为 1～10。

(3)减法题要求被减数比减数大

例如，题目“15－4＝?”是正确的题目，不得出现题目“4－13＝?”等。

(4)除法题要求能整除

例如，题目“27/3＝?”是正确的题目，不得出现题目“20/6＝?”等。

(5)测试者答题的基本流程

该系统出题和答题的基本流程如图 6-2 所示。

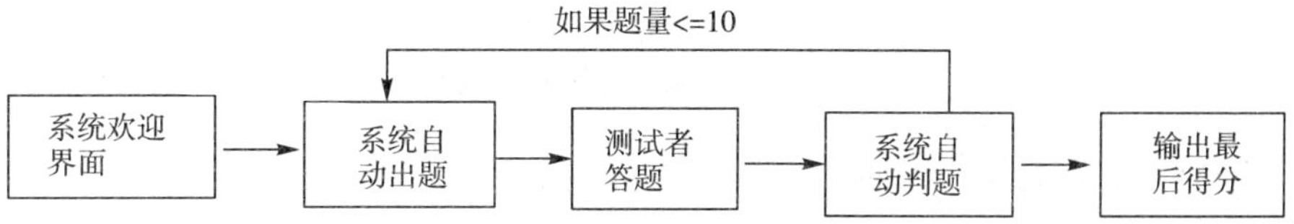

图 6-2　系统出题和答题流程图

6.2.2 详细设计

1. 主函数的流程设计

主函数 main()主要用于显示欢迎信息、通过产生随机数确定出哪种题型、根据产生的题型选择执行相应的函数。其中 switch 选择结构语句是进入被调函数的关键,通过它可以选择并执行需要执行的程序。根据每个执行函数返回的值统计正确答题的数量和错误答题的数量,并计算输出被测试者最后的得分。主函数 main()的流程如图 6-3 所示。

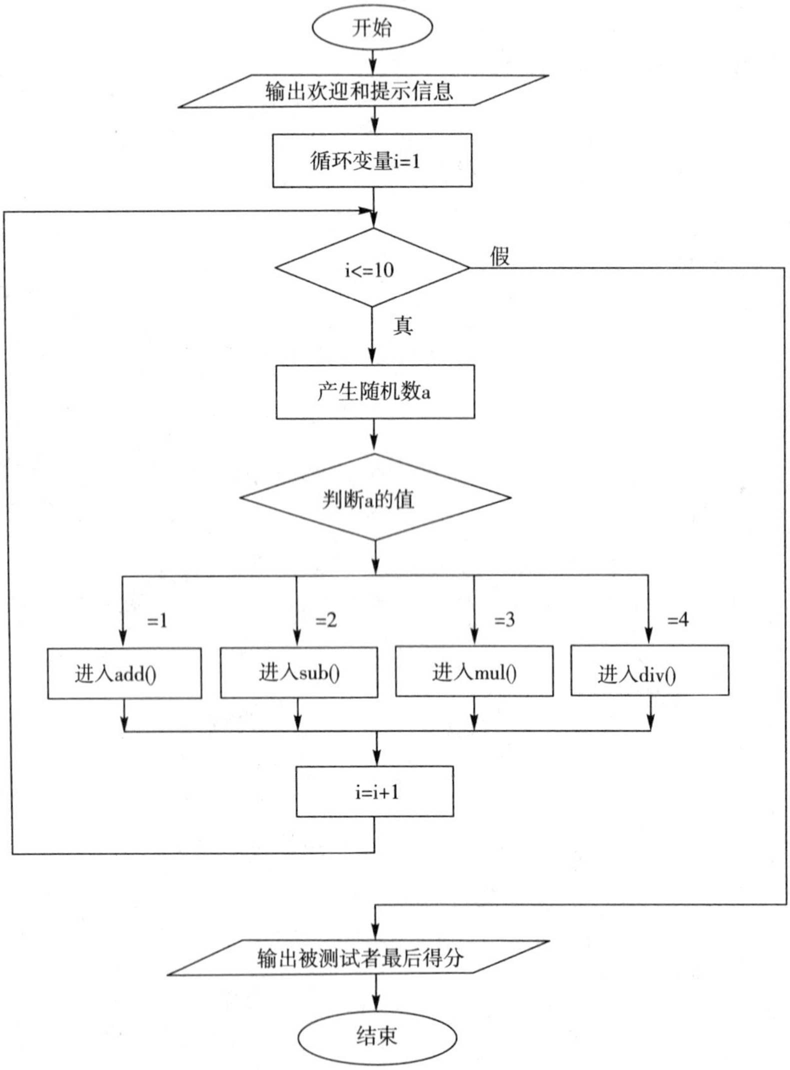

图 6-3 主函数 main()的流程图

主函数 main()的程序代码如下:

```
//pr6_1.c
#include <stdio.h>
#include <math.h>
```

```
void main()
{
    int add();
    int sub();
    int mul();
    int div();
    int i,a,f,m = 0,n = 0;
    char y = 'y';
    printf("\n\t\t\t 欢迎使用小学算术运算考试系统！ \n\n");
    printf("\t 本考试系统出题题型有:加法题、减法题、乘法题和除法题\n");
    printf("\n\t\t\t 本次测试量为 10 题,请按回车键开始答题!");
    getchar();
    for(i = 1;i< = 10;i + + )                    // 出题量为 10 题
    {
        a = rand() % 4 + 1;                      // 产生题型随机数
        switch(a)                                // 选择题型
        {
            case 1:
                printf("\t\n 第 % 2d 题:加法题! \n",i);
                f = add();                       // 调用加法模块函数
                break;
            case 2:
                printf("\t\n 第 % 2d 题:减法题! \n",i);
                f = sub();                       // 调用减法模块函数
                break;
            case 3:
                printf("\t\n 第 % 2d 题:乘法题! \n",i);
                f = mul();                       // 调用乘法模块函数
                break;
            case 4:
                printf("\t\n 第 % 2d 题:除法题! \n",i);
                f = div();                       // 调用除法模块函数
                break;
        }
        if(f = = 1)
        {
            printf("你答对了！ 再接再厉!");
            m + + ;
        }
        else
        {
```

```
            printf("你答错了！加倍努力!");
            n++;
        }
    }
    printf("\n\n本次测试结束!");
    printf("你共测试了 %d 题,答对了 %d 题! 答错了 %d 题! \n",m+n,m,n);
    printf("你的成绩为:%d 分!              \n欢迎下次再次测试!! \n",m*10);
}
```

2. 加法题模块设计

实现加法题的基本流程为：

①产生 2 个 1～30 之间的随机数，存入 2 个变量。

②输出题目，接收测试者输入的答案。

③将输入的答案和标准答案比较，根据判断，若正确，返回 1；若错误，返回 0。

加法函数 add()的实现流程图如图 6-4 所示。

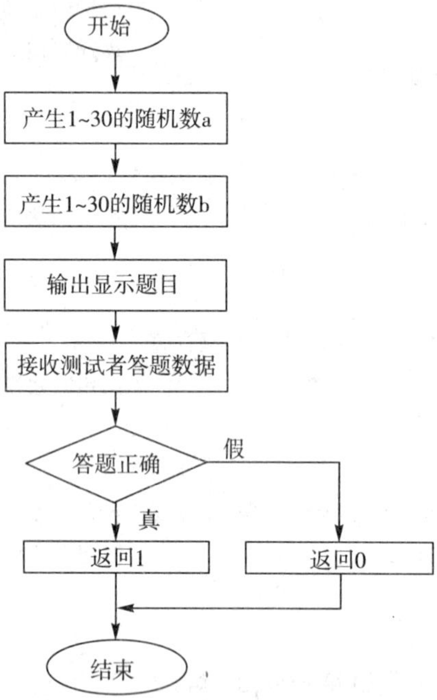

图 6-4　加法函数 add()流程图

加法函数 add()的程序代码如下：

```
//加法题函数模块
int add()
{
    int a,b,r;
    a=rand()%30;
    b=rand()%30;
    printf(" %d+ %d=",a,b);
```

```
    scanf("%d",&r);
    if(r == a + b)
        return(1);
    else
        return(0);
}
```

3. 减法题模块设计

实现减法题的基本流程为：

①产生 2 个 1～30 之间的随机数，存入 2 个变量 a、b，由于要求被减数 a 比减数 b 大或者相等，如果不符合条件就得重新产生 2 个 1～30 之间的随机数，直到满足条件为止。

②输出显示题目，接收测试者输入的答案。

③将输入的答案和标准答案比较，根据判断，若正确，返回 1；若错误，返回 0。

减法函数 sub()的实现流程图如图 6-5 所示。

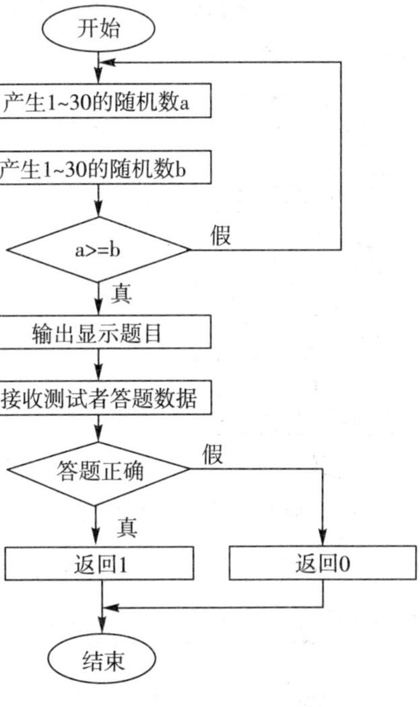

图 6-5　减法函数 sub()的实现流程图

减法函数 sub()的程序代码如下：

```
//减法题函数模块
int sub()
{
    int a,b,r;
    do
    {
        a = rand() % 30;
        b = rand() % 30;
```

```
    }
    while(a<b);
    printf("%d-%d=",a,b);
    scanf("%d",&r);
    if(r==a-b)
        return(1);
    else
        return(0);
}
```

4. 乘法题模块设计

实现乘法题的基本流程为：

①产生 2 个 1～10 之间的随机数，存入 2 个变量。

②输出题目，接收测试者输入的答案。

③将输入的答案和标准答案比较，根据判断，若正确，返回 1；若错误，返回 0。

乘法函数 mul()的实现流程图如图 6-6 所示。

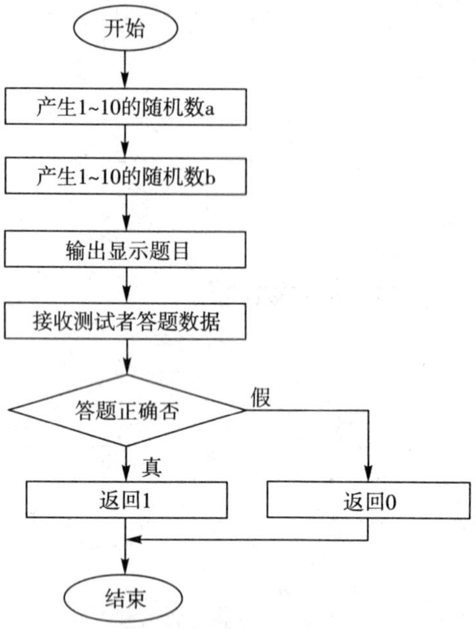

图 6-6　函数 mul()的流程图

乘法函数 mul()的程序代码如下：

```
//乘法题函数模块
int mul()
{
    int a,b,r;
    a=rand()%10;
    b=rand()%10;
    printf("%d*%d=",a,b);
```

```
    scanf("%d",&r);
    if(r==a*b)
        return(1);
    else
        return(0);
}
```

5. 除法题模块设计

实现除法题的基本流程为:

①先产生1个1～30之间的随机数a,再产生1个1～10之间的随机数b。必须满足a是b的倍数,否则重新产生随机数a和b,直到满足条件为止。

②输出题目,接收测试者输入的答案。

③将输入的答案和标准答案比较,根据判断,若正确,返回1,若错误,返回0。

除法函数div()的实现流程图如图6-7所示。

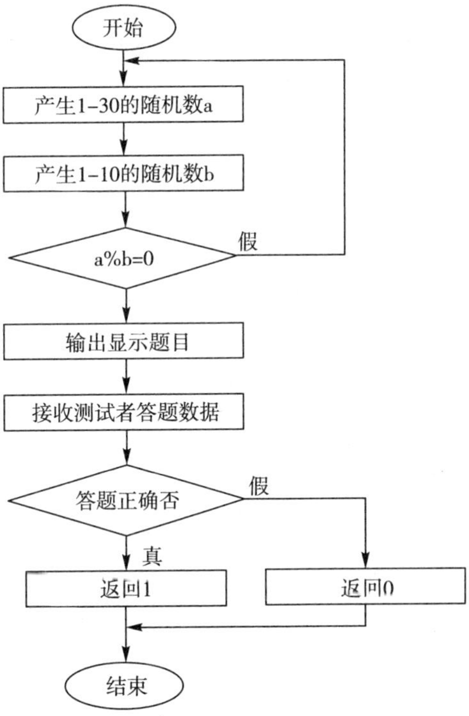

图6-7 函数div()的实现流程图

除法函数div()的程序代码如下:

```
//除法题函数模块
int div()
{
    int a,b,r;
    do
    {
        a=rand()%30;
```

```
        b = rand() % 10;
    }while(a<b||b == 0||a % b! = 0);
    printf(" % d/ % d = ",a,b);
    scanf(" % d",&r);
    if(r == a/b)
        return(1);
    else
        return(0);
}
```

6.3 测试与调试

1. 概述

程序编写完成后必须经过科学的、严格的测试，才能最大限度地保证程序的正确性。同时，通过测试才可以对程序做出合理的评估。

测试是通过运行程序发现错误的过程，常见的错误有数据越界、进入死循环、语句逻辑顺序颠倒、缺少功能语句等。调试是确定测试中找到的错误性质、错误的位置并改正错误的过程。测试和调试通常是交替进行的，即测试—调试—再测试—再调试。测试用例是指用来测试程序功能的数据＋预期结果，测试程序必须通过测试用例来完成。

能检测出尚未发现错误的测试才是成功的测试，一个好的测试用例是用尽可能少的测试数据发现尽可能多的错误。测试中，应该选择合适的测试数据，使得程序在运行时尽量能执行到每一条语句，以测试各语句是否正确。还需要输入合法数据和非法数据，分别测试程序的运行情况。对于合法数据还要考虑数据的一般性和特殊性，如求最大数，应测试最大数在最前面、中间某个位置和最后一个数等情况。

2. 测试与调试

(1)题量＋答题全部正确性测试

测试程序的出题量是否为10题，考虑答题答案全部为正确的情况，即最后得分应该为100分，如图6-8所示。根据测试结果可以判断此种测试用例测试结果正确。

(2)题量＋答题全部错误性测试

测试程序的出题量是否为10题，考虑答题答案全部为错误的情况，即得分为0分的情况，如图6-9所示。根据测试结果可以判断此种测试用例测试结果正确。

(3)题量＋答题部分正确性测试

测试程序的出题量是否为10题，考虑答题答案部分为正确的情况，即得分为10～90分的情况，如图6-1所示。根据测试结果可以判断此种测试用例测试结果正确。

(4)其他情况测试

如描述的科学性测试、人机交互的智能性测试、界面的友好性测试等，根据测试的结果进行调试和再测试，直到满意为止。

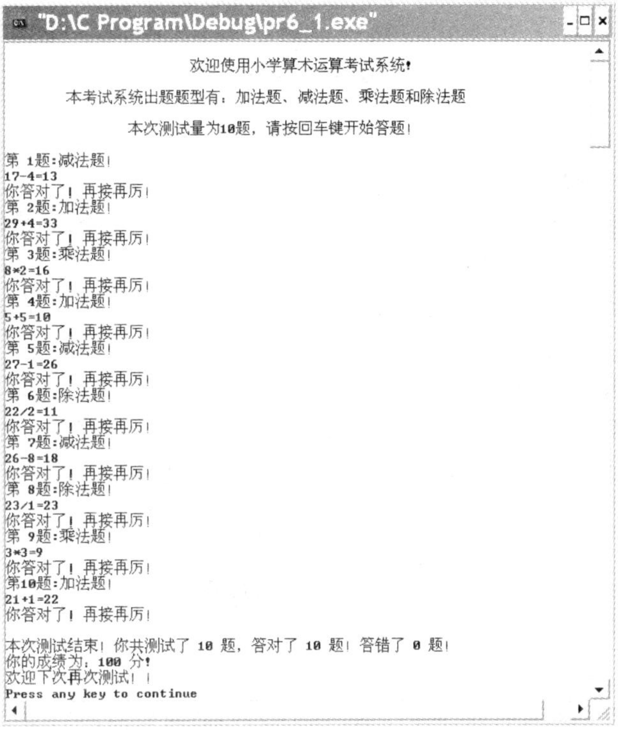

```
"D:\C Program\Debug\pr6_1.exe"
                    欢迎使用小学算术运算考试系统!
          本考试系统出题题型有：加法题、减法题、乘法题和除法题
                本次测试量为10题，请按回车键开始答题!
第 1题:减法题!
17-4=13
你答对了! 再接再厉!
第 2题:加法题!
29+4=33
你答对了! 再接再厉!
第 3题:乘法题!
8*2=16
你答对了! 再接再厉!
第 4题:加法题!
5+5=10
你答对了! 再接再厉!
第 5题:减法题!
27-1=26
你答对了! 再接再厉!
第 6题:除法题!
22/2=11
你答对了! 再接再厉!
第 7题:减法题!
26-8=18
你答对了! 再接再厉!
第 8题:除法题!
23/1=23
你答对了! 再接再厉!
第 9题:乘法题!
3*3=9
你答对了! 再接再厉!
第10题:加法题!
21+1=22
你答对了! 再接再厉!

本次测试结束! 你共测试了 10 题, 答对了 10 题! 答错了 0 题!
你的成绩为: 100 分!
欢迎下次再次测试! !
Press any key to continue
```

图 6-8　测试题量和正确答题情况图

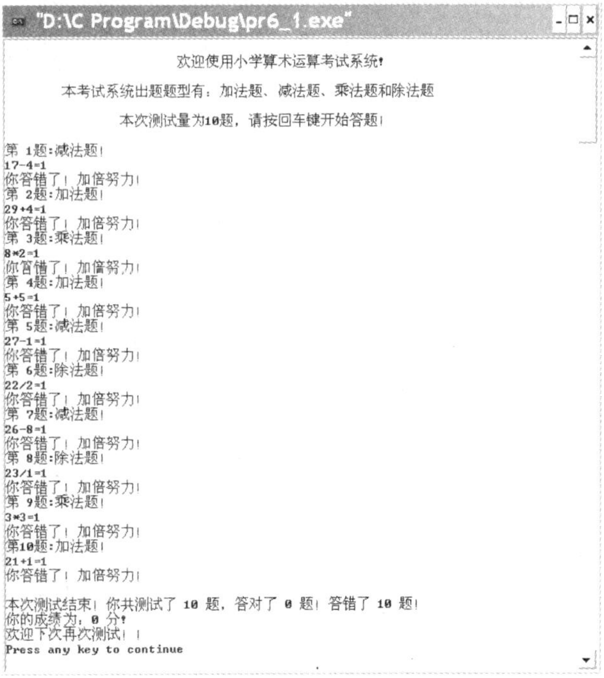

```
"D:\C Program\Debug\pr6_1.exe"
                    欢迎使用小学算术运算考试系统!
          本考试系统出题题型有：加法题、减法题、乘法题和除法题
                本次测试量为10题，请按回车键开始答题!
第 1题:减法题!
17-4=1
你答错了! 加倍努力!
第 2题:加法题!
29+4=1
你答错了! 加倍努力!
第 3题:乘法题!
8*2=1
你答错了! 加倍努力!
第 4题:加法题!
5+5=1
你答错了! 加倍努力!
第 5题:减法题!
27-1=1
你答错了! 加倍努力!
第 6题:除法题!
22/2=1
你答错了! 加倍努力!
第 7题:减法题!
26-8=1
你答错了! 加倍努力!
第 8题:除法题!
23/1=1
你答错了! 加倍努力!
第 9题:乘法题!
3*3=1
你答错了! 加倍努力!
第10题:加法题!
21+1=1
你答错了! 加倍努力!

本次测试结束! 你共测试了 10 题, 答对了 0 题! 答错了 10 题!
你的成绩为: 0 分!
欢迎下次再次测试! !
Press any key to continue
```

图 6-9　测试题量和错误答题情况图

本章小结

➢解决实际问题时应该从问题的需求开始。

➢结构化程序设计的基本原则：自顶向下、模块划分、逐步求精和结构化编码。

➢模块划分是一个实际项目开发的关键。

➢编码实现在概要设计和详细设计后进行的、仅仅是一个“翻译”的过程，程序流程图是编码前必备的环节。

➢测试是项目开发和程序设计的必备环节，占用程序设计工作量的40%以上。

➢一个成功的测试是使用一个好的测试用例，发现了程序中存在的错误。

➢测试成功后进行程序调试，程序调试成功后需要再测试。

习题6

一、拓展编程题

1. 该系统在运行中会有一个问题，“每一次运行出的题目都是一样的”，这就不是真正的随机出题，请改造该系统为真正的“随机出题”。
2. 该系统为10题的出题量，请改造为20题的出题量。
3. 继续改造该系统为任意出题量，即“出题量由测试者自己选择”，例如，测试者可以输入15为测试量。

第7章

数据类型与表达式进阶

本章工作任务

- 编写简单的程序，在屏幕上显示一些信息
- 编写简单的程序，实现简单的数据处理

本章知识目标

- 了解表达式的概念
- 了解各种运算符的优先级和结合性
- 熟练掌握C语言中的基本数据类型
- 熟练掌握C语言的各种运算符

本章技能目标

- 熟练掌握C语言中的基本数据类型
- 熟练掌握C语言的各种运算符

本章重点难点

- 各种运算符的使用方法
- 数据的输入与输出

通过前面的学习，读者已经了解了C语言的基本内容并且能编写一些简单的程序，实现对数据的处理。在用C语言编程时需要考虑：计算机能处理哪些数据？对这些数据能做哪些操作？通过怎样的操作步骤才能完成给定的工作？这三个问题分别对应了数据表达、运算和流程控制，本章讨论前两个问题。

C语言程序中所使用的每个数据都具有一种类型，在编程时要正确地定义和使用数据。

在C语言中，对数据的操作就是对数据进行运算，C语言提供了许多运算符，可以对不同类型的数据进行处理。这些运算符与数据组合后便形成了表达式。

7.1 基本数据类型

C语言具有丰富的数据类型。数据类型是数据的内在表现形式，直接决定了数据在内存中可占用的存储单元的大小、存储方式和可对数据进行的操作。通过数据类型，可以对常量和变量进行分类。如可将数据分为数值型和非数值型。数值型数据又可分为整型和浮点型(即带小数点的数)，非数值型由字符组成。

在C语言中，数据类型可分为基本数据类型和构造数据类型，本节只介绍基本数据类型。基本数据类型见表7-1所示。

表7-1 基本数据类型表

<table>
<tr><td rowspan="7">数据类型</td><td rowspan="6">数值型</td><td rowspan="4">整型</td><td>基本整型</td></tr>
<tr><td>短整型</td></tr>
<tr><td>长整型</td></tr>
<tr><td>无符号整型</td></tr>
<tr><td rowspan="2">浮点型</td><td>单精度浮点型</td></tr>
<tr><td>双精度浮点型</td></tr>
<tr><td>非数值型</td><td>字符类型</td><td></td></tr>
</table>

1. 定义变量

C语言规定，在使用变量之前，必须先定义变量，即向内存申请一个指定类型的变量存储空间。

变量定义的基本形式：

数据类型　变量名；

其中，数据类型是C语言中的数据类型之一，变量名是合法的标识符。声明变量时，数据类型和变量名的位置不能互换，类型在左边，变量名在右边，用空格分隔。

☞**注意**：定义变量是非执行语句，目的是为了预留存储单元，以备使用。

2. 变量的初始化

所谓“变量的初始化”就是在定义变量的同时给变量一个初值，具体初始化的形式如下：

数据类型　变量名=指定的值；

其中，指定的值为一个常量。如果只定义了一个变量，而没有初始化变量，那么在程序中应对变量进行赋值。

3. 变量的赋值

在程序中,可以对变量赋值,并且可以多次赋值,但变量的当前值只有1个,为最后一次赋值所得到的值。

变量赋值的形式如下:

变量名=指定的值;

其中,指定的值可以是一个常量,如d=5;也可以是一个表达式,如:

```
int a,b = 3;  /* 声明变量 a 和 b,并给 b 赋初值 3 */
a = b + 3;    /* 为变量 a 赋值,将 b + 3 的值赋给变量 a */
```

7.1.1 整型

整型即整数类型的数据,没有小数部分。如1、2、15等都是整型数据。在C语言中,将整型数据分为两大类:有符号类型和无符号类型。一般系统默认情况下表示有符号类型。

有符号类型分为:基本整型、短整型和长整型。无符号类型分为:无符号基本整型、无符号短整型和无符号长整型。不同类型的机器对整型数据类型分配的存储单元的大小不尽相同,以16位机为例,基本整型数据分配2个字节的存储空间,长整型分配4个字节的存储空间。表7-2中列出了C语言中各类整型的类型、关键字及表示数的范围等。

表7-2 C语言中整型数据类型

类型	符号	关键字	关键字缩写	所占位数	表示数的范围
整型	有	int	int	16	-32768~32767
		short int	short	16	-32768~32767
		long int	long	32	-2147483648~2147483647
	无	unsigned int	unsigned	16	0~65535
		unsigned short int	unsigned short	16	0~65535
		unsigned long int	unsigned long	32	0~4294967295

1. 整型常量

给变量初始化或赋值时常常会用到一些数值,即常量。在C语言中,整型常量可使用三种形式来表示:十进制、八进制和十六进制。

(1)十进制整型常量

由数字0~9组成,可带正、负号,且第一个数字不能为0。如:123、456等。

(2)八进制整型常量

由数字0开头的整型数,由数字码0~7组成。如:0123、076、0605等。即一个八进制数前要有数字"0"作为前缀,表示是八进制整数。

(3)十六进制整型常量

由"0x"或"0X"作为前缀,其值由0~9、a~f或A~F组成。如:0x23a、0Xe45、0xFFFF等。

☞**注意:**前缀数字"0"和字母"o"容易混淆,要注意区分。

以下是不合法的十进制整型常量实例:

```
0123                    /* 数据前有 0 */
0x568                   /* 数据前有前缀 0x */
fff                     /* 组成的数码不是合法的数码 */
```

以下是不合法的八进制整型常量实例：

```
0128                    /* 组成的数码不是合法的数码 */
123                     /* 没有前缀 0 */
0x253                   /* 前缀不合法 */
o56                     /* 前缀不合法,应该是数值"0",不是字母"o" */
```

以下是不合法的十六进制整型常量实例：

```
0156                    /* 前缀不合法 */
ox5df                   /* 前缀不合法,x 前应该是数值"0",不是字母"o" */
0xfffk                  /* 组成的数码不是合法的数码 */
ff78                    /* 没有前缀 0x */
```

另外,根据数据类型划分,整型常量可分为 int 常量、short 常量和 long 常量等。如果该常量想以 long 类型存储,则需要在数字序列后加后缀“L”或“l”,如:23L、0XFFFL、0456L 等。系统存储 23 只需要 2 个字节空间,而存储 23L 则需要 4 个字节的空间。

☞**注意**:因小写字母“l”和数字“1”容易混淆,建议用大写字母“L”做后缀。

2. 整型变量的定义

```
int a;                  /* 定义整型变量 a */
long s;                 /* 定义长整型变量 s */
unsigned short x;       /* 定义无符号短整型变量 x */
```

一个语句中也可以同时定义多个相同类型的变量。如:

```
int a,b,c;              /* 定义 3 个整型变量 a,b,c */
short sum,ave,age,min,max;
```

☞**注意**:用一条语句来定义多个相同类型的变量时,变量名和变量名之间要用逗号“,”作为分隔符。

3. 整型变量的初始化

```
int d = 5;
short m = 0,n = 1;
```

4. 整型变量的赋值

```
sum = 0;
min = 0;
```

7.1.2 单精度浮点型

在日常生活中,除了会用到整型数据外,还会用到实型数据,即浮点型数据。根据数据类型分类,浮点型可分为单精度浮点型和双精度浮点型。表 7-3 列出了 C 语言中各类浮点型的类型、关键字及表示数的范围等。

表 7-3 C语言中浮点型数据类型

类 型	关键字	所占位数	表示数的范围(约)
单精度浮点型	float	32 位	$10^{-38}\sim10^{38}$
双精度浮点型	double	64 位	$10^{-308}\sim10^{308}$

单精度浮点型，即 float 数据类型，这种数据类型占 4 个字节(32 位)的存储空间，提供 7 位有效数字。

1. float 型常量

浮点型常量有两种表示形式：小数形式和指数形式。

①小数形式：如 0.125、2.167、-.56、.98、6.、50.0 等都是合法的浮点型常量。

②指数形式：如 3.2e2、-2.6e4、1.23E-2、4E6、11.23e2 等，分别表示 3.2×10^2、-2.6×10^4、1.23×10^{-2}、4×10^6、11.23×10^2。

☞**注意**：字母 e 或 E 之前一定要有数字，之后也必须有数字，之后必须是整数。

标准 C 语言允许 float 型数后使用后缀“f”或“F”，即表示该数为单精度浮点型常量。如：2.14f、45.7F、60f 等。

2. float 型变量的定义

```
float sum;
float x,y;
```

3. float 型变量的初始化

```
float ave = 87.5;
float weight = 20.68,high = 69.02;
```

4. float 型变量的赋值

```
sum = 123.65;
x = 16.7;
```

7.1.3 双精度浮点型

除单精度浮点类型外，还有双精度浮点类型(double)。双精度浮点型与单精度浮点型相似，但该类型的数据所占的内存空间(8 个字节)和取值范围($10^{-308}\sim10^{308}$)都比 float 类型的数据大很多，精确度也提高了很多，达到了 15 位。

1. double 型变量的声明

```
double sum;
double x,y;
```

2. double 型变量的初始化

```
double ave = 87.5;
double weight = 20.68,high = 69.02;
```

双精度浮点型变量的赋值的方法和双精度常量的表示形式与单精度浮点型相同，不再赘述。需要注意的是，双精度浮点型数的后缀是 l 或 L，如 12L、3415693.221L 等。如果没有后缀，C 编译系统将根据常量值的大小决定该数是单精度浮点型还是双精度浮点型。

7.1.4 字符型

C 语言的数据类型除了数值类型外，还有重要的非数值类型，非数值类型由字符组成，称为“字符类型”。

字符类型可分为有符号类型和无符号类型。表 7-4 给出了 C 语言中字符的类型、关键字及表示数的范围等。

表 7-4 字符类型

类型	符号	关键字	所占位数	表示数的范围
字符型	有	char	8 位	－128～127
	无	unsigned char	8 位	0～255

1. 字符型常量

字符型常量是用单引号括起来的单个字符组成，如：'a'、'b'、'6'、'*'等都是合法的字符型常量。字符常量中的单引号只起到定界作用，并不表示字符本身。一个字符型常量的存储值是该字符集中对应的 ASCII 编码值，常用字符的 ASCII 码编码表见附录部分。

2. 转义字符

一般来说，字母或数字类型的字符型常量可以直接书写，但有些控制字符如换行符、退格符等不能直接书写，为此 C 语言提供了一类特殊形式的字符序列来表示这些无法在键盘上直接表示的字符，即转义字符。

转义字符是由反斜杠“\”开头的一个字符或数字序列。如：“\a”作用是报警响铃、“\n”作用是换行等。常用的转义字符如表 7-5 所示。

表 7-5 常用的转义字符表

转义字符序列	名称	功能
\'	单引号	产生一个单引号
\"	双引号	产生一个双引号
\?	问号	产生一个问号
\\	反斜杠	产生一个反斜杠
\0	空	产生一个空字符
\a	响铃	产生一则警告铃声
\b	退格	将光标退回一位
\f	换页	将光标移到下一页的第一位
\n	换行	将光标移到下一行的第一位
\r	回车	将光标移到当前行的第一位
\t	水平制表	将光标移到下一个水平制表位置
\v	垂直制表	将光标移到下一个垂直制表位置

续表

转义字符序列	名　称	功　能
\ddd	八进制字符	产生一个 1～3 位八进制数所代表的字符
\xhh	十六进制字符	产生一个 1～2 位十六进制数所代表的字符

☞**注意**：在程序中转义字符有着重要的控制功能，例如，控制换行、输出特殊字符等。

3. 字符型变量的定义

```
char  ch1 ;
char  ch1, ch1 ;
```

4. 字符型变量的初始化

```
char ch1 = ´*´ ;
```

5. 字符型变量的赋值

```
ch1 = ´b´;
ch2 = ´0´;
```

7.2 数据的输入与输出

在 C 语言中，数据的输入和输出都是通过函数的调用来实现的。

7.2.1 整型数据的输入和输出

调用函数 scanf()和 printf()实现整型数据的输入和输出时，应根据数据的类型和输入输出的形式，在函数调用的格式控制字符串中使用相应的格式控制说明，见表 7-6。

表 7-6 格式控制说明(整型数据)

数据类型	输入输出形式		
	十进制	八进制	十六进制
int	%d	%o	%x
long	%ld	%lo	%lx
unsigned	%u	%o	%x
unsigned long	%lu	%lo	%lx

基本的格式控制说明有%d、%u、%o 和%x，其具体含义见表 7-7，输入输出长整型数据时，在格式控制说明中加限定词 l(long 的首字母)。

表 7-7 基本格式控制说明的含义

格　式	含　义
%d	以十进制形式输入输出一个整数
%u	以十进制形式输入输出一个无符号整数
%o	以八进制形式输入输出一个整数
%x	以十六进制形式输入输出一个整数

根据表 7-7 给出的格式控制说明，可以选用十进制、八进制和十六进制三种形式来输出一个整数。同时，该整数也可以有十进制、八进制和十六进制三种表现形式，输出结果以格式控制说明为准。

【例 7-1】 执行下列程序段：

程序代码：

```
/*ex7_1.c*/
#include <stdio.h>
void main()
{
    printf("%d,%o,%x\n",10,10,10);
    printf("%d,%d,%d\n",10,010,0x10);
    printf("%d,%x\n",012,012);
}
```

程序运行结果如图 7-1 所示。

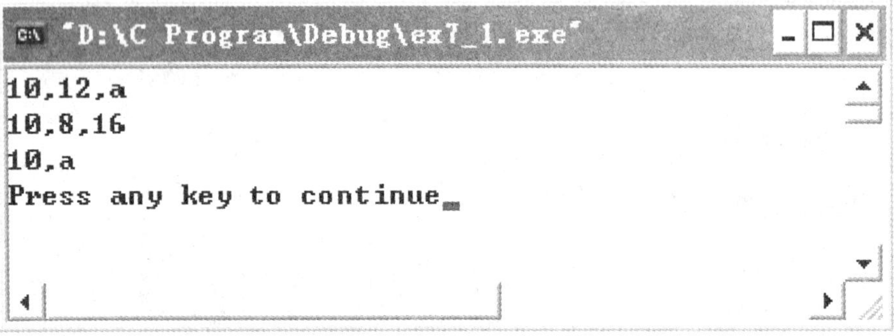

图 7-1　例 7-1 运行结果

八进制数 012 就可以用十进制和十六进制的形式输出。因此，不管一个整数采用哪种表现形式，它的数值是确定的。

在输出格式控制说明中，可以加宽度限定词，制定整型数据的输出宽度。例如，输出格式控制说明%md，指定了数据的输出宽度 m(包括符号位)，若数据的实际位数(含符号位)小于 m，则左端补空格；若大于 m，则按实际位数输出。

【例 7-2】 执行下列程序段：

程序代码：

```
/*ex7_2.c*/
#include <stdio.h>
void main()
{
    int a,b;
    printf("请输入 a 和 b:");
    scanf("%o%d",&a,&b);
    printf("%d%8d\n",a,b);          //%8d 指定变量 b 的输出宽度为 8
}
```

程序运行结果如图 7-2 所示。

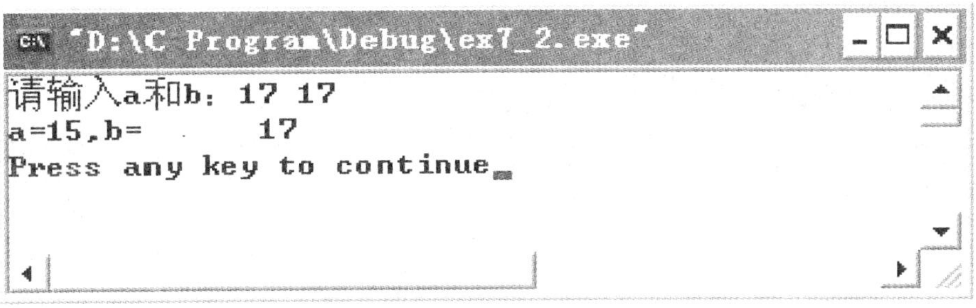

图 7-2　例 7-2 运行结果

补充说明：

输入时，用格式控制说明的形式来读入数据。以八进制形式读入 17。相当于将 017(即 15)赋值给变量 a。以%8d 输出 b 的值 17，左端补了 5 个空格。

7.2.2　技能训练

【例 7-3】　十进制、八进制和十六进制三种进制表示方法的转换。

程序代码：

```
/*ex7_3.c*/
#include <stdio.h>
void main()
{
    int x=1234,y=01234,z=0x1234;
    printf("%d,%d,%d\n",x,y,z);        //%d:以十进制格式符输出
    printf("%o,%o,%o\n",x,y,z);        //%o:以八进制格式符输出
    printf("%x,%x,%x\n",x,y,z);        //%x:以十六进制格式符输出
}
```

程序运行结果如图 7-3 所示。

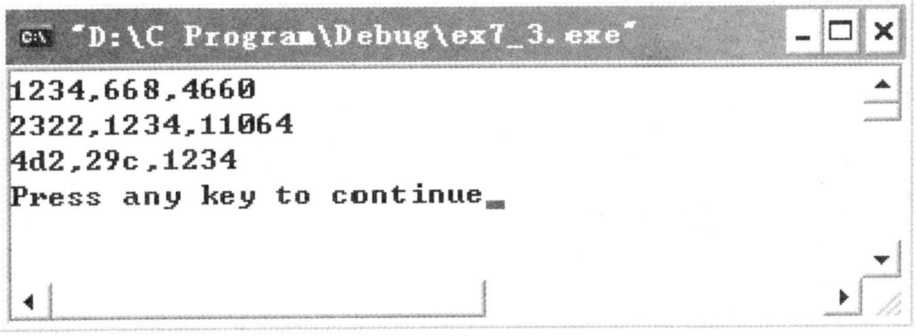

图 7-3　例 7-3 运行结果

7.2.3 浮点型数据的输入和输出

调用函数 scanf()和 printf()实现浮点型数据的输入和输出时，在函数调用的格式控制字符串中使用相应的格式控制说明，见表 7-8。

表 7-8 格式控制说明

函　数	数据类型	格　式	含　义
printf	float	%f	以小数形式输出浮点数(保留 6 位小数)
	double	%e	以指数形式输出浮点数(小数点前有且仅有一位非零数字)
scanf	float	%f	以小数形式或指数形式输入一个单精度浮点数
		%e	
	double	%lf	以小数形式或指数形式输入一个双精度浮点数
		%le	

输出浮点数时，单精度和双精度浮点型数据使用相同的格式控制%f 和%e；输入浮点数时，格式控制说明%f 和%e 可以通用，但是，输入 double 型数据时，在格式控制说明中必须加限定词 l(long 的首字母)。

☞**注意**：double 型数据的输入格式控制说明必须用%lf 或%le。

在格式控制说明中可以加宽度限定词，指定实型数据的输出宽度。例如，输出格式控制说明%m.nf，指定输出浮点型数据时保留 n 位小数，且输出宽度为 m(包括符号位和小数点)。若数据的实际位数小于 m，左端补空格，若大于 m，按实际位数输出。

【例 7-4】 分析下列程序段执行结果：

程序代码：

```
/* ex7_4.c */
#include <stdio.h>
void main()
{
    int a = 1234;
    double f = 12.3456;
    printf("%8d,%2d,%d\n",a,a,a);
    printf("%f,%8.1f,%.2f\n",f,f,f,f);
}
```

程序运行结果如图 7-4 所示。

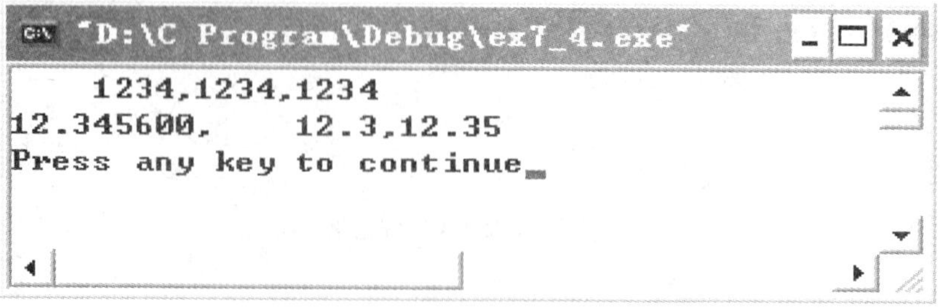

图 7-4 例 7-4 运行结果

7.2.4　技能训练

【例 7-5】 从键盘依次输入 5 个实数，计算并输出这 5 个实数的平均值。

程序代码：

```
/* ex7_5.c */
#include <stdio.h>
void main()
{
    float a,b,c,d,e,av;
    printf("请输入 a、b、c、d 和 e 这 5 个实数:");
    scanf("%f %f %f %f%f",&a,&b,&c,&d,&e);
    av=(a+b+c+d+e)/5;
    printf("这 5 个数的平均值 av=%.2f\n",av);
}
```

程序运行结果如图 7-5 所示。

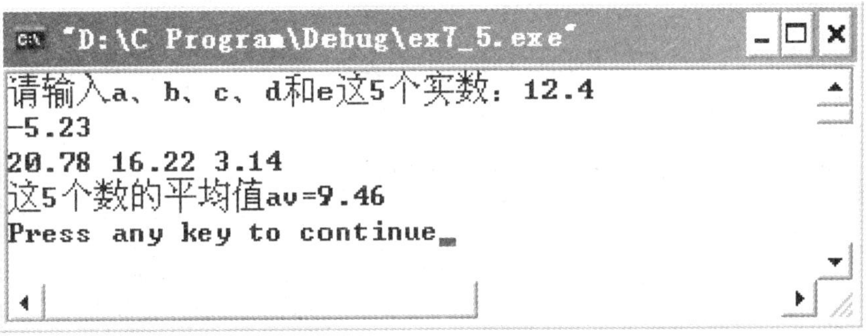

图 7-5　例 7-5 运行结果

7.2.5　字符型数据的输入和输出

字符的输入输出可以调用函数 getchar()、putchar()和 scanf()、printf()。getchar()函数和 putchar()函数只能处理单个字符的输入和输出。printf()函数和 scanf()函数是标准的输入输出库函数，也在文件 stdio.h 中定义，所以应用时需要在程序最前面包括命令行：#include <stdio.h>。

1. putchar()函数

putchar()函数可以把一个字符输出到显示器上显示。putchar()是有参数的函数，函数格式如下：

putchar(输出项)；

其中输出项可以是变量，也可以是常量。如果是字符常量，则要用单引号括起来，如果是整数，代表字符的 ASCII 码，输出时，输出其对应的字符。

例如：

```
putchar('a');
putchar(98);
```

分别输出小写字母 a 和小写字母 b。

【例 7-6】 putchar()函数的使用。

程序代码：

```
/* ex7_6.c */
#include <stdio.h>
void main()
{
    char ch = 'a';
    putchar(ch);
    putchar('\n');
    putchar('a');
    putchar(97);                //输出 97 对应的字符'a'
    putchar('\n');
}
```

程序运行结果如图 7-6 所示。

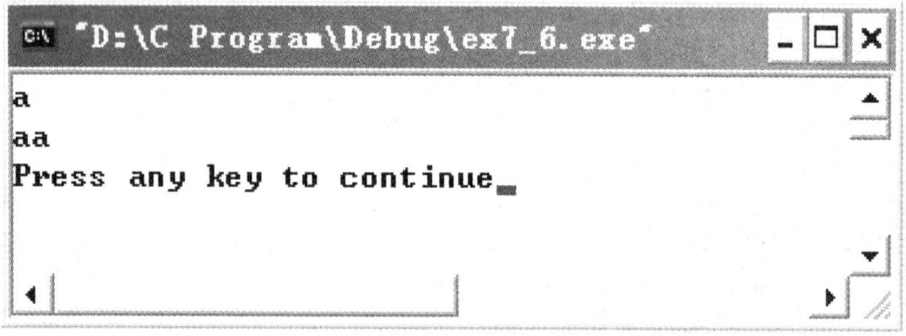

图 7-6　例 7-6 运行结果

2. getchar()函数

getchar()函数没有参数，其作用是从键盘读取一个字符。该函数对于键盘上的任何键都是有效的，如按下 Shift 键或 Esc 键，getchar()函数也会将其视为有效的输入。

getchar()函数的格式：

getchar();

☞**注意：**getchar()函数虽然是无参函数，但是使用时后面的括号不可以省略。

【例 7-7】 getchar()函数的使用。

程序代码：

```
/* ex7_7.c */
#include <stdio.h>
void main()
{
    char ch1,ch2;
    ch1 = getchar();
    ch2 = getchar();
```

```
    printf("ch1 = %c,ch2 = %c\n",ch1,ch2);
}
```

输入 CD,程序运行结果如图 7-7 所示。

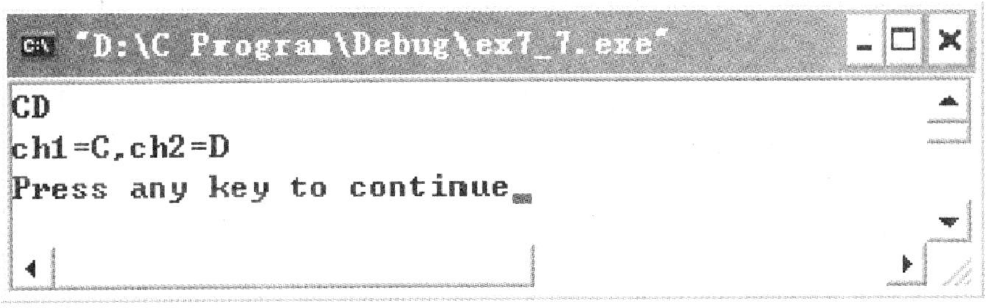

图 7-7 例 7-7 运行结果

输入 C,D,程序运行结果如图 7-8 所示。

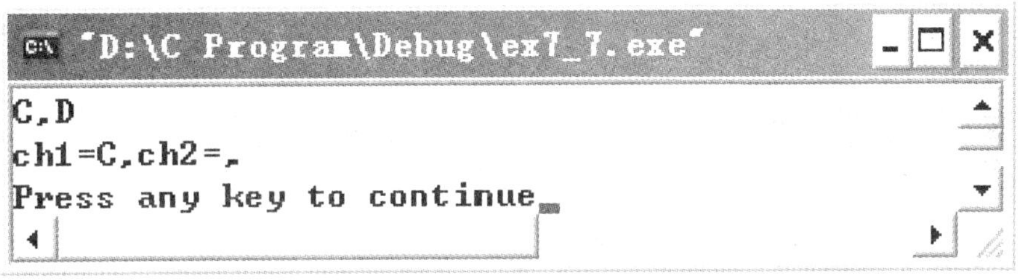

图 7-8 例 7-7 运行结果

scanf()函数和 printf()函数除了处理整型数据和浮点型数据的输入输出外,也可以处理字符型数据的输入和输出。此时,在函数调用的格式控制字符串中,相应的格式说明为%c。请读者尝试使用 scanf()函数改写上例。

☞**注意**:与字符常量在程序中的表示不同,输入输出字符时,字符两侧没有单引号。

C 语言中,一个字符型数据在内存中用一个字节存储它的 ASCII 码,它既可以按字符形式输出,也可以按整数形式输出。按字符形式输出时,可以调用 putchar()或 printf()(格式控制说明用%c),系统自动将存储的 ASCII 码转换为相应的字符后输出;按整数形式输出时,可以调用 printf()(格式控制说明选用%d、%o、%x 等),直接输出它的 ASCII 码。

同样,一个整数(在有效的 ASCII 码范围内)也可以按字符形式输出,此时,输出字符的 ASCII 码等于该数。

【例 7-8】 单词加密解析。输入一个英文单词(由 6 个小写英文字母组成),按照以下过程将该单词加密:现将英文单词中的小写字母转换为对应的大写字母,再将该大写字母的 ASCII 码对 10 整除取其余数,从而得到一个 6 位整数密码。

程序代码:

```
/* ex7_8.c */
#include <stdio.h>
void main()
{
    int i;
```

```
    char ch_lower,ch_upper;
    for(i=1;i<=6;i++)
    {
        scanf("%c",&ch_lower);
        if(ch_lower>='a'&&ch_lower<='z')
            ch_upper=ch_lower-'a'+'A';
        printf("%c->%c->%d\n",ch_lower,ch_upper,ch_upper%10);
    }
}
```

程序运行结果如图 7-9 所示。

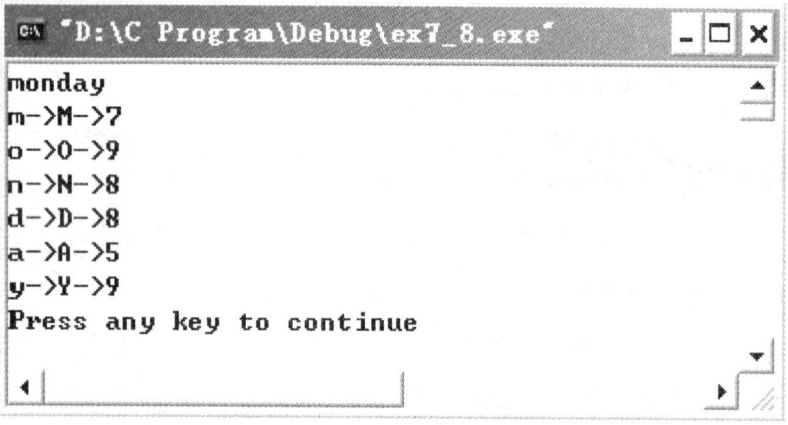

图 7-9　例 7-8 运行结果

程序中包含一些字符运算，这在实际编程中是很有用的。例如，若字符型变量 ch 的值为小写字母'a'～'z'，则运算 ch－'a'＋'A'把小写字母转换成为大写字母。又如，若字符型变量 ch 的值是'0'～'9'，运算 ch－'0'把数字字符转换成为数字，若整型变量 a 的值为数字 0～9，运算 a＋'0'把数字转换为数字字符。

7.2.6　技能训练

【例 7-9】　编写一个程序，用 getchar()函数接收字符并显示相应字符信息。从键盘输入：a b c，程序运行结果如图 7-10 所示，如果输入：abc，程序运行结果如图 7-11 所示。

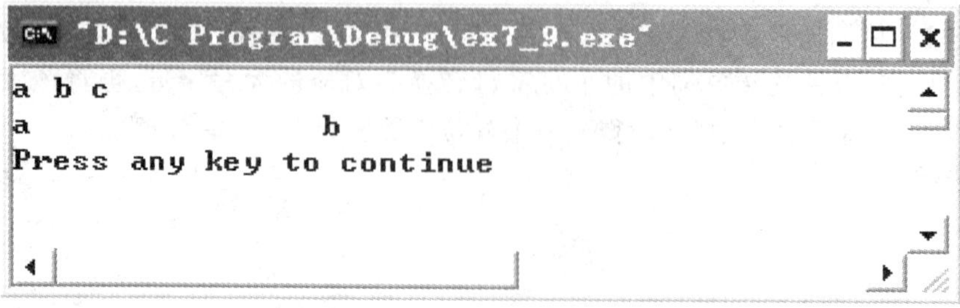

图 7-10　例 7-9 运行结果 1

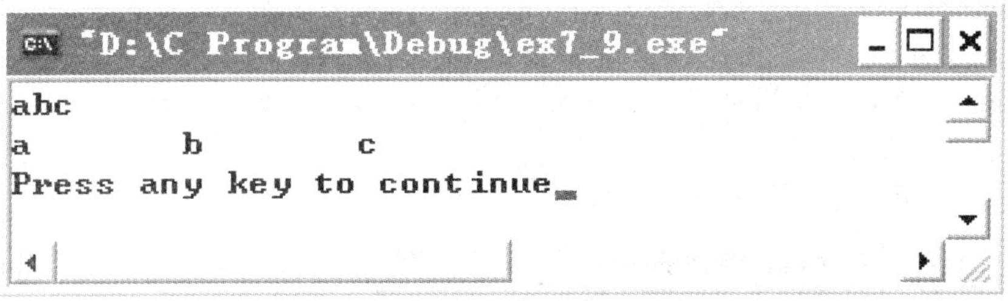

图 7-11　例 7-9 运行结果 2

参考步骤：

①在指定位置创建一个工程为“ex7_9”，并在该工程下创建一个 C 程序文件“ex7_9.c”。

②定义变量，用来保存 getchar()函数接收到的字符。

③编写程序段实现：用 getchar()函数接收字符。

④编写程序段实现：用 putchar()函数输出字符。

程序代码：

```
/ * ex7_9.c * /
# include <stdio.h>
void main()
{
    char ch1,ch2,ch3;
    ch1 = getchar();
    ch2 = getchar();
    ch3 = getchar();
    putchar(ch1);
    putchar('\t');
    putchar(ch2);
    putchar('\t');
    putchar(ch3);
    putchar('\n');
}
```

补充说明：

getchar()函数的作用是接收字符，在此例中 putchar('\t')的作用是将光标移到下一个水平制表位置，putchar('\n')的作用是换行，其他的 putchar()函数作用是输出小写字母。

【例 7-10】 字符型变量的定义和用法。

程序代码：

```
/ * ex7_10.c * /
# include <stdio.h>
void main()
{
    char ch1,ch2;                       //定义字符型变量 ch1,ch2
    ch1 = 'a';                          //将字符'a'放到变量 ch1 中
```

```
    ch2 = '\101';                          //将字符'\101'放到变量 ch2 中
    printf("ch1 = %c,ch2 = %c\n",ch1,ch2);  //按字符格式输出变量 ch1,ch2
    printf("ch1 = %d,ch2 = %d\n",ch1,ch2);  //按整数格式输出变量 ch1,ch2
}
```

程序运行结果如图 7-12 所示。

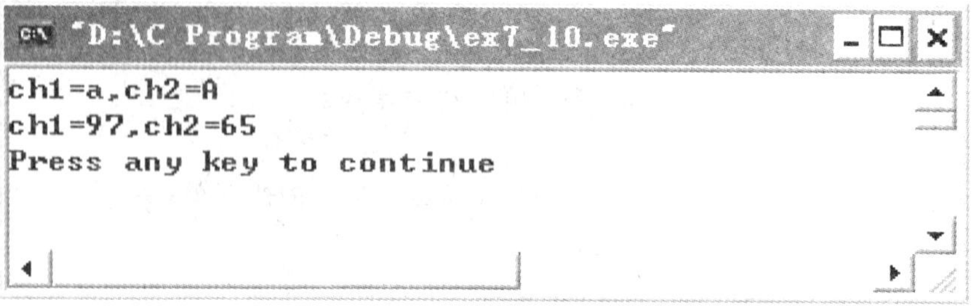

图 7-12　例 7-10 运行结果

7.3　类型转换

在 C 语言中,不同类型的数据可以混合运算。但是这些数据首先需要转换成同一种类型,然后再作运算。数据类型的转换包括自动转换和强制转换。自动转换由 C 语言编译系统自动完成,强制转换则通过特定的运算完成。

7.3.1　自动类型转换

在前面算术运算中,运算过 5/2,结果为 2,而不是 2.5。这是因为 5 和 2 都是整数,所以计算机按整数类型进行除运算,结果也为整数 2,即使将结果存放在浮点数中,得出的结果也为 2.0,而不是 2.5,因为小数位丢失了。

如果希望得到的结果是 2.5,可采用下面的定义:

float x=5.0/2;

或者:float x=5/2.0;

float x=5.0/2.0;

最后一种做法很容易理解,两个数都是浮点型,所以计算结果也为浮点型。而前两种方法的操作数为两种不同类型的数据时,计算机按哪种类型为标准呢?

在 C 语言中,当遇到两种不同类型的数据进行计算时,会将某个数做适当的类型转换。这种转换是系统自动完成的,所以称为"自动类型转换"。

自动类型转换的规则如下:

①单精度浮点型数据(float)在运算时自动转换成双精度浮点型数据(double)。

②字符型数据(char)和短整型数据(short)在运算时自动转换成整型数据(int)。

③整型数据(int)和无符号型数据(unsigned)混合运算时,将整型数据转换成无符号型数据。

④整型数据(int)、无符号型数据(unsigned)和长整型数据(long)混合运算时,都转换成

长整型数据。

⑤整型数据(int)、无符号型数据(unsigned)、长整型数据(long)和浮点型数据混合运算时,都转换成浮点型数据。

依此类推,转换规则如图 7-13 所示。

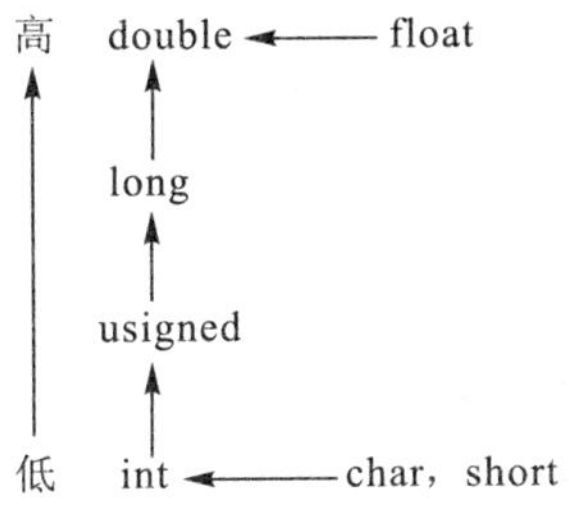

图 7-13　自动类型转换规则

总之,在自动类型转换时,总是遵照精度不降低的原则,从低级向高级进行转换。

7.3.2　赋值转换

如果赋值运算符两侧的类型不一致(但都是数值型或字符型)时,在赋值过程中会进行类型转换。转换的基本原则是:

①当整型数据赋给浮点型变量时,数值上不发生任何变化,但有效位增加。如:

```
float a;
a = 5;        // 内存中变量 a 的值为 5.000000
```

②当单、双精度浮点型数据赋值给整型变量时,浮点数的小数部分将被舍弃。如:

```
int x;
x = 5.35;   /* 内存中变量 x 的值为 5 */
```

③将字符型数据赋给整型变量时,由于字符型数据在运算时根据其 ASCII 码值自动转化为整型数据,所以将字符型数据的 ASCII 码值存储到变量中。如:

```
int ch;
ch = 'a';   /* 内存中变量 x 的值为 65 */
```

④将有符号的整型数据赋给长整型数据,要进行符号扩展。将无符号的整型数据赋给长整型变量时,只需将高位补 0 即可。

7.3.3　强制类型转换

自动类型转换会使运算更加合理,但有时不能完全符合要求。例如:

```
int a = 5,b = 2;
float c = a/b;
```

由于除号两边的操作数 a、b 都明确设定了数据类型。这时既不会发生自动类型转换,也不可能通过在数据尾端补".0"的方式来改变其中某个数的数据类型。在这种情况下,需要使用强制类型转换。

强制类型转换的一般形式如下:

(强制的类型名)(表达式)

利用强制类型转换运算符可以将一个表达式强制转换成所需要的类型。如:

```
int a = 5,b = 2;
float c = (float)(a)/b;
```

该运算符为一元运算符，优先级为 2 级。

7.4 表达式

变量和(或)常量与符号的组合称为“表达式”，例如，a+b 或 s=7。表达式中使用的符号称为“运算符”，这些运算符作用的变量或常量称为“操作数”，例如，在表达式 a+b 中，a 和 b 都是操作数，符号“+”为运算符。同样在表达式 s=7 中，s 和 7 均为操作数，符号“=”为运算符。

在一些复杂的表达式中，操作数本身可能又是一个表达式，例如，(a+b) * (a-b)，其中 (a+b)和(a-b)本身就是表达式，并且用运算符“ * ”相乘。

表达式经过计算会产生一个值。一般情况下，表达式的值会是一个计算的结果。例如，“s=a+b;”中 a+b 的计算结果为一个值，存储在 s 中。如果表达式是一个条件，将会产生一个表示真假的逻辑值。

表达式可以分为多种类别，具体取决于所用的运算符的类型。C 语言功能强大，灵活性高，不但提供了丰富的数据类型，还提供了大量的运算符。运算符提供运算的功能，其作用的对象是值，运算符通过操作变量和值得到结果。

C 语言中提供了用于进行算术运算的运算符，用于给变量赋值的运算符，还提供了用于值比较的运算符、条件判断的运算符等。具体可分为：算术运算符、赋值运算符、关系运算符、逻辑运算符、条件运算符等。由这些运算符和操作数组合成的表达式类别主要包括：算术表达式、赋值表达式、条件表达式和逻辑表达式等。

7.4.1 算术表达式

C 语言中的算术运算符除了包括常规的用于计算的加、减、乘、除，还增加了几个新成员。表 7-9 中列出了各种算术运算符，其中 oper1 和 oper2 为操作数。

表 7-9 算术运算符

算术运算	算术运算符	功能描述	表达式
加	+	执行加法运算	oper1+oper2
减	-	执行减法运算	oper1-oper2
乘	*	执行乘法运算	oper1 * oper2
除	/	执行除法运算获得商	oper1/ oper2
取余	%	执行除法运算获得余数	oper1% oper2
自增	++	用于将操作数自加 1	oper1++或++oper1
自减	--	用于将操作数自减 1	oper1--或--oper1

根据操作数是一个还是两个，算术运算符可进一步细分为一元算术运算符和二元算术运算符。

1. 一元算术运算符

一元运算符是指只和一个操作数相结合的运算符，有时又称为“单目运算符”。在算术运算符中，＋＋和－－都为一元运算符，分别称为“自增运算符”和“自减运算符”。＋＋运算符用于将操作数自加1，即 i＋＋等同于 i＝i＋1。－－运算符用于将操作数自减1，即 i－－等同于 i＝i－1。

另外，这两个运算符在表达式中的位置也会对表达式的值有影响。根据表达式中该运算符是位于操作数之前还是之后，可以将表达式分为前缀自增(自减)或后缀自增(自减)表达式。例如，i＋＋是一个后缀的自增表达式，它表示：先使用 i 的当前值，然后将该值自增1。因此，当 i＋＋用于一个赋值语句或 printf()语句时，将首先使用 i 的当前值赋值或输出，然后再对 i 的值进行自增1。

再例如：

有定义：int i＝5，x，y；

表7-10中说明了＋＋、－－运算符分别用于前缀表达式和后缀表达式的区别。

表 7-10　前缀、后缀自增和自减运算符

表达式	类　型	计算方法	结　果
x＝＋＋i；	前缀自增	i＝i＋1； x＝i；	i＝6 x＝6
x＝i＋＋；	后缀自增	x＝i； i＝i＋1；	i＝6 x＝5
y＝－－i；	前缀自减	i＝i－1； y＝i；	i＝4 y＝4
y＝i－－；	后缀自减	y＝i； i＝i－1；	i＝4 y＝5

注意：

＋＋和－－运算符的操作数只能是变量，不能为常量或表达式等。

如：＋＋5，(x＋y)＋＋，－－(x＋y)都是错误的表达式。

2. 二元算术运算符

二元算术运算符是指和两个操作数相结合的运算符，有时又称为“双目运算符”。C语言中常用的二元运算符包括：＋、－、*、/、%。其中，只有%运算符比较特殊，在C语言中，%运算符用于求余数运算，即两个整数相除取得整数的商后剩下的余数，该运算符要求两个操作数必须是整数。

例如，“int i＝7%2；”结果是 i＝1。即7除以2，商为3，余数为1。

【例 7-11】 算术运算符的使用。

程序代码：

```
/* ex7_11.c */
#include <stdio.h>
void main()
```

```
{
    int a,b;
    a = 5;
    b = 2;
    printf("和为：%d\n",a + b);
    printf("差为：%d\n",a - b);
    printf("积为：%d\n",a * b);
    printf("商为：%d\n",a/b);
    printf("余数为：%d\n",a % b);
}
```

程序运行结果如图 7-14 所示。

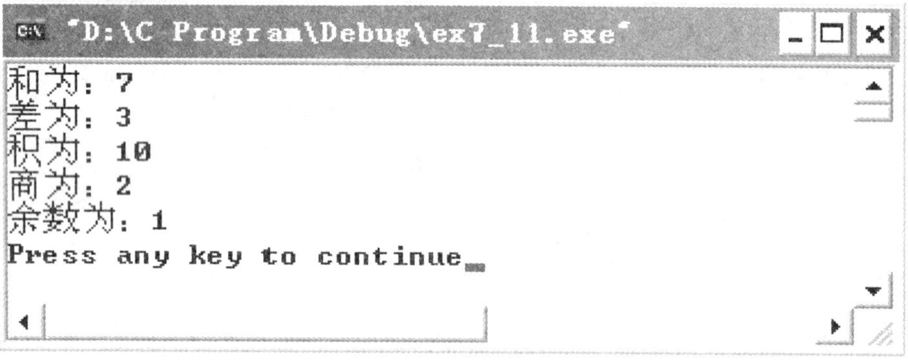

图 7-14　例 7-11 运行结果

从以上运行结果中，不难看出，当算术运算符两边的操作数均为整数时，其结果仍为整数。例如，两个整数 5/2 相除时，结果仍为整数 2，舍去小数部分。即使将结果存储在实型变量中，小数部分也全为 0。

【例 7-12】 分析以下程序的运行结果。

程序代码：

```
/* ex7_12.c */
#include <stdio.h>
void main()
{
    int x1 = 1,x2 = 1,y1,y2;
    y1 = ++x1;                          //使用 x1 之前先自身加 1,等价 x1 = x1 + 1;y1 = x1;
    y2 = x2++;                          //使用 x2 之后再自身加 1,等价 y2 = x2;x2 = x2 + 1;
    printf("x1 = %d,y1 = %d\n",x1,y1);  //输出 x1 = 2,y1 = 2
    printf("x2 = %d,y2 = %d\n",x2,y2);  //输出 x2 = 2,y2 = 1
    printf("x1 = %d\n",x1--);           //先输出 2,后减 1,x1 = 1
    printf("x1 = %d\n",--x1);           //x1 先减 1,后输出 x1 = 0
}
```

程序运行结果如图 7-15 所示。

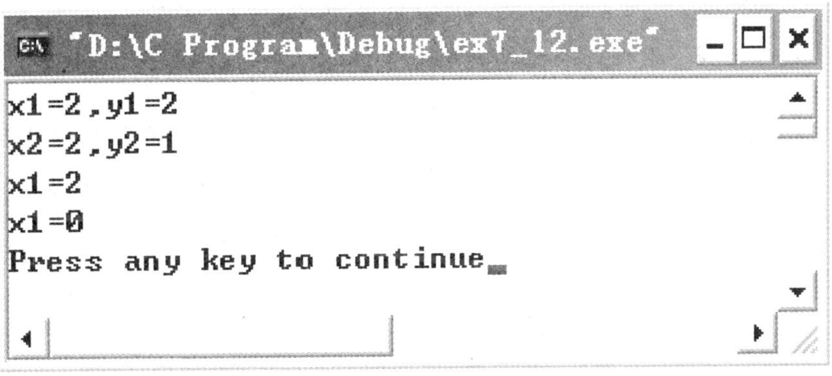

图 7-15　例 7-12 运行结果

3. 算术运算符的优先级和结合性

在算术四则运算中,遵循"先乘除后加减"的运算规则。同样,在 C 语言中,计算表达式的值也需要按运算符的优先级从高到低顺序计算。例如,表达式 a+b*c 相当于 a+(b*c),这是因为操作数 b 的两侧有运算符+和*,而*的优先级高于+。

如果操作数两侧运算符的优先级相同,则按结合性(结合方向)决定计算顺序。若结合方向为"从左到右",则操作数先与左面的运算符结合;若结合方向为"从右到左",则操作数先与右面的运算符结合。

C 语言中,算术运算符的优先级和结合性见表 7-11,同一实线上的运算符优先级相同,不同行的运算符的优先级按从高到低的次序排列,可以用圆括号改变运算符的执行次序。

表 7-11　部分运算符的优先级和结合性

<table>
<tr><th>运算符种类</th><th>运算符</th><th>结合方向</th><th>优先级</th></tr>
<tr><td rowspan="3">逻辑运算符</td><td>!</td><td rowspan="2">从右向左(右结合)</td><td rowspan="11">高
↑
低</td></tr>
<tr><td>++ -- + - *(单目)</td></tr>
<tr><td>* / %(双目)</td><td rowspan="6">从左向右(左结合)</td></tr>
<tr><td rowspan="2">算术运算符</td><td>+ -(双目)</td></tr>
<tr><td>< <= > >=</td></tr>
<tr><td rowspan="2">关系运算符</td><td>== !=</td></tr>
<tr><td>&&</td></tr>
<tr><td>逻辑运算符</td><td>||</td></tr>
<tr><td>条件表达式</td><td>?:</td><td rowspan="2">从右向左(右结合)</td></tr>
<tr><td>赋值运算符</td><td>= += -= *= /= %=</td></tr>
<tr><td>逗号运算符</td><td>,</td><td>从左向右(左结合)</td></tr>
</table>

例如,表达式 -5+3%2 等价于(-5)+(3%2),结果为-4;表达式 3*5%3 等价于(3*

5)%3，结果为0，这是因为5的两侧运算符*和%的优先级相同，按从左到右的结合方向，5先与*结合。而表达式-i++等价于-(i++)，这是因为i两侧运算符-和++的优先级相同，按从右到左的结合方向，i先与++结合。

4. 算术表达式

用算术运算符将运算对象连接起来的符合C语言语法规则的式子称为"算术表达式"，运算对象包括常量、变量和函数等表达式。算术表达式的值和类型由参加运算的运算符和运算对象决定。

7.4.2 赋值表达式

1. 赋值运算符

C语言中赋值运算符为"="，它的常用形式如下：

变量=表达式

其中表达式可以是常量、变量或任意的C语言合法标识符。

其作用是先计算赋值运算符右边表达式的值并将计算结果转换成变量的类型，然后再赋给其左边的变量。当赋值运算进行后，变量原来的值将被覆盖。例如，

```
a = 5;          //表示把一个常量5赋给变量a
a = a + 1;      //表示变量a的值由5变成6
x = a + 5;      //表示计算表达式a+5的值并赋给变量x
y = x;          //表示将变量x的值赋给变量y
```

☞**注意：**

赋值运算符左边只能是变量，而不能是常量或表达式，如："5=a;"或"a+5=x;"都是错误的。

赋值运算符具有右结合性，表达式a=b=c=5与表达式a=(b=(c=5))是等价的。

【例7-13】 赋值运算符的使用。

程序代码：

```
/*ex7_13.c*/
#include <stdio.h>
void main()
{
    int a,b;
    a = 5;
    printf("变量a的值为：%d\n",a);
    b = a + 1;
    printf("变量b的为：%d\n",b);
}
```

程序运行结果如图 7-16 所示。

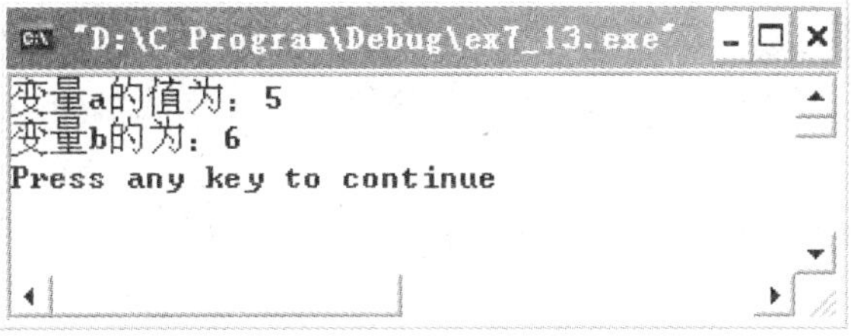

图 7-16　例 7-13 程序运行结果

2. 复合赋值运算符

在赋值运算符"="之前加上其他二元运算符就构成了复合赋值运算符。通常有两大类二元运算符可以和赋值运算符一起组成复合赋值运算符，分别是基本算术运算符和位运算符。这样在 C 语言中，可以使用的复合赋值运算符有：

+=，-=，*=，/=，%=，<<=，>>=，&=，^=，|=

本节只介绍算术类的复合赋值运算符。

例如，有定义：int x=5；

表 7-12 中说明了+=、-=、*=、/=、%=运算符的意义。

表 7-12　复合赋值运算符

运算符	表达式	计　算	表达式结果
+=	x+=5	x=x+5	10
-=	x-=5	x=x-5	0
*=	x*=5	x=x*5	25
/=	x/=5	x=x/5	1
%=	x%=5	x=x%5	0

复合赋值运算是由包含被赋值变量的表达式再给该变量赋值简化而来的，对初学者来说一开始可能会觉得不习惯，但采用这种复合运算符，一是简化了程序，使程序精炼；二是十分有利于编译处理，能提高编译效率并产生质量较高的目标代码。

【例 7-14】 复合赋值运算符的使用。

程序代码：

```
/*ex7_14.c*/
#include<stdio.h>
void main()
{
    int a;
    a=5;
    a+=a-=a+a;
    printf("a=%d\n",a);
}
```

程序运行结果如图 7-17 所示。

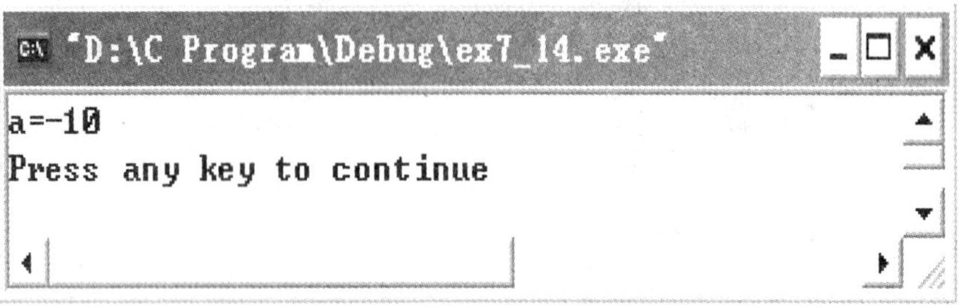

图 7-17　例 7-14 程序运行结果

程序分析：:

先计算 a+a 为 10，再按赋值运算符的右结合性，计算 a－＝10，即 a＝a－10，此时“＝”号右边的 a 值仍为 5，计算结果 a 将被赋值为－5，在计算 a+＝－5，即 a＝a－5，a 最后的结果为－10，也即整个表达式的值为－10。

☞**注意：**执行语句：“int x＝5；x＊＝4＋3；”后，x 的值为 35，而不是 23。因为语句“x＊＝4＋3；”等价于“x＝x＊(4＋3)；”，而不等价于“x＝x＊4＋3；”。

7.4.3　技能训练

【例 7-15】　算术运算符优先级和结合方向的应用。

程序代码：

```
/*ex7_15.c*/
#include <stdio.h>
void main()
{
    float a=2.5;
    int z=5,x;
    x=(int)a++ +4+ --z*4;              //相当于 x=(int)(a++)+4+(--z)*4
    printf("a=%f,z=%d,x=%d\n",a,z,x);
}
```

程序的执行效果如图 7-18 所示。

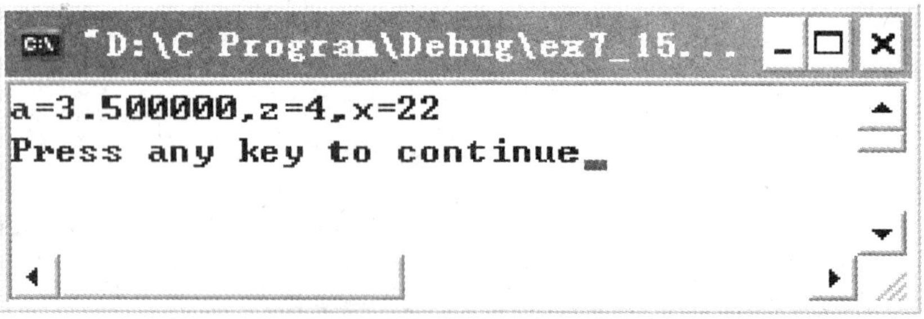

图 7-18　例 7-15 运行结果

补充说明:

①表达式(int)a+++4+--z*4在执行过程中,对于(int)a++,按从右向左的次序先执行a++,再执行(int)a++,对于--z*4,按运算符优先级别的高低,先执行--z,后执行乘法*,加法运算符"+"的优先级别最低,最后执行。按从左向右的顺序依次将各个操作对象加起来,得到最终结果。

②表达式(int)a+++4+--z*4只是为了说明在程序运行中算术运算符的优先级及结合方向对运算次序的决定性作用。一般情况下都写成x=(int)(a++)+4+(--z)*4,既一目了然,又简单易懂,同时也确定了一定的运算次序。

【例7-16】 理解赋值运算符和赋值表达式。

程序代码:

```
/*ex7_16.c*/
#include <stdio.h>
void main()
{
    int a=1,b=1,x,y;
    x=5+(y=6);
    printf("a=b+2的值为=%d\n",a=b+2);
    printf("a=%d,b=%d\n",a,b);
    printf("x=5+(y=6)的值=%d\n",x=5+(y=6));
    printf("x=%d,y=%d\n",x,y);
}
```

程序的执行效果如图7-19所示。

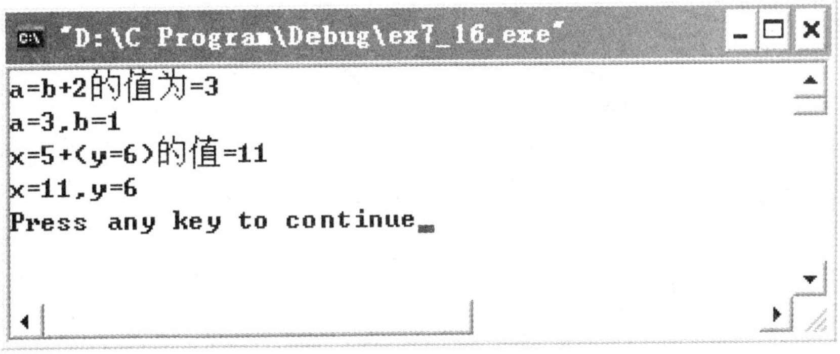

图7-19 例7-16运行结果

7.4.4 关系表达式

关系运算符就是用于测试两个操作数之间关系的符号,其中操作数可以是变量、常量或表达式。利用关系运算符可以写出关系表达式,根据这种表达式的结果可以控制计算的进程。C语言中提供了6种关系运算符,表7-13中说明了关系运算符的意义。

表 7-13 关系运算符

关系运算符	说　明	表达式
<	小于	oper1<oper2
<=	小于或等于	oper1<=oper2
>	大于	oper1>oper2
>=	大于或等于	oper1>=oper2
==	相等	oper1==oper2
!=	不等于	oper1!=oper2

关系运算符都是双目运算符。关系表达式的计算也应得到一个值，判断两个操作数之间的关系就意味着要么关系成立(真)，要么关系不成立(假)。

例如，下面两个关系表达式：

123<456　关系成立(真)

3.14==2.15　关系不成立(假)

C语言规定关系运算得到的结果为 int 类型的值，当关系成立时，关系表达式求出的值为 1(真)；当关系不成立时，求出的值为 0(假)。这样表达式 123<456 的值为整型的 1，表达式 3.14==2.15 的值为整型的 0。

当关系表达式中包含变量时，可以根据变量的值确定表达式的结果，如：

```
int a = 2,b = 3;
```

表达式"a>b"的结果为 0(假)。

又如：

```
int num1 = 1,num2 = 2,num3 = 3;
```

表达式"(num1+num2)<(num1+num3)"的结果为 1(真)。

需要说明的是，C语言里没有专门的逻辑值(真或假)类型，任何基本类型的值都可以当作逻辑值来用。其中，值等于 0 时表示逻辑值"假"；值不等于 0 时表示逻辑值"真"。也就是说，任何非 0 值都被当作"真"(关系成立)，0 值被当作"假"(关系不成立)。

【例 7-17】 关系表达式的应用。

程序代码：

```
/* ex7_17.c */
#include <stdio.h>
void main()
{
    char ch = 'w';
    int a = 2,b = 3,c = 1,d,x = 10;
    printf("%d\n",a>b == c);
    printf("%d\n",d = a>b);
    printf("%d\n",ch>'a' + 1);
    printf("%d\n",d = a + b>c);
    printf("%d\n",b - 1 == a!= c);
```

```
    printf("%d\n",3<=x<=5);
}
```

程序的执行效果如图 7-20 所示。

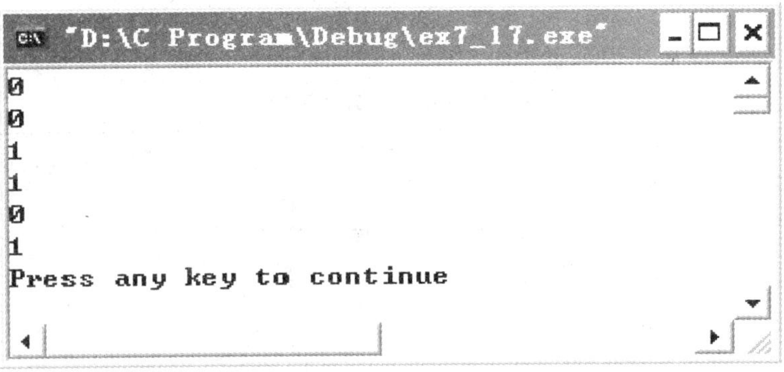

图 7-20　例 7-17 运行结果

程序输出了 6 个表达式的值，其中有两个是赋值表达式，请读者根据运算符的优先级做出判断。

关系表达式 b－1＝＝a!＝c 等价于关系表达式((b－1)＝＝a)!＝1，当 a＝2，b＝3 时，(b－1)＝＝a 的值是 1，再计算 1!＝1，得到 0。

关系表达式 3<＝x<＝5 等价于关系表达式(3<＝x)<＝5，当 x＝10 时，3<＝x 的值是 1，再计算 1<＝5，得到 1。其实无论 x 取什么值，关系表达式 3<＝x 的值不是 1 就是 0，都小于 5，即 3<＝x<＝5 的值恒为 1。

7.4.5　逻辑表达式

当进行判断时，可能需要考虑一个或多个条件的情况。例如，某大学规定必须修满 50 个学分，并且体育要达标才能毕业，两个条件有一个不满足就不能毕业。又如，在超市购物，付款时可以选择使用信用卡或现金付款，如果两样都有，则可选择其中一种付款，若两样都没有则无法付款。再如，出门时我们会看天气，如果不下雨就不用带伞等。

在这些情况中，判断条件要求：多个条件同时成立，多个条件之一成立，或某个条件不成立，它们分别表示"并且"、"或者"、"非"三种逻辑运算。这三种运算在 C 语言中分别称为"与"、"或"、"非"。C 语言提供了三种对应的逻辑运算符 &&、||、!，分别表示以上三种逻辑运算。

逻辑运算符的运算规则如表 7-14 所示。

表 7-14　逻辑运算符

运算符	表达式	说　明
&&	oper1&&oper2	"与"运算，当两个表达式都为真时，结果为真
||	oper1||oper2	"或"运算，当两个表达式都为假时，结果为假
!	!oper1	"非"运算，对表达式的求反运算

下面具体介绍这三种逻辑运算符。

1. && 运算符

&& 运算符用于组合两个条件表达式，只有当两个表达式中每个表达式的值都为真时，整个表达式的值才为真。只要两个条件表达式中有一个为假，结果的值就为假。

表 7-15 说明了此运算符的真值表(其中 0 表示假，1 表示真)。

表 7-15　&& 运算符真值表

表达式 1	表达式 2	表达式 1&& 表达式 2
0	0	0
0	1	0
1	0	0
1	1	1

例如，score>=80&&score<90，此表达式将判断变量 score 的值是否介于 80 和 90 之间。只有两侧表达式都满足条件时，整个表达式的值才为真。例如，score 的值为 85，则两侧的条件都满足，即 && 运算符两侧的表达式都为真，此时整个表达式的值为真。如果有一侧为假，整个表达式的结果也为假，例如，score 的值为 75，表达式 score>=80 的值为 0(假)，则整个表达式的值也为 0(假)。

下面将逻辑表达式放在 if 和 if-else 语句中进行应用。仍以前面的 score 为例，可以编写如下的 if 语句：if((score>80)&&(score<90))，在此表达式中，只有在两个条件的值都为真时，即 score 的值介于 80～90 之间时，才会执行 if 后面的语句。&& 两侧的关系表达式尽量用圆括号括起来。虽然实际上并不一定非要这样做，但使用圆括号括起来可以提高可读性。

【例 7-18】 要求用户输入一个字符，用程序判断该字符是否为大写字母，如果是，请输出："您输入的字符是大写字母"，否则输出："您输入的字符不是大写字母"。

程序代码：

```
/*ex7_18.c*/
#include <stdio.h>
void main()
{
    char ch;
    printf("\n 请输入一个字符:");
    scanf("%c",&ch);
    if((ch>'A')&&(ch<'Z'))
        printf("\n 您输入的字符是大写字母 \n");
    else
        printf("\n 您输入的字符不是大写字母 \n");
}
```

程序运行结果如图 7-21 所示。

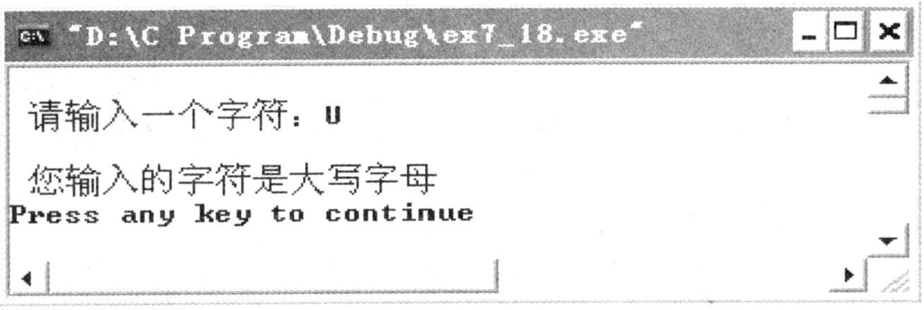

图 7-21　例 7-18 运行结果

2. || 运算符

|| 运算符用于组合两个条件表达式，只有当两个表达式中每个表达式的值都为假时，整个表达式的值才为假。只要两个条件表达式中有一个为真，结果就为真。

表 7-16 列出了此运算符的真值表(其中 0 表示假，1 表示真)。

表 7-16　|| 运算符真值表

表达式 1	表达式 2	表达式 1 || 表达式 2
0	0	0
0	1	1
1	0	1
1	1	1

【例 7-19】 从键盘输入购买的 3 个商品的价格，如果 3 个商品中至少有一个商品的价格大于 30 或者 3 个商品的总额大于 50，则折扣率为 10%，否则没有折扣，计算并显示用户应付的钱数。

程序代码：

```
/* ex7_19.c  */
#include <stdio.h>
void main()
{
    float price1,price2,price3,count;
    printf("\n 请输入第一个商品的价格:");
    scanf("%f",&price1);
    printf("\n 请输入第二个商品的价格:");
    scanf("%f",&price2);
    printf("\n 请输入第三个商品的价格:");
    scanf("%f",&price3);
    count = price1 + price2 + price3;
    if((price1>30)||(price2>30)||(price3>30)||(count>50))
    {
```

```
            count = count - 0.10 * count;
            printf("\n有 10% 折扣,折后总价为:%.2f\n",count);
        }
        else
            printf("\n没有折扣,总价为:%.f\n",count);
    }
```

程序运行结果如图 7-22 所示。

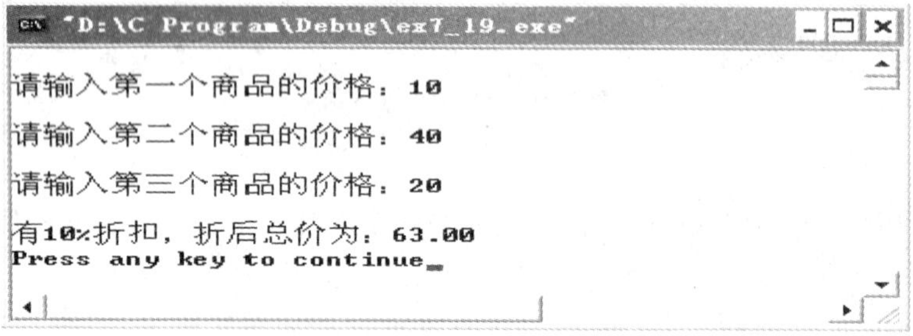

图 7-22　例 7-19 运行结果

补充说明:

运算符 && 和||在运算规则中都存在短路现象:

①&& 短路规则。当其左边表达式值为假时,右边的表达式不参与运算,例如,

```
int a = 1,b = 2,c = 3;
c = (a>b)&&(b = 5);
```

执行这 2 条语句后,变量 c 的值为 0,变量 b 的值仍为 2。因为表达式(a>b)的值为 0(假),运算符 && 右边的表达式(b=5)不参与运算,故变量 b 的值没有改变。

②||短路规则。当其左边表达式值为真时,右边的表达式不参与运算,例如,

```
int a = 1,b = 2,c = 3;
c = (a<b)||(b = 5);
```

执行这 2 条语句后,变量 c 的值为 1,变量 b 的值仍为 2。因为表达式(a>b)的值为 1(真),运算符||右边的表达式(b=5)不参与运算,故变量 b 的值没有改变。

3.! 运算符

! 运算符用于执行给定表达式的求反运算,也就是说,它将给定表达式的值变为相反的值。换句话说,它使值为真的表达式变为假、使值为假的表达式变为真。表 7-17 说明了此运算符的真值表(其中 0 表示假,1 表示真)。

表 7-17　! 运算符真值表

表达式	!表达式
0	1
1	0

【例 7-20】 查看用户输入的数据是否能为 5 的倍数,并输出相应的消息。

程序代码:

```
/* ex7_20.c */
```

```
#include <stdio.h>
void main()
{
    int a;
    printf("\n请输入1个数:");
    scanf("%d",&a);
    if(!(a%5))
        printf("\n%4d是5的倍数\n",a);
    else
        printf("\n%4d不是5的倍数\n",a);
}
```

程序运行结果如图 7-23 所示。

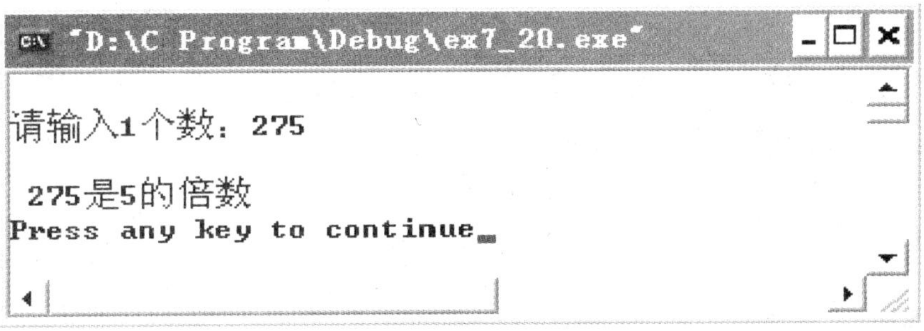

图 7-23 例 7-20 运行结果

7.4.6 技能训练

【例 7-21】 编写一个程序，从键盘输入两个数，判断它们的大小关系并输出。

问题分析：

判断两数 x,y 的大小关系，只需要多次使用关系运算符考察即可。当 x>y 时，输出“x>y”；当 x==y 时，输出“x==y”；当 x<y 时，输出“x<y”。

程序执行结果如图 7-24 所示。

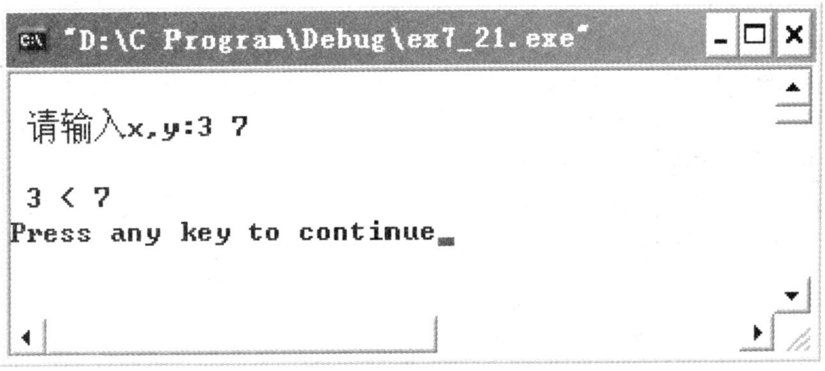

图 7-24 例 7-21 运行结果

参考步骤:

①在指定位置创建一个工程为“ex7_21”,并在该工程下创建一个C程序文件“ex7_21.c”。

②定义变量x、y用于接收键盘输入的两个数。

③利用3个条件结构分别判断x>y、x==y和x<y三种不同情况的输出结果。

程序代码:

```
/*ex7_21.c*/
#include <stdio.h>
void main()
{
    int x,y;
    printf("\n请输入x,y:");
    scanf("%d%d",&x,&y);
    if(x>y)
        printf("\n %d > %d \n",x,y);
    if(x==y)
        printf("\n %d = %d \n",x,y);
    if(x<y)
        printf("\n %d < %d \n",x,y);
}
```

补充说明:

C语言中,相等关系的表示用“==”双等号,而不是赋值运算符“=”,应特别注意。

【例7-22】 逻辑表达式的应用。

程序代码:

```
/*ex7_22.c*/
#include <stdio.h>
void main()
{
    char ch='w';
    int a=2,b=0,c=0;
    float x=3.0;
    printf("%d\n",a&&b);
    printf("%d\n",a||b&&c);
    printf("%d\n",!a&&b);
    printf("%d\n",a||3+10&&2);
    printf("%d\n",!(x==2));
    printf("%d\n",!x==2);
    printf("%d\n",ch||b);
}
```

程序执行效果如图 7-25 所示。

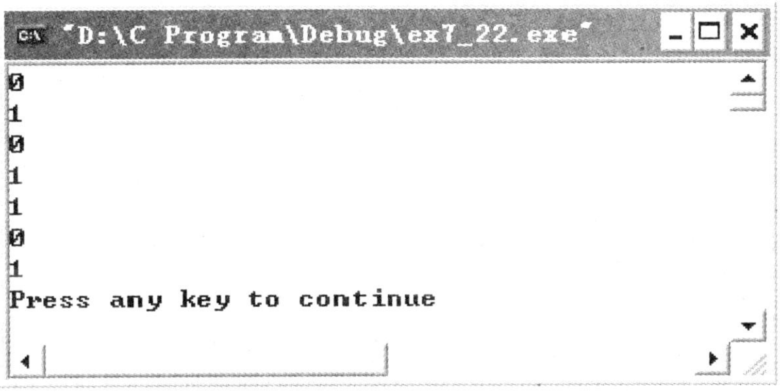

图 7-25　例 7-22 运行结果

补充说明：

程序中字符型变量 ch 的值为'w'(其 ASCII 码值不为 0)，整型变量 a 的值为 2，浮点型变量 x 的值是 3.0，都是非 0 的数，在逻辑运算时，相当于“真”，整型变量 b 和 c 的值都是 0，在逻辑运算时，相当于“假”，而逻辑运算的结果只能是 1 或 0。

!(x==2)是逻辑表达式，当 x=3.0 时，(x==2)的值是 0，再计算!0，得到 1。而!x==2 是关系表达式，等价于(!x)==2，当 x=3.0 时，!x 的值是 0，在计算 0==2，得到 0。其实，无论 x 取什么值，逻辑表达式!x 的值不是 1 就是 0，不可能等于 2，即!x==2 的值恒为 0。

与其他表达式的运算过程不同，求解用逻辑运算符 && 或者||连接的逻辑表达式时，按从左到右的顺序计算该运算符两侧的操作数，一旦能得到表达式的结果，就停止计算。

7.4.7　条件表达式

前面探讨了条件结构的各种不同方法。C 语言还提供了一种称为“条件运算符”的特殊运算符，它可以用于条件表达式，以提供与 if-else 等同的结构。条件运算符由“?”和“:”组合而成。

条件运算符是三目运算符，要求有 3 个操作对象，并且 3 个操作对象都是表达式。其般形式为：

表达式 1? 表达式 2:表达式 3

条件运算的求值方法为：计算表达式 1 的值，若表达式 1 的值为真，则以表达式 2 的值作为整个条件表达式的值，否则以表达式 3 的值作为整个条件表达式的值。

条件表达式通常用于赋值语句中，例如，若要找出 a、b 两数中的最大值，并赋值给 max，可以用条件表达式描述为：

```
max = a>b? a:b;
```

首先检查表达式 a>b，判断其值是真还是假。如果此表达式的值为真，也就是说 a>b，则将 a 的值赋给 max，否则，将 b 的值赋值给 max。

条件运算符等同于如下的 if-else 结构：

```
if(表达式 1)
```

```
{
    表达式 2;
}
else
{
    表达式 3;
}
```

如果在条件语句中，只执行单个的赋值语句时，则可使用条件表达式来实现。这样不但使程序结构简洁，而且提高了运行效率。

【例 7-23】 个人所得税收取规定：工资大于 2000 元的部分将征收 5%的个人所得税，小于 2000 元的部分不征收。要求用户输入基本工资，计算税后工资。

程序代码：

```
/ * ex7_23.c * /
#include <stdio.h>
void main()
{
    float sal,rate;
    printf("\n 请输入基本工资:");
    scanf("%f",&sal);
    rate = (sal<= 2000)? 0:0.05;                / * 计算税率 * /
    sal = sal - (sal - 2000) * rate;
    printf("\n 税后工资为: %f\n",sal);
}
```

程序运行时输入 2200，结果如图 7-26 所示。

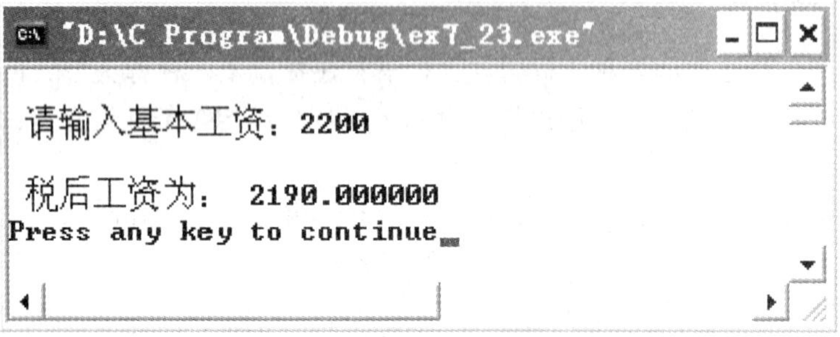

图 7-26 例 7-23 运行结果

7.4.8 其他表达式

1. 逗号表达式

C 语言中，逗号既可作分隔符，又可作运算符。逗号作为分隔符使用时，用于间隔说明语句中的变量或函数中的参数，例如：

```
int a,b,c;
printf("%d %d",x,y);
```

逗号作为运算符使用时，将若干个独立的表达式连接在一起，组成逗号表达式。逗号表达式的一般形式是：

表达式 1，表达式 2，…，表达式 n

例如，

```
3 + 2,4 + 6
x + 3,y + z,s - 1
```

等都是在做逗号运算。

①求解过程：按照从左到右的顺序逐个求解表达式 1，表达式 2……表达式 n，最后一个表达式（表达式 n）的值就是整个逗号表达式的值。例如，表达式“3＋2，4＋6”的值是 10。

②优先级：逗号运算符在所有运算符中的优先级别最低，且具有从左到右的结合性。例如，“a＝3 * 4，a * 5，a＋10”，求解过程为：先计算 3 * 4，将值 12 赋给 a，然后计算 a * 5 的值为 60，最后计算 a＋10 的值为 22，所以整个逗号表达式的值为 22，而 a 的值为 12。

【例 7-24】 分析程序运行结果。

程序代码：

```
/ * ex7_24.c * /
#include <stdio.h>
void main()
{
    int x,y;
    x = 30;
    y = (x = x - 10,x/2);                    //等价于 x = x - 10;y = x/2;
    printf("x = %d,y = %d\n",x,y);
    printf("x = %d,y = %d\n",(x,y),y);
}
```

程序执行效果如图 7-27 所示。

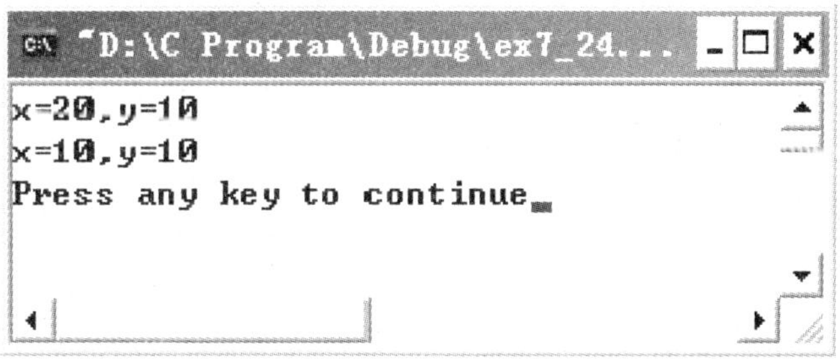

图 7-27　例 7-24 运行结果

2. 位运算

位运算符是 C 语言中一类特殊的运算符，它是以单独的二进制位为操作对象的运算，和其他运算符不同的是，它只能对二进制数进行操作。在实际使用时，位运算的操作数只能是整型或字符型数据，不能为实型数据。

位运算在参与运算时，首先将操作数转换成二进制数形式，然后再执行相应的按位运算。

C 语言提供的位运算符有：

&　　　　　按位与

|　　　　　按位或

^　　　　　按位异或

~　　　　　按位取反

<<　　　　按位左移

>>　　　　按位右移

其中除按位取反"~"为一元运算符外，其余均为二元运算符。

位运算符的真值表如表 7-18 所示(其中 0 表示假，1 表示真)。

表 7-18　位运算符真值表

x	y	x&y	x|y	x^y	~x
0	0	0	0	0	1
0	1	0	1	1	1
1	0	0	1	1	0
1	1	1	1	0	0

(1)& (按位与)运算符

一般形式：操作数 & 操作数

运算规则：将 2 个操作数先转换成二进制数(补码)，仅当参加运算的 2 个二进制数的对应位都为 1，则该位的结果为 1，否则为 0。

如：3&5

　3 的补码：　0 0 0 0 0 0 1 1

　5 的补码：　0 0 0 0 0 1 0 1

　3&5：　　　0 0 0 0 0 0 0 1

所以表达式 3&5 的值为 1。

(2)| (按位或)运算符

一般形式：操作数|操作数

运算规则：当参加运算的两个操作数的对应位上，只要有一个为 1，则该位的结果为 1。只有当对应位上都为 0 时，结果才为 0。

如：3|5

　3 的补码：　0 0 0 0 0 0 1 1

　5 的补码：　0 0 0 0 0 1 0 1

　3|5：　　　0 0 0 0 0 1 1 1

所以表达式 3|5 的值为 7。

(3)^ (按位异或)运算符

一般形式：操作数^ 操作数

运算规则：参加运算的两个操作数的对应位相同，则该位的结果为 0。否则为 1。

如：3^5

3 的补码：　00000011

5 的补码：　00000101

3^5：　00000110

所以表达式 3^5 的值为 6。

(4)～（按位取反）运算符

一般形式：～操作数

运算规则：对一个二进制数按位取反，即将 0 变为 1，1 变为 0。

如：～3

3 的补码：　00000011

～3：　11111100

(5)≪（按位左移）

一般形式：操作数≪移动位数

运算规则：将一个操作数先转换成二进制数，然后将二进制数各位左移若干位，并在低位补若干个 0，高位左移后溢出，舍弃不起作用。

如：7≪2

7　00000111

7≪2　00011100

表达式 7≪2 的值为 28。

☞**注意：**可将左移 n 位理解为：操作数乘以 2^n 的幂运算，表达式 7≪2 可以理解为 $7*2^2$ 运算，结果为 28。

(6)≫（按位右移）

一般形式：操作数≫ 移动位数

运算规则：将一个操作数先转换成二进制数，然后将二进制数各位右移若干位，移出的低位舍弃，并在高位补位，补位分 2 种情况：

① 若为无符号数，右移时左边高位移入 0。

② 若为有符号数，如果原来符号位为 0(正数)，则左边补若干 0；如果原来符号位为 1，则左边补若干 1。左边补若干 0 的称为“逻辑右移”，左边补若干 1 的称为“算术右移”。

如：7≫2

7　00000111

7≫2　00000001

表达式：7≫2 的值为 1。

☞**注意：**按位右移运算主要用途是对操作数做除法运算，即将一个操作数除以 2^n 的幂运算处理为右移 n 位的按位右移运算。右移一位相当于除以 2，右移 n 位相当于除以 2^n。如：表达式 7≫ 2 可以理解为 $7/(2^2)$ 运算，结果为 1。

3. sizeof 运算符

编程时常会遇到需要了解所用数据类型大小的情况。在 C 语言中，用 sizeof 运算符可以解决这个问题。

sizeof 运算符的一般形式如下：

sizeof(数据类型)

其中数据类型是需要了解其大小的数据类型或结构的名称。此运算将返回一个数值，该返回值表示变量或结构占用内存空间的大小。sizeof 运算符的结果以字节为单位显示。

【例 7-25】 查看给定数据类型的大小。

程序代码：

```
/*ex7_25.c*/
#include <stdio.h>
void main()
{
    long i;
    float x;
    printf("\n char 类型占用内存空间的大小是 %d 个字节\n",sizeof(char));
    printf("long 类型占用内存空间的大小是 %d 个字节\n",sizeof(long));
    printf("float 类型占用内存空间的大小是 %d 个字节\n",sizeof(float));
    printf("变量 i 占用内存空间的大小是 %d 个字节\n",sizeof(i));
    printf("变量 x 占用内存空间的大小是 %d 个字节\n",sizeof(x));
}
```

程序运行结果如图 7-28 所示。

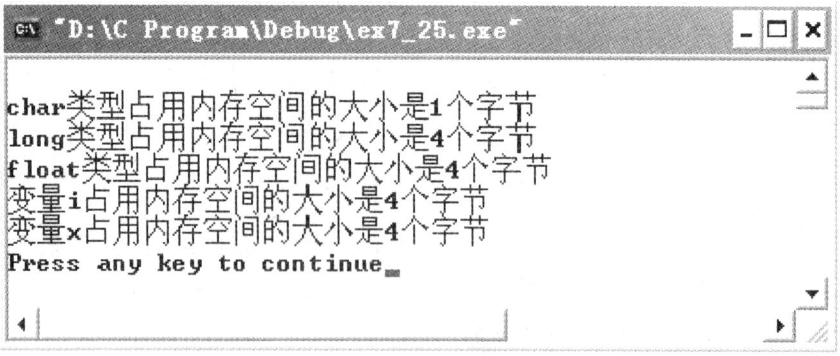

图 7-28 例 7-25 运行结果

7.4.9 技能训练

【例 7-26】 输入一行字符，将其中的大写字母转换为相应的小写字母后输出，小写字母转换成为相应的大写字母后输出，其他字符按原样输出。

问题分析：

输入一行字符，就是输入以回车符'\n'结束的一批字符，即以'\n'作为循环结束的标志，大小写字母的判断和转换用 else-if 语句实现。

程序执行效果如图 7-29 所示。

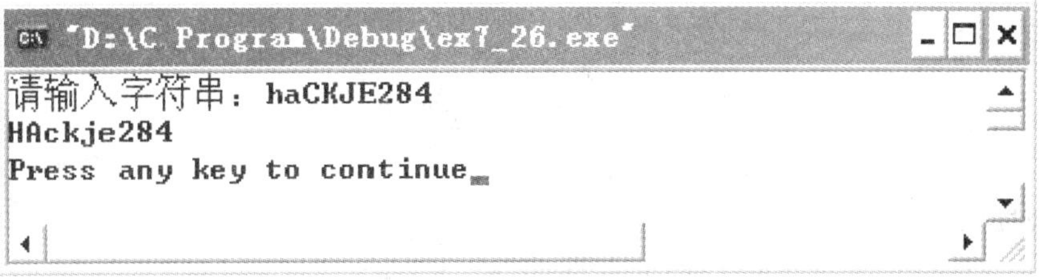

图 7-29　例 7-26 运行结果

程序代码：

```
/*ex7_26.c*/
#include <stdio.h>
void main()
{
    char ch;
    printf("请输入字符串:");
    ch=getchar();
    while(ch!='\n')
    {
        if(ch>='A'&&ch<='Z')
            ch=ch-'A'+'a';
        else if(ch>='a'&&ch<='z')
            ch=ch-'a'+'A';
        putchar(ch);
        ch=getchar();
    }
    printf("\n");
}
```

本章小结

➢表达式是操作数和运算符的集合。

➢关系运算符用于测试两个操作数之间的关系，关系表达式计算出的值始终为逻辑真或逻辑假。

➢逻辑运算符用于组合多个条件(&& 和||)或者为某一条件取反(!)。

➢ sizeof 运算符用于在程序中测试某一数据类型占用多少字节。

➢指定运算符优先级的一组规则称为运算符优先级。

➢在复杂表达式中，通过运算符的优先级和结合性可以确定各种运算符的执行顺序。

习题 7

一、单项选择题

1. 已知“int x,y;”,下列表达式中,非法的是(　　)。

A. x=y-3　　B. x=x*y　　C. x=y--　　D. x*y=3

2. 设有“int x=4;”,则表达式 (++x*2/3) 的值是(　　)

A. 2　　B. 3　　C. 2.6　　D. 1

3. 在 C 语言中,逻辑“真”用(　　)表示。

A. 0　　B. 1　　C. 非 0　　D. 4

4. 已知“float x=1,y;”,则 y=++x 的结果为(　　)。

A. y=1　　B. y=2　　C. y=3　　D. y=4

5. 在 C 语言中,要判断整型变量 a 是否等于 1,则表达式为(　　)。

A. a<>1　　B. a=1　　C. a==1　　D. a!=1

6. 若想检查两个表达式中的任意一个是否成立,可使用(　　)运算符。

A. ||　　B. &&　　C. +　　D. !

7. 以下关于 C 语言的不严格的叙述中,错误的说法是(　　)。

A. 任何不同数据类型都不可以通用

B. 赋值表达式中运算符(=)左边的变量和右边的值可以是不同类型

C. 有些不同类型的变量可以在一个表达式中运算

D. 同一个运算符号在不同的场合可以有不同的含义

8. 下列运算符中优先级最高的是(　　)。

A. &&　　B. ||　　C. !　　D. *

9. 已知“int i;float f;”,正确的表达式是(　　)。

A. int f%i　　B. int(f)%i　　C. (int)f%i　　D. int(f%i)

10. 设有变量定义“int x;float y;double z;char ch;”,则表达式 x+z/y-ch 的数据类型为(　　)。

A. int　　B. float　　C. double　　D. char

11. 若 x 为 int 类型,则下面与表达式!x 等价的 C 语言关系表达式是(　　)。

A. x==1　　B. x!=1　　C. x!=0　　D. x==0

12. if 语句的控制条件可以为(　　)表达式。

A. 只能用逻辑　　B. 只能用关系或逻辑

C. 只能用关系　　D. 可以是任何合法的

13. 设“int x=1, y=2;”,则表达式(!x&&y--)的值是(　　)。

A. 0　　B. 1　　C. 2　　D. -1

14. 能正确表示逻辑关系“x≥5 或 x≤0”的 C 语言表达式是(　　)。

A. x>=5 or x<=0　　B. x>=5|x<=0

C. x>=5 &&x<=0　　D. x>=5||x<=0

15. 已知“int x=2,y=3,z=4;”,下列表达式为假的是(　　)。
A. x&&y　　B. x||y-z　　C. x&&y&&z　　D. !x&&y||z

二、程序阅读题

1. 下面的程序输出为__________。

```
#include <stdio.h>
void main()
{
    int x = 013;
    printf("%d\n",x++);
}
```

2. 运行以下程序后,如果从键盘上输入 china#<回车>,则输入结果为__________。

```
#include <stdio.h>
void main()
{
    int c1 = 0,c2 = 0;
    char ch;
    while((ch = getchar())!= '#')
    switch(ch)
    {
        case'a':
         case'h':c1++;
        default:c2++;
    }
    printf("ca = %d,c2 = %d\n",c1,c2);
}
```

三、程序设计题

1. 编写一个程序,从用户输入的 3 个数中求出最大值并输出,程序运行结果如下图所示。

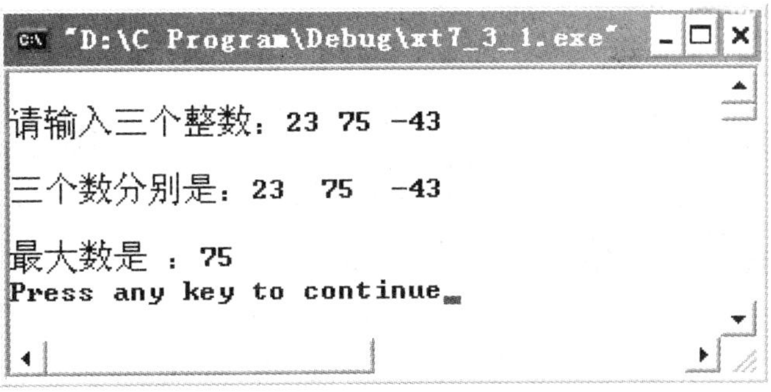

2. 编写一个程序，判断用户输入的字符是否为数字字符，程序运行结果如下图所示。

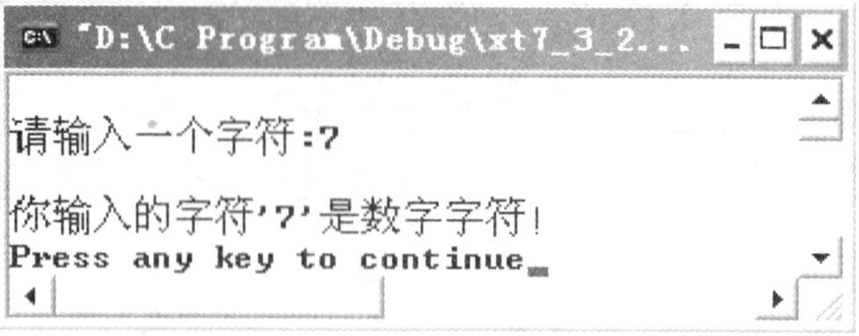

3. 编写一个程序，输入 3 个整数 x、y、z，请把这 3 个数由小到大输出。程序输出结果如下图所示。

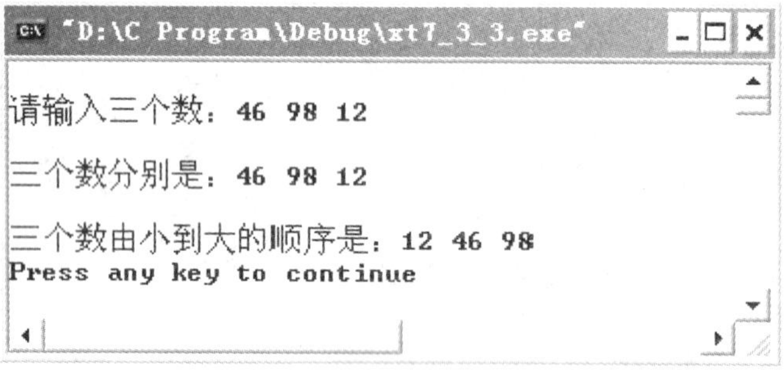

4. 编写一个程序，判定给定的年份是否为闰年。程序输出结果如下图所示。

提示：闰年的判定规则为：能被 4 整除但不能被 100 整除的年份，或能被 400 整除的年份。

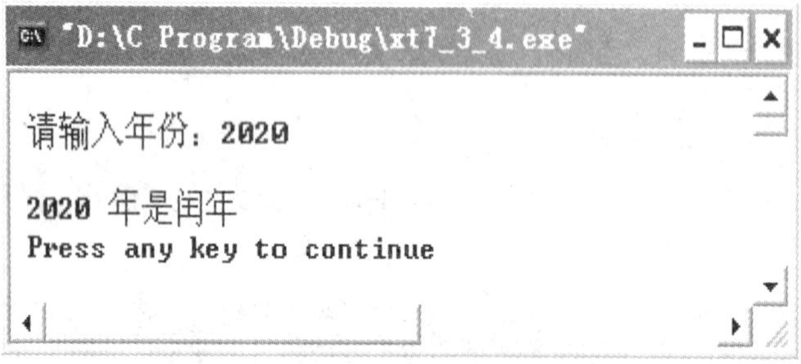

5. 编写一个程序，判定输入的一个五位数是不是回文数。例如，12321 是回文数，个位与万位相同，十位与千位相同。程序输出结果如下图所示。

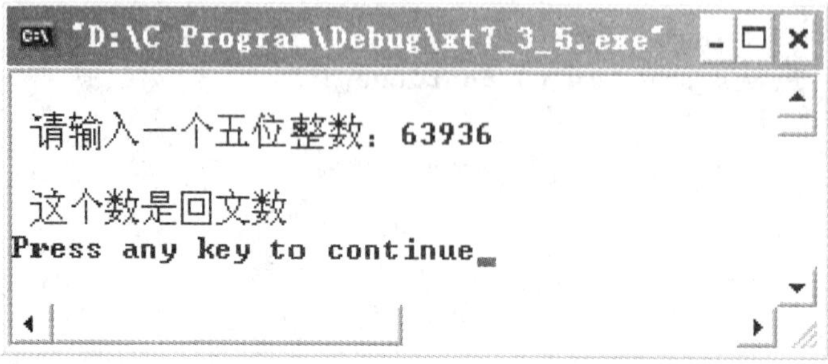

第 8 章
数　组

本章工作任务

- 完成使用数组解决相关问题的任务
- 掌握使用数组实现常用的算法
- 掌握字符串函数的使用方法

本章知识目标

- 了解什么是数组、使用数组的原因
- 掌握数组的定义、数组元素的引用
- 掌握二维数组的元素在内存中的存放
- 掌握字符串常量、字符串与字符数组的关系
- 掌握字符串的存储和操作

本章技能目标

- 掌握使用数组元素的引用方法
- 掌握字符数组的定义以及初始化方法
- 掌握使用字符串输入/输出函数
- 掌握使用字符串处理函数

本章重点难点

- 使用数组解决实际问题
- 利用数组实现常用算法
- 掌握字符串的特殊性:初始化,输入输出以及结束字符
- 掌握常用字符串处理函数

前面几章，我们学习了C语言的一些基本数据类型，如整型、实型和字符型等。但是仅仅这些基本类型，很难满足较复杂情况下的编程需要，故C语言还提供了一些更为复杂的数据类型，称为构造类型，它是由基本数据类型按一定的规则组合而成。

数组是最基本的构造类型。数组是把具有相同数据类型的若干变量组织起来形成的集合。数组中的元素在内存中连续存放，每个元素都属于同一种数据类型，用数组名和下标可以唯一的确定数组元素。

8.1 投票情况统计

8.1.1 程序解析

【例 8-1】 统计电视节目受欢迎程度。某电视台要统计观众对该台8个节目(假设节目编号为1～8)的受欢迎情况，共调查了20位观众，现要求编写程序，输入每一位观众的投票情况，统计输出各个节目的得票情况。注意：每一位观众只能选择一个最喜欢的节目投票。

问题分析：

这是一个分类统计的问题，要累计并保存各节目的得票数，按照以前的学习，需要设置8个int型变量，这显然不是最好的方法。本题采用一维数组编写程序。

参考步骤：

①定义一个整型数组接收各个节目得票数，开始时即初始化每一个数组元素值为零，即计数器清零。

②for循环结合if-else语句，处理每一位观众的投票，判断是否有效并把相应的数组元素值加1，即计数器累加。

③投票结束后，使用for循环输出所有节目的投票结果，即按顺序输出每一个数组元素值。

程序代码：

```
/* ex8_1.c */
/* 投票情况统计 */
#include <stdio.h>
void main()
{
    int count[9];                          //统计各个节目得票数
    int i,response;
    for(i=1;i<=8;i++)                      //各节目计数器清零
        count[i]=0;
    for(i=1;i<=20;i++)
    {
        printf("please input you response:");   //屏幕输入提示
        scanf("%d",&response);
        if(response<1||response>8)         //检查投票是否有效
            printf("this is a bad response:%d\n",response);
```

```
        else
            count[response] + + ;                    //有效票,对应节目得票数加 1
    }
    printf("the result is:\n");
    for(i = 1;i< = 8;i + + )                          //输出每个节目得票情况
        printf(" % 4d % 4d\n",i ,count[i]);
}
```

运行程序,结果如图 8-1 所示。

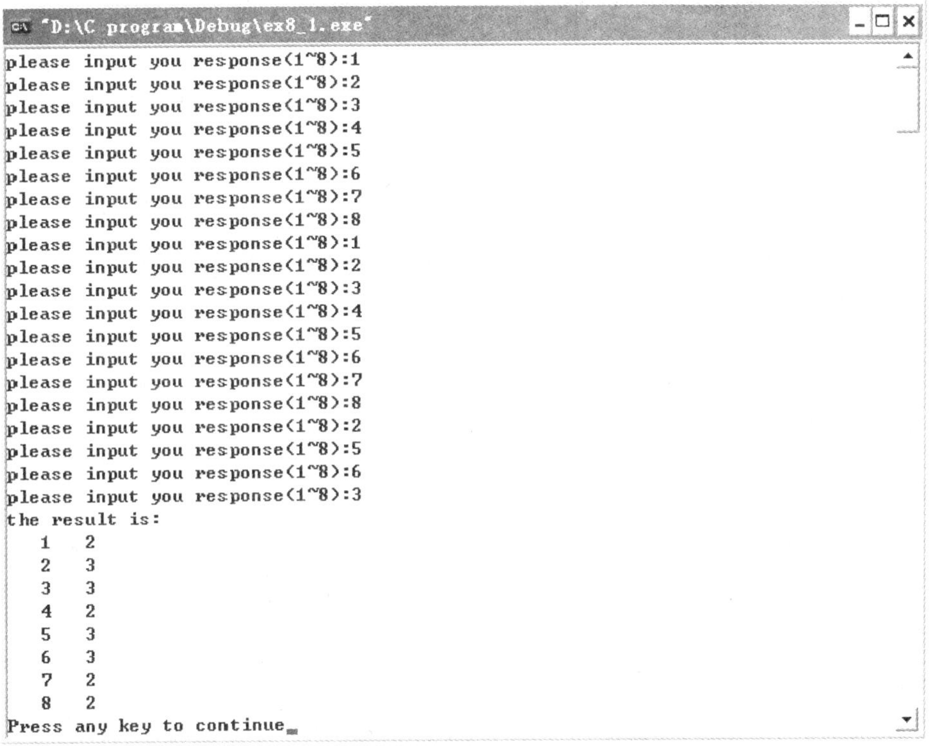

图 8-1 例 8-1 运行结果

程序分析:

程序功能简单明了,输入一批整数(即选票信息),统计各节目得票数后输出结果。这就要求保存每个节目的当前得票数并对它们进行处理,程序中用一个整型数组 count,而不是若干个整型变量来存放它们。

在程序中定义一个整型数组 count[9]后,在内存中分配了 9 个连续单元,分别是元素 count[0]~count[8],共 9 个元素,这些元素的数据类型都是整型,由数组名 count 和下标唯一地确定每一个数组元素。在上例中,节目的编号被设计成与数组下标一致,即编号为 i 的节目,其得票数存放于 count[i]数组元素中,这样,当一个观众投票为 i 时,只需要做 count[i]++即可,故本例中 count[0]数组元素没有使用。投票结束后,数组 count 的各个元素相应的内存单元的存储如图 8-2 所示。

count	count[0]	count[1]	count[2]	count[3]	count[4]	count[5]	count[6]	count[7]	count[8]
		2	3	3	2	3	3	2	2

图 8-2 数组元素的存储结构

在程序中使用数组，可以让一批相同数据类型的变量使用同一个数组变量名，用下标来相互区分。它的优点是表达简洁，可读性好，元素之间既相互独立，又一脉相承，便于使用循环结构。

8.1.2 一维数组的定义和引用

1. 定义

定义一个数组，需要明确数组变量名、数组元素的类型和数组的大小（即数组中元素的数量）。

一维数组定义的一般形式为：

类型名　数组名[数组长度]；

类型名指定数组中每个元素的类型；数组名是数组变量（以下简称数组）的名称，是一个合法的标识符；数组长度是一个整型常量表达式，设定数组的大小。

例如，

```
int a[10];           //定义一个有 10 个整型元素的数组 a
char c[200];         //定义一个有 200 个字符型元素的数组 c
float f[5];          //定义一个有 5 个单精度浮点型元素的数组 f
```

☞**注意：**数组长度是一个常量。

数组是一些具有相同类型的数据的集合，数组中的数据按照一定的顺序排列存放。同一数组中的每个元素都具有相同的数据类型，有统一的标识符即数组名，用不同的序号即下标来区分数组中的各元素。

在定义数组之后，系统根据数组中元素的类型及个数在内存中分配了一段连续的存储单元用于存放数组中的各个元素，并对这些单元进行连续编号，即下标，以区分不同的单元。每个单元所需的字节数由数组定义时给定的类型来确定。

假设 int 类型占用 2 个字节，前面定义的数组 a 的起始地址是 4010，则其内存分配形式如图 8-3 所示，每一个元素需 2 个字节，共 20 个字节。由图可看出，只要知道了数组第一个元素的地址以及每一个元素所需要的字节数，其余各个元素的存储地址均可计算得到。

内地址	值	下标
4028		9
4026		8
4024		7
4022		6
4020		5
4018		4
4016		3
4014		2
4012		1
4010		0

图 8-3 数组元素的内存状态

C 语言规定，数组名表示该数组所分配连续内存空间中第一个单元的地址，即首地址。数组空间一经分配之后在运行过程中便不会改变，即数组名是一个地址常量，不允许修改。

☞**注意：**数组名是一个地址常量，存放数组内存空间的首地址。

2. 引用

定义数组后，就可以使用它了。C语言规定，只能引用单个的数组元素，而不能一次引用整个数组。

数组元素的引用要指定下标，形式为：

数组名[下标]

下标可以是整型表达式。它合理取值范围是[0，数组长度－1]，前面定义的数组a就有10个元素a[0]，a[1]，…，a[9]，注意不能使用a[10]。这些数组元素在内存中按下标递增的顺序连续存储。

☞**注意**：数组下标从0开始，下标不能越界。数组元素的使用方法与同类型的变量完全相同。例如，“int k，a[10]；”定义了整型变量k和整型数组a。在可以使用整型变量的任何地方，都可以使用整型数组a的元素。例如，“k=3；a[0]=23；a[k－2]=a[0]+1；scanf("%d"，&a[9])；”都是合法的C语句。

请读者注意区分数组的定义和数组元素的引用，两者都要用到“数组名[整型表达式]”。定义数组时，方括号内是常量表达式，代表数组长度，它可以包括常量和符号常量，但不能包含变量。也就是说，数组的长度在定义时必须规定，在程序的运行过程中是不能改变的。而引用数组元素时，方括号内是表达式，代表下标，可以是变量，下标的合理取值范围是[0，数组长度－1]。

在编程时，注意不要让下标越界。因为一旦发生下标越界，就会把数据写到其他变量所占的存储单元中，甚至写入程序代码段，有可能造成不可预料的运行结果。

8.1.3 一维数组的初始化

和简单变量的初始化一样，在定义数组时，也可以对数组元素赋初值。其一般形式为：

类型名 数组名[数组长度]={初值表}；

初值表中依次放着数组元素的初值。例如，“int a[10]={1，2，3，4，5，6，7，8，9，10}；”定义数组a，并对数组元素赋初值。此时，a[0]为1，a[1]为2……a[9]为10。

“int b[5]={1，2，3，4，5}；”初始化数组b。数组如果没有初始化，系统自动给所有的数组元素赋0。即“int b[5]；”等价于“int b[5]={0，0，0，0，0}；”。

数组的初始化也可以只针对部分元素，例如：

int b[5]={1，2，3}；

只对数组b的前3个元素赋初值，其余元素的初值为0。即b[0]为1，b[1]为2，b[2]为3，b[3]和b[4]都为0。

又如：

int fib[20]={1，1}；

对数组fib前2个元素赋初值，其余元素的值都为0。

数组初始化时，如果对全部元素都赋了初值，就可以省略数组长度，例如：

int a[]={1，2，3，4，5，6，7，8，9，10}；

此时，系统会根据初值的个数自动给出数组的长度。即上述初始化语句等价于：

int a[10]={1，2，3，4，5，6，7，8，9，10}；

显然，如果只对部分元素初始化，数组长度是不能省略的。为了改善程序的可读性，尽量避免出错，建议读者在定义数组时，不管是否对全部数组元素赋初值，都不要省略数组长度。

8.1.4 技能训练

数组的应用都离不开循环。将数组下标作为循环控制变量，通过循环处理，就可以对数组的所有元素逐个进行访问。用数组实现常用的算法，主要包括求最大值和最小值，以及查找、插入、排序等操作。

【例 8-2】 用数组计算并存放斐波那契(Fibonacci)数列的前 20 个数，有下列关系式成立：

f[0]=f[1]=1

f[n]=f[n-1]+f[n-2]　(2≤ n ≤ 9)

问题分析：

Fibonacci 数列是满足下列规律的一系列数值序列：1 1 2 3 5 8 13 21 34……

可以使用循环语句求解，但是不能保存每一个数值，新产生的数值会覆盖前一个数值，只能边产生边打印。如何完整地保存 Fibonacci 数列中的每一个数值，这里采用数组 f 存储 Fibonacci 数列。首先初始化 f[0]=f[1]=1，接着套用公式 f[n]=f[n-1]+f[n-2]，结合循环语言，计算产生数列中剩下的数值。

程序代码：

```
/* ex8_2.c */
//输出斐波那契 (Fibonacci) 数列
#include <stdio.h>
void main ()
{
    int i,fib[20] = {1,1};              //数组初始化,生成斐波那契数列的前两个数
    for (i = 2;i<20;i++)                //循环,计算斐波那契数列剩余的 18 个数
        fib[i] = fib[i-1] + fib[i-2];
    for(i = 0;i<20;i++)                 //循环,输出斐波那契数列
    {
        printf("%6d",fib[i]);
        if((i+1) % 5 == 0)              //每输出 5 个数就换行
            printf("\n");
    }
}
```

程序运行结果如图 8-4 所示。

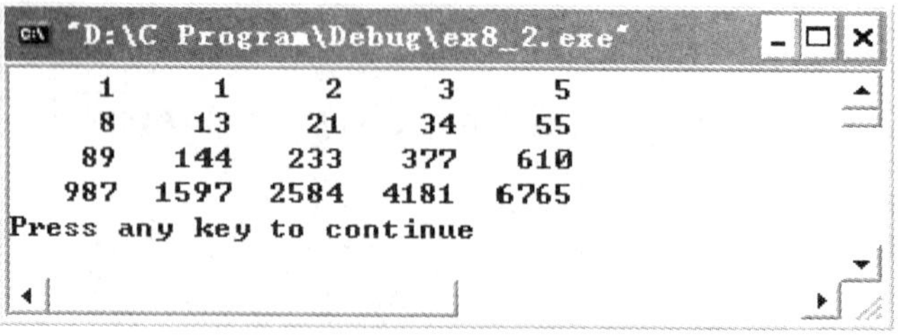

图 8-4　例 8-2 运行结果

【例 8-3】 求数组的最大值和最小值。从键盘上输入 5 个数，输出最大及最小元素的值。

问题分析：

求最值问题，就是比较大小问题。首先定义数组 a 接收用户输入的若干个数值，程序中用 max 存放最大值，min 存放最小值。max 与 min 的初值均为 a[0]，通过循环将 max 的值依次和其他元素进行比较，只要比 max 值大的元素就赋值给 max，保持 max 永远是当前最大的值；同样的道理，min 的值也保持是所有参与比较元素中最小的值。所有元素完成之后，max 与 min 的值将是该数组中最大值与最小值。

程序代码：

```
/* ex8_3.c */
#include <stdio.h>
void main()
{
    int i, max, min, a[5];
    printf("请输入 5 个数:");
    for(i = 0; i<5; i++)                    //for 循环用于接收 5 个整数
        scanf("%d", &a[i]);
    max = min = a[0];                       //假定第一个元素既是最大的，也是最小的
    for(i = 1; i<5; i++)                    //逐个比较剩下的所有数组元素
    {
        if( max<a[i] )
            max = a[i];                     //把当前最大值送 max
        if ( min>a[i] )
            min = a[i];                     // 把当前最小值送 min
    }
    printf("最大值为:%d, 最小值为:%d\n", max,min);
}
```

程序运行结果如图 8-5 所示。

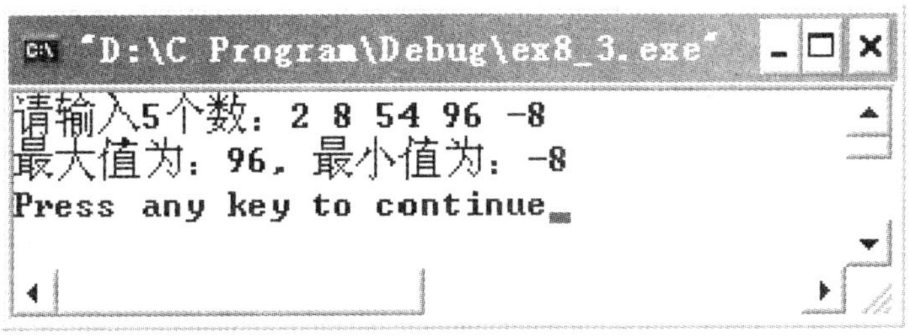

图 8-5 例 8-3 运行结果

【例 8-4】 在数组中查找一个给定的数：从键盘上输入 10 个数，保存在一个数组中，在该数组中查找某个数，如果找到了要求输出该数并输出第一个匹配的数组元素下标，如果找不到则输出"找不到该数！"。

问题分析：

查找问题有多种算法，本例采用的是顺序查找。进行查找时，一般从数据的第一个元素开始，按照数组的存放顺序查找指定的数值。如果被查数据和该关键值相匹配，则表示找到；否则，表示被查数据中不存在该关键值，查找失败。此处设计一个标记变量 flag，初始值为 0，一旦查找到匹配的数组元素，同时设置 flag＝1，最后根据 flag 标记变量的状态判断查找结果成功与否。

程序代码：

```
/* ex8_4.c */
//在数组中查找一个给定的数
#include <stdio.h>
void main()
{
    int i,flag,x;
    int a[10];
    printf("Enter 10 integers:");          //提示输入 10 个数
    for(i = 0;i<10;i++)
        scanf("%d",&a[i]);
    printf("Enter x:");                    //提示输入需要查找的数 x
    scanf("%d",&x);
    /* 在数组 a 中查找 x */
    flag = 0;                              //flag 为标记符，先假设 x 不在数组 a 中，置 flag 为 0
    for(i = 0;i<10;i++)
        if(a[i] == x)                      //如果在数组 a 中找到了 x
        {
            printf("Index is %d\n",i);     //输出相应的下标
            flag = 1;                      //置 flag 为 1，说明在数组 a 中找到了 x
            break;                         //跳出循环
        }
    if(flag == 0)                          //如果 flag 为 0，说明 x 不在 a 中
        printf("Not Found\n");
}
```

若查找成功，程序运行结果如图 8-6 所示；若查找失败如图 8-7 所示。

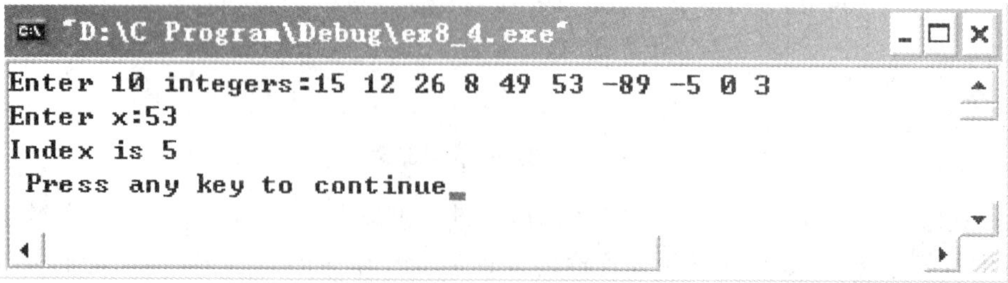

图 8-6 例 8-4 查找成功运行结果

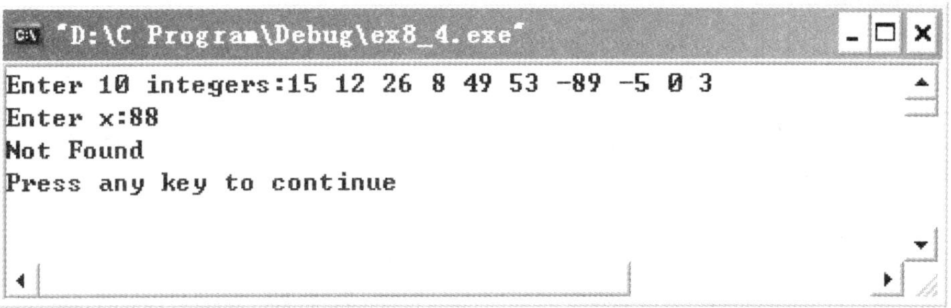

图 8-7 例 8-4 查找失败运行结果

程序分析：

此例中，原数组元素是无序的数值序列，采用的是顺序查找法。查找的思想与求最大值思想基本类似，使用循环让数组元素逐个与被查找数据进行比较。若查找匹配对象，更改 flag 状态值，同时通过 break 语句跳出循环。最后如果 flag 的值为 0，则证明整个数组元素中没有与被查找数据相匹配的值，即查找不成功。

【例 8-5】 冒泡排序：从键盘上输入 10 个数，按从小到大顺序输出所有元素。

问题分析：

排序又称为分类，是程序设计的常用算法，包括冒泡排序、选择排序等。下面分别采用两种排序方法实现数组排序，并且把数组名作为函数参数，使用函数调用完成算法实现。

程序代码：

```
/* ex8_5.c */
#include <stdio.h>
void bubble_sort(int a[],int n);                //函数声明，a 是数组名，n 表示数组大小
void main()
{
    int number[10],i;
    printf("Please input 10 numbers:\n");
    for(i=0;i<10;i++)
        scanf("%d",&number[i]);
    bubble_sort(number,10);                     //函数调用，第一个参数是数组名
    printf("\n The sorted numbers are:\n");
    for(i=0;i<10;i++)
    {
        printf("%5d",number[i]);
    }
    printf("\n");
}
/* 冒泡排序，函数定义部分，n 为数组 a 的元素个数 */
void bubble_sort(int a[],int n)
{
    int i,j,temp;
```

```
    for(i=0;i<n-1;i++)
        for(j=0;j<n-1-i;j++)
        {
            if(a[j]>a[j+1])
            {
                temp=a[j];
                a[j]=a[j+1];
                a[j+1]=temp;
            }
        }
}
```

程序运行结果如图 8-8 所示。

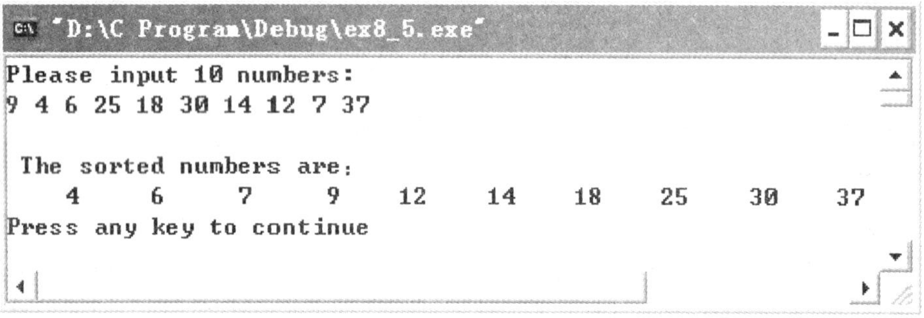

图 8-8 例 8-5 运行结果

程序分析：

在此例中需要说明的是冒泡排序的基本思想以及数组名作为函数参数的使用方法。

首先在 main()函数中声明了一个整型数组 number，用来保存 10 个整数，然后调用排序函数 bubble_sort ()，将数组名 number 作为函数的实参传递给 bubble_sort ()函数的形参数组 a。在 bubble_sort ()函数中，对数组 a 的元素排序。调用函数后，输出数组 number 的元素值。由输出结果可以看出，数组 number 中的元素也成为有序的了。

实际上，在用数组作实参时，不是把实参数组的每一个元素的值都依次赋给形参数组的各个元素。那么，数据的传送是如何实现的呢？在前面已经介绍过，数组名就是数组的首地址。因此用数组名作实参时所进行的是地址的传送，也就是说把实参数组的首地址赋给形参数组名。形参数组名取得该首地址之后，也就等于有了实在的数组。实际上形参数组和实参数组为同一数组，共同拥有一段内存空间。所以在被调用函数中，改变数组 a 的元素值，数组 number 的元素值也随之改变。

【例 8-6】 选择排序法：输入一个正整数 n(1<n≤10)，再输入 n 个整数，用选择法将它们从小到大排序后输出。

问题分析：

选择排序方法(升序)的基本思想为：先从全部待排序整数中选出一个最小的数，排在第一位，赋值给 a[0]，方法是从 a[1]开始剩下的每个元素都和 a[0]比较，如果比 a[0]大，则与 a[0]交换，保证一趟完成时，a[0]值最大。再从剩余 9 个数中选出最大的数，存入 a[1]，依此类推,最终将数组 a 从大到小进行排序。

程序代码:

```
/* ex8_6.c */
//选择排序法
#include <stdio.h>
void select_sort(int a[],int n);            //函数声明,a是数组名,n表示数组大小
void main()
{
    int number[20],i,n;
    printf("Enter n:");                     //提示输入n,表示要排序的数的个数
    scanf("%d",&n);
    printf("Please input %d numbers:\n",n);
    for(i=0;i<n;i++)
        scanf("%d",&number[i]);
    select_sort(number,n);                  //函数调用,number是数组名,n是实参
    printf("\n The sorted numbers are:\n");
    for(i=0;i<n;i++)
    {
        printf("%5d ",number[i]);
    }
    printf("\n");
}
/*选择排序,函数定义部分,n是形参*/
void select_sort(int a[],int n)
{
    int i,j,k,min,temp;
    for(i=0; i<n-1; i++)                    //外循环,控制比较趟数
    {
        min=a[i];
        k=i;
        for(j=i+1; j<n; j++)                //内循环,进行每趟比较
            if(min>a[j])                    //如果a[j]大于a[i],交换两者的位置
            {
                min=a[j];
                k=j;
            }
        temp=a[i];
        a[i]=a[k];
        a[k]=temp;
    }
}
```

程序运行结果如图 8-9 所示。

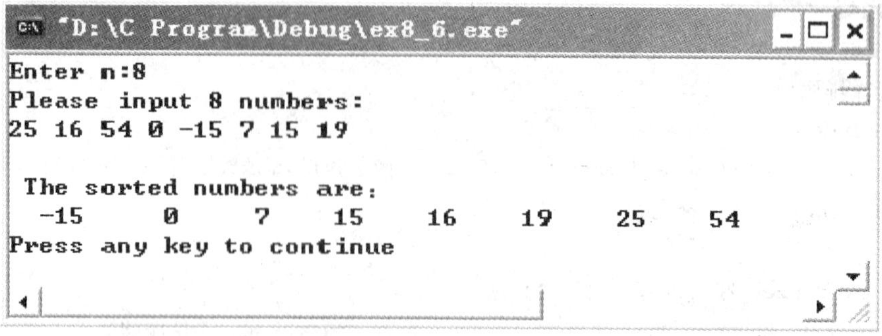

图 8-9　例 8-6 运行结果

8.2　找出矩阵中最大值所在的位置

8.2.1　程序解析

【例 8-7】 将 3×2 的矩阵存入 3×2 的二维数组中，找出最大值以及它的行下标和列下标，并输出该矩阵。

$$\begin{bmatrix} 2 & 5 \\ 13 & 8 \\ 4 & 10 \end{bmatrix}$$

问题分析：

二维数组求最值问题，和前面章节中的一维数组求最大值和最小值，算法思路基本一致，唯一不同的是读者需要了解二维数组的数组元素在内存中的存储规律，熟悉二维数组元素的访问方法即可。如果用变量 row 和 col 分别记录最大值的行下标和列下标，则最大值就是 a[row][col]。

程序代码：

```
/* ex8_7.c */
//找出矩阵中的最大值及其行下标和列下标
#include <stdio.h>
void main()
{
    int col,i,j,row;
    int a[3][2];
    printf("Enter 6 integers:\n");           //提示输入 6 个数
    //将输入的数存入二维数组 a
    for(i=0;i<3;i++)
        for(j=0;j<2;j++)
            scanf("%d",&a[i][j]);
    //按矩阵的形式输出二维数组 a
```

```
    for(i=0;i<3;i++)                        //外循环控制行数
    {
        for(j=0;j<2;j++)                    //内循环控制一行内不同列的值
            printf("%4d",a[i][j]);
        printf("\n");                       //换行符,以保证输出矩阵形式
    }
    //遍历二维数组,找出最大值 a[row][col]
    row=col=0;                              //先假设 a[0][0]是最大值
    for(i=0;i<3;i++)
        for(j=0;j<2;j++)
            if(a[i][j]>a[row][col])         //如果 a[i][j]比假设值大
            {
                row=i;                      //设 a[i][j]是新的最大值
                col=j;
            }
    printf("max=a[%d][%d] = %d\n",row,col,a[row][col]);
}
```

程序运行结果如图 8-10 所示。

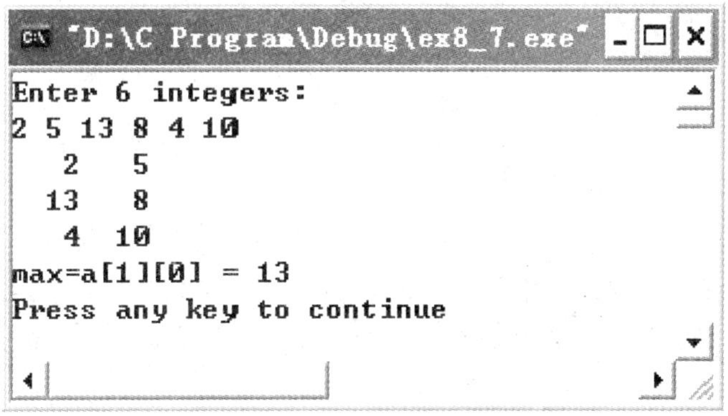

图 8-10 例 8-7 运行结果

程序分析:

程序中将输入的矩阵存入二维数组 a 中,先按矩阵的形式输出数组 a,然后遍历该数组元素,找出最大值的行下标和列下标,并输出最大值及其行、列下标。

8.2.2 二维数组的定义和引用

C 语言支持多维数组,最常见的多维数组是二维数组,主要用于表示二维表和矩阵。

1. 定义

二维数组的定义形式为:

类型名 数组名[行长度][列长度];

例如"int a[3][2];"声明了一个 3 行 2 列的数组,数组名为 a,其下标变量的类型为整型。该数组的下标变量共有 6 个(3×2),即 a[0][0]、a[0][1]、a[1][0]、a[1][1]、a[2][0]、a[2][1]。

二维数组存储是按行优先顺序存储的，即放完一行之后顺次放入第二行。

☞**注意**：*声明语句不可写为："int a[3,2];"。*

2. 引用

引用二维数组的元素要指定两个下标，即行下标和列下标，形式为：

数组名[行下标][列下标]

行下标的合理取值范围是[0，行长度－1]，列下标的合理取值范围是[0，列长度－1]。对前面定义的数组 a，其下标取值范围是[0,2]，列下标取值范围是[0,1]，6 个元素分别是：a[0][0]、a[0][1]、a[1][0]、a[1][1]、a[2][0]和 a[2][1]，可以表示一个 3 行 2 列的矩阵。

☞**注意**：*数组行下标以及列下标不要越界。*

二维数组的元素在内存中按列/行方式存放，即先存放 0 行的元素，再存放 1 行的元素……其中每一行的元素再按照列的顺序存放。

8.2.3　二维数组的初始化

在定义二维数组时，也可以对数组元素赋初值，二维数组的初始化方法有两种。

1. 分行赋初值

一般形式为：

类型名 数组名[行长度][列长度]＝{{初值表 0}，…，{初值表 k}…}；

按行分段赋值：把一行的内容括起来。

例如，"int a[3][3]＝{{1,2,3},{4,5,6},{7,8,9}};"初始化数组 a。此时，a 数组中各元素为：

$$\begin{bmatrix} 1 & 2 & 3 \\ 4 & 5 & 6 \\ 7 & 8 & 9 \end{bmatrix}$$

二维数组的初始化也可以只针对部分元素，例如，"int b[4][3] = {{1,2,3},{},{4,5}};"只对 b 数组 0 行的全部元素和 2 行的前两个元素赋初值，其余元素的初值都是 0。

2. 顺序赋初值

一般形式为：

类型名 数组名[行长度][列长度]＝{初值表}；

根据数组元素在内存中的存放顺序，把初值表中的数据依次赋给元素。例如，

```
int a[3][3]={1,2,3,4,5,6,7,8,9};
```

等价于

```
int a[3][3]={{1,2,3},{4,5,6},{7,8,9}};
```

如果只对部分元素赋初值，要注意初值表中数据的书写顺序。例如，

```
int b[4][3]={1,2,3,0,0,0,4,5};
```

等价于

```
int b[4][3]={{1,2,3},{},{4,5}};
```

由此可见，分行赋初值的方法直观清晰，不易出错，是二维数组初始化最常用的方法。

二维数组初始化时，如果对全部元素都赋了初值，或分行赋初值时，在初值表中列出了全部行，就可以省略行长度，例如，

int a[][3]={1,2,3,4,5,6,7,8,9};

等价于

int a[3][3]={1,2,3,4,5,6,7,8,9};

与一维数组的情况类似,建议读者在定义二维数组时,不要省略行长度。

另外,在程序执行中可以通过循环语句为二维数组元素赋值。

8.2.4 技能训练

将二维数组的行下标和列下标分别作为循环变量,通过二重循环,就可以遍历二维数组,即访问二维数组的所有元素。由于二维数组的元素在内存中按优先方式存放,将行下标作为外循环的循环变量,列下标作为内循环的循环变量,可以提高程序的执行效率。

【例 8-8】 输入一个 m×n 的矩阵,将该矩阵转置(行、列互换)存储到一个 n×m 矩阵中,然后输出转置后矩阵。

问题分析:

矩阵转置(行列互换)就是交换 a[i][j]和 a[j][i]。

程序代码:

```
/* ex8_8.c */
//矩阵转置
#include <stdio.h>
#define M 3
#define N 2
void main()
{
    int i,j;
    int a[M][N],b[N][M];
    //给二维数组 a 赋值
    for(i=0;i<M;i++)                //行下标是外循环的循环变量
        for(j=0;j<N;j++)            //列下标是内循环的循环变量
            scanf("%d",&a[i][j]);   //给数组元素赋值
    //完成转置后矩阵 b
    for(i=0;i<M;i++)
        for(j=0;j<N;j++)
            b[j][i]=a[i][j];
    //按矩阵的形式输出数组 b
    for(i=0;i<N;i++)
    {
        for(j=0;j<M;j++)            //输出第 i 行的所有元素
            printf("%4d",b[i][j]);
        printf("\n");               //换行
    }
}
```

程序运行结果如图 8-10 所示。

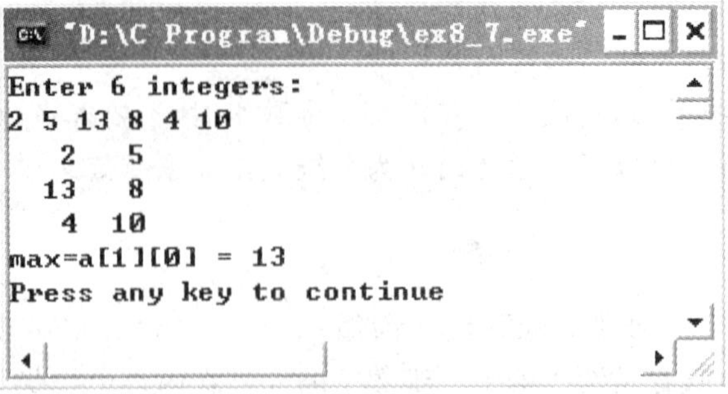

图 8-10　例 8-8 运行结果

【例 8-9】 编程实现将一个 5×5 的矩阵的两条对角线上元素设为 1，其余元素为 0。

问题分析：

方阵对角线元素的基本特征是，正对角线 i 与 j 相等，副对角线 i 和 j 相加总是一个常数，针对本题 i+j 等于 4 或者 i 和 j 相等。

程序代码：

```
/* ex8_9.c */
#include <stdio.h>
void main()
{
    int j,k,a[5][5];
    for(j=0;j<5;j++)
        for(k=0;k<5;k++)
        {
            if ((j==k)||(j+k==4))      //判断下标是否是对角线元素，对应赋值
                a[j][k]=1;
            else
                a[j][k]=0;
        }
    for (j=0;j<5;j++)                  //二重 for 循环，按照矩阵形式输出数组 a
    {
        for(k=0;k<5;k++)
        {
            printf("%d ",a[j][k]);
        }
        printf("\n");
    }
}
```

程序运行结果如图 8-11 所示。

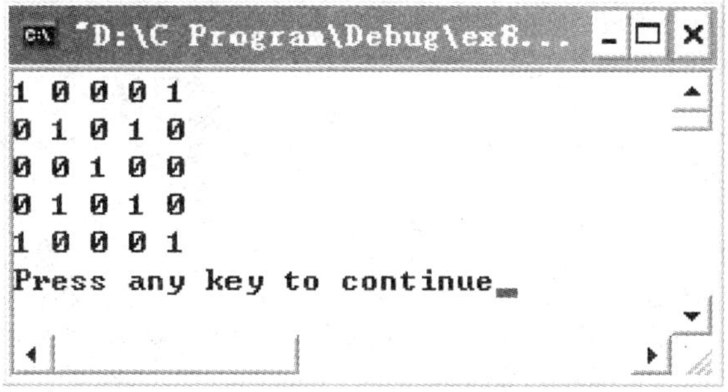

图 8-11 例 8-9 运行结果

【例 8-10】 输出杨辉三角的前 10 行。

问题分析：

杨辉三角(也称帕斯卡三角)是一个数列。其中每一行的首尾元素值是 1,其他元素值是其上方和左上方两个元素值的和,其余元素都满足 a[m][n]=a[m−1][n]+a[m−1][n−1],如图 8-12 所示。编程时可使用二维数组保存数据。

程序代码：

```
/* ex8_10.c */
//杨辉三角前 10 行
#include <stdio.h>
void main()
{
    int i,j,a[10][10];
    //杨辉三角初始化,每一行首尾元素均是 1
    for(i=0;i<10;i++)
    {
        a[i][i]=1;                //行尾元素即正对角线元素为 1
        a[i][0]=1;                //第一列元素为 1
    }
    //计算完成杨辉三角剩余部分数列
    for(i=2;i<10;i++)
        for(j=1;j<i;j++)
            a[i][j]=a[i-1][j]+a[i-1][j-1];
    //输出完整的杨辉三角前 10 行
    for(i=0;i<10;i++)
    {
        for(j=0;j<=i;j++)
            printf("%d ",a[i][j]);
        printf("\n");
    }
}
```

程序运行结果如图 8-12 所示。

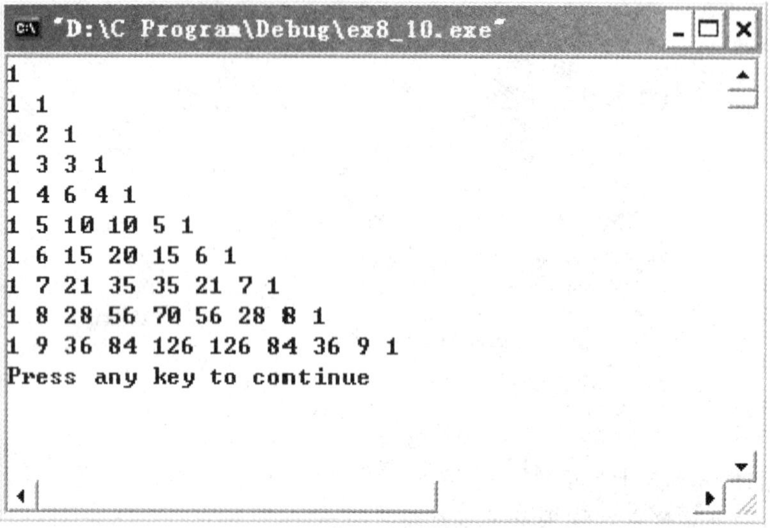

图 8-12　例 8-10 运行结果

程序分析：

如果希望最终的杨辉三角输出形状为正三角形，读者请结合循环章节的图形问题解法思路，自行设计完成。

8.3　判断回文

8.3.1　程序解析

【例 8-11】 输入一个以回车符结束的字符串（少于 10 个字符），判断该字符串是否是回文。

问题分析：

所谓"回文"就是字符串为中心对称，如"abcba"、"abccba"是回文，"abcdba"不是回文。

在 C 语言中，字符串的存储和运算可以用一维字符数组来实现。数组长度取上限 10，以回车符"\n"作为输入结束符。

判断回文字符串的过程，先比较首尾两个字符，设置下标为 n、m，如果不相等，直接退出判断过程；如果相等，首尾字符下标 n、m 各向中间移动一个字符，即 n++，m--，再次进行比较字符是否相等，以此类推。循环结束后，根据数组元素下标的移动情况判断结果。

程序代码：

```
/* ex8_11.c */
//判断字符串是否是回文
#include <stdio.h>
void main()
{
```

```
    int i,n,m;
    char s[10];
    printf("Enter a string:");              //输入提示
    i = 0;
    while((s[i] = getchar())! = '\n')        //字符串以回车符结束
        i++;
    s[i] = '\0';                            //字符串结束标记'\0'
    //判断字符串 s 是否是回文
    for(n = 0,m = i - 1;n<m;n++,m--)        //n,m 分别指向首尾两个字符
        if(s[n]! = s[m])
            break;          //判断首尾两个字符是否相等,若不等则不需要继续
    if(n> = m)              //for 循环是否正常结束,若是,则说明字符串是回文
        printf("%s 是一个回文字符串\n",s);
    else                    //for 循环非正常结束,从 break 语句中止,说明有字符不等
        printf("%s 不是一个回文字符串\n",s);
}
```

程序运行结果如图 8-13 所示。

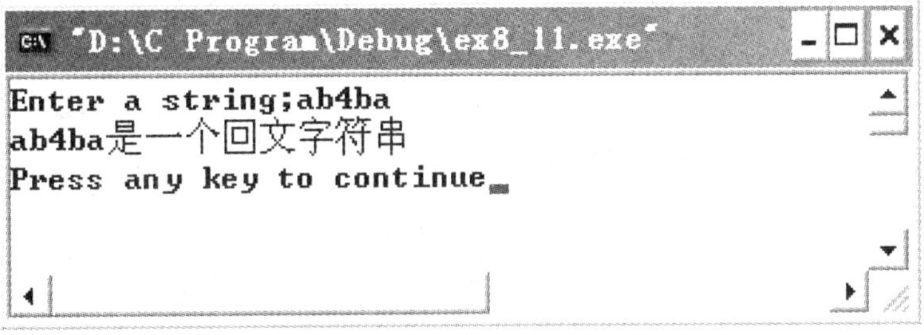

图 8-13　例 8-11 运行结果

程序分析：

例 8-4 查找问题中,设置了一个标识变量 flag,最后根据 flag 的终值判断查找结果,简单清晰,容易实现。本例中,程序最后根据字符下标 n、m 的大小来判断是否是回文字符串,理解上有些难度。请读者思考一下,能否借鉴例 8-4 中 flag 变量的设置,来优化本例,并尝试运行程序,给出结果。

getchar()是 C 语言中的一个函数,可以用它来给一个字符变量赋值,即接收用户键盘输入的字符,赋值给对应的字符型变量。

一般字符串以回车符作为结束标记,程序中为方便输入一个任意长度的字符串(字符串长度必须小于数组长度),使用 while 语句连续接收键盘输入,直到用户输入回车符"\n"为止,故写作 while((s[i]=getchar())!='\n')。后面将会陆续学习更为方便的字符串输入输出方法。

8.3.2　一维字符数组

数组既可以存放数值数据,也可以存放字符数据。存放数值数据的数组称为"数值数

组”，存放字符数据的数组称为“字符数组”。字符数组中每一个元素存放一个字符。

字符数组用于存放字符型数据。它的定义、初始化和引用与前面介绍的数值型的一维数组一样。

1. 字符数组的声明

字符数组的声明和前面介绍的数值数组类似。

例如：

```
char ch[10];
char name[3][10];
```

分别声明了包含 10 个字符元素的数组 ch 和包含 3×10＝30 个字符元素的二维字符数组 name。

2. 字符数组的初始化

声明之后，字符数组的初始化方法基本与数值数组一样，既可以在声明的同时赋值，也可以在程序执行中赋值。

(1)字符数组初始化的基本方法

```
char ch[10] = {´h´,´e´,´l´,´l´,´o´,´!´};
```

元素 ch[0]、ch[1]、ch[2]、ch[3]、ch[4]、ch[5]的值分别为'h'、'e'、'l'、'l'、'o'和'!'，元素 ch[6]～ch[9]的值为空操作符'\0'。也可以通过循环与输入函数结合为字符数组赋值，如：

```
for(i = 0;i<10;i + + )
ch[i] = getchar();
```

(2)如果对全体元素赋初值，可以省略长度说明

例如：

```
char ch[ ] = {´h´,´e´,´l´,´l´,´o´, ´!´};
```

数组 ch 的程度为 6。

(3)二维字符数组初始化

```
char name[3][10] = {{´M´,´u´,´s´,´i´,´c´}, {´A´,´r´,´t´,´s´}, {´S´,´p´,´o´,´r´, ´t´}};
```

8.3.3 字符串

C 语言中没有专门的字符串变量，通常用字符数组来存放字符串。

1. 字符串的存储

在 C 语言中，没有字符串类型，自然不能使用字符串变量，但可以使用字符串常量。字符串是用是双引号括起的任意字符序列。

例如：

```
˝hello! BeiJing! ˝
˝nice to meeting you! ˝
```

C 语言规定：在存储字符串常量时，由系统在字符串的末尾自动加一个空操作符'\0'作为字符串的结束标志。在 C 语言中没有专门的字符串变量，在对字符串进行处理时，字符串存放在字符数组中。例如：

```
char ch[10] = {˝hello!˝};
char st[14] = {˝How are you?˝};
```

```
char c[] = {"nice to meeting you!"};
```

字符数组和字符串关系非常密切。对程序中的字符串常量，系统将用字符数组的形式存储它们：分配连续的若干存储单元，顺序存入字符串中各个字符，每个字符占一个字节的内存空间。与字符数组不同的是：在存储完所有字符串中的字符后，系统会自动另存一个'\0'作为字符串的结束标志。

上例中字符串"hello!"虽然只有 6 个字符，在内存中却需要占用 7 个字节的存储空间。

h	e	l	l	o	!	\0

图 8-14 内存中字符串的存储示意图

字符数组和字符串的区别是：字符串的末尾有一个空字符 '\0'，作为字符串的结束标记。

☞**注意：**

```
char ch[] = {'h','e','l','l','o', '!'};
char ch[] = {"hello!"};
```

两种赋值方法的效果不同。第一句是赋值给一个字符数组，数组 ch 大小为 6；第二句是把一个字符串赋值给字符数组 ch，包含字符串结束标记'\0'，故数组 ch 大小为 7。

根据字符串存储形式的规定，只要在字符数组里顺序存入所需字符，随后存入一个'\0'，就形成一个字符串的存储形式。这样的字符数组就可以当作字符串使用了。例如，有如下声明：

```
char ch[] = {'h','e','l','l','o', '!','\0'};
```

由于在存储字符数组时，手动地加入一个'\0'串结束标志，等价于 ch 存储的是字符串"hello!"。为方便使用，C 语言中为字符数组提供了特殊的初始化形式：允许以字符串的形式直接为字符数组赋值，即：

```
char ch[] = "hello!";
char st[14] = "How are you?";
char c[] = "nice to meeting you!";
```

值得注意的是，用字符串为字符数组初始化时，数组大小至少为初始化字符串的字符数加 1。由于系统会自动在字符串后添加'\0'标志字符串结束，建议大家使用字符串赋初值是不需要指定数组的大小，而由系统自行处理。

2. 字符串的输入输出

将字符串存入一维字符数组后，对字符串的操作就是对该字符数组的操作。但是，它和普通的字符数组的操作有所不同。以遍历数组或字符串为例，由于普通数组中数组元素的个数是确定的，一般用下标控制循环；而字符串并没有显示地给出有效字符的个数，只规定在字符串结束符'\0'之前的字符都是字符串的有效字符，一般通过比较数组元素是否等于'\0'来决定是否结束循环，即用结束符'\0'来控制循环。

除了上述用字符串赋初值的办法外，还可以用 scanf()、printf()、gets()和 puts()函数一次性输入输出一个字符数组中的字符串，而不必使用循环语句逐个地输入输出每一个字符。

(1)scanf()与 printf()

输出一个字符串需要在 printf()函数的格式描述中使用格式字符串"%s"，表示输出的是一个字符串。例如：

```
char str[] = "Hello world";
printf("%s\n",str);
```

在 printf()函数中使用了格式字符串"%s",因此参数部分只要给出数组名即可。因为数组名代表的是该数组的首地址。同样,输入一个字符串也要加格式字符串"%s"。例如：

```
char name[15];
printf("请输入姓名:\n");
scanf("%s",name);
printf("%s\n",name);
```

声明数组 name 的长度为 15,因此输入的字符串长度必须小于 15,以便留出一个字节用于存放字符串结束标志'\0'。

值得注意的是,scanf()函数在按回车键之前都将接收字符。按下回车键后,scanf()在字符串末尾自动插入一个空字符'\0'以标志字符串的结束。因此,如果键入 25 个字符后再按回车键,尽管字符串声明仅为 15 个字符,它仍然接收并存储字符,多余的字符,编译器不会发出任何错误提示或警告,这些字符甚至会被接收并存储在内存中,对系统程序造成隐患。

另外,scanf()函数不允许在输入中存在空格字符。例如,当用 scanf()函数接收字符串时,键入:"How are you!"后,只有"How"被存储在内存中,而空格字符后的其他剩余字符将被丢弃。C 语言提供了专门的字符串输入输出函数:gets()函数和 puts()函数,分别用于字符串的输入与输出。

(2)gets()与 puts()

gets()函数的格式为：

gets (字符数组名);

功能:从键盘上输入一个字符串,直到遇到换行符。本函数得到一个函数值,为该字符数组的首地址。

puts()函数的格式为：

puts(字符数组名);

功能:把字符数组中的字符串输出到显示器,即在屏幕上显示该字符串。

下面用一个完整的例子演示字符串的输入与输出。

【例 8-12】 声明两个字符数组,分别存储姓名与住址并输出。

程序代码：

```
/* ex8_12.c */
#include <stdio.h>
void main()
{
    char name[30];                  // 声明数组保存姓名和住址
    char address[30];
    puts("请输入您的姓名：");
    gets(name);                     // 用 gets() 接收数据输入
    puts("请输入您的地址：");
```

```
    gets(address);
    printf("\n 您的姓名和地址是:\n");
    puts(name);                    // 用 puts() 显示字符串内容
    puts(address);
}
```

程序运行结果如图 8-15 所示。

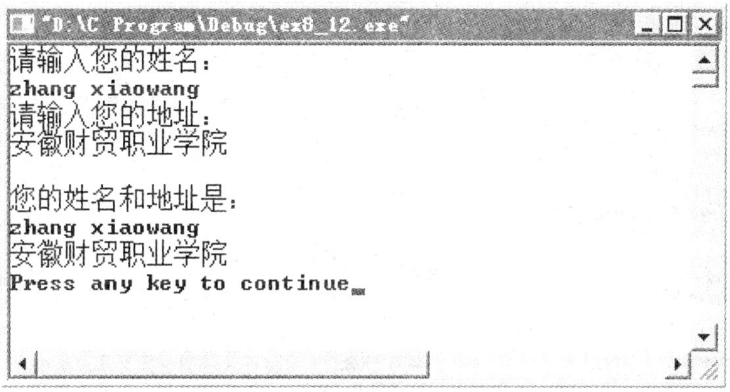

图 8-15　例 8-12 运行结果

从输出结果可以看出,当输入的字符串中含有空格时,仍然可以输出全部字符串。说明 gets()函数并不以空格作为字符串的输入结束标志,仅仅以回车符作为结束。读者可以比较一下用 scanf()函数执行上述程序,输出结果有何不同?

puts()函数完全可以由 printf()函数取代,但 puts()函数输出一个字符串后自动输出一个换行符,而 printf()函数如果需要换行需要加入'\n'。当需要按一定格式输出时,通常使用 printf()函数。上例的输出可以用下述语句实现:

```
printf("\n 您的姓名和地址是:\n");
printf("%s\n",name);
printf("%s\n", address);
```

8.3.4 字符串处理函数

字符串是 C 程序中非常重要的对象。C 语言提供了丰富的字符串处理函数,大致可分为字符串的输入、输出、合并、修改、比较和复制等。使用输入输出的字符串函数,上一节所介绍的 gets()与 puts()函数以及 scanf()与 printf()函数必须在使用前包含头文件<string.h>,使用其他字符串函数则应包含头文件"string.h",即:

#include <string.h>

本节重点介绍几个最常用的字符串函数。

1. 字符串拷贝函数 strcpy()

格式:strcpy (字符数组 1,字符表达式)

功能:把字符表达式中的字符串拷贝到字符数组 1 中。串结束标志'\0'也一同拷贝。字符表达式,也可以是一个字符串常量。这时相当于把一个字符串赋予一个字符数组。

程序代码：

```
/* ex8_13.c */
//复制字符串
#include <stdio.h>
#include <string.h>
void main()
{
    char str1[30],str2[]="Hello! Beijing!";
    strcpy(str1,str2);
    puts(str1);
}
```

程序运行结果如图 8-16 所示。

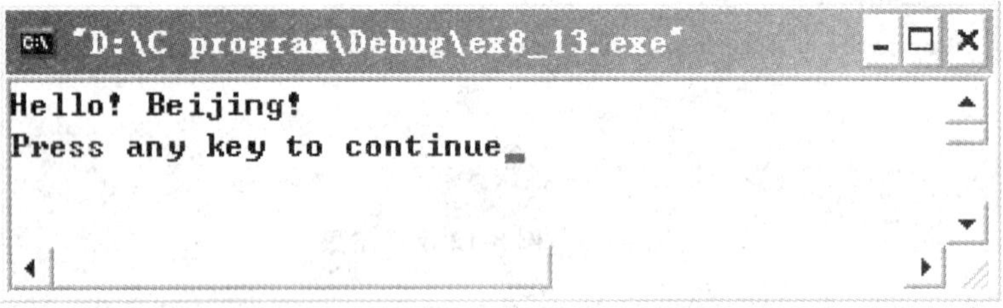

图 8-16　例 8-13 运行结果

程序分析：

①使用时应保证字符数组 1 足够大，以便使得字符串的复制不越界。

②字符串拷贝不能使用赋值语句实现“str1=str2;”。这种赋值表达是错误的。

2. 字符串比较函数 strcmp()

格式：strcmp(字符表达式 1，字符表达式 2)

功能：按照字符的 ASCII 码值顺序比较两个数组中的字符串，并由函数返回值返回比较结果。

两个字符串完全相同时返回值为 0，字符串 1 大于字符串 2 时，返回一个正值，否则返回一个负值。

比较规则是：逐个比较两个串中对应的字符，字符大小按照 ASCII 码值确定。从左到右依次比较。若遇到不同字符，所遇见的第一对不同字符的大小关系就决定了两个字符串的关系大小；若未遇见不同字符而一个字符串首先结束，那么先结束的字符串较小；否则两个字符串相等。

【例 8-14】　接收用户输入的用户名及密码，并验证是否正确。

程序代码：

```
/* ex8_14.c */
//比较字符串
#include <stdio.h>
#include <string.h>
void main()
```

```
{
    char username[15],pwd[15];
    printf("\n 请输入用户名：" );
    gets(username);
    printf("\n 请输入密码：");
    gets(pwd);
    if((strcmp(username,"zhang xiaowang") == 0) && (strcmp(pwd,"123456") == 0))
        printf("\n 您已成功登录 \n");
    else
        printf("\n 用户名和/或密码无效 \n");
}
```

此例中声明了两个字符数组 username 和 pwd，通过 gets 函数接收用户输入的用户名和密码，并验证 username 的值是否为“zhang xiaowang”，以及 pwd 的值是否为“123456”。要进行字符串的比较，不能使用“==”运算符，而应该使用 strcmp()函数。如果两个字符串相等，函数返回 0。如果 username 和 pwd 与给定的值相匹配，则显示一条消息“您已成功登录”，否则显示“用户名或密码无效”。

程序执行后，若输入的用户名和密码与已知的信息不相匹配，则程序运行的输出结果如图 8-17 所示。

如果输入匹配的用户名以及密码，则程序显示的输出结果如图 8-18 所示。

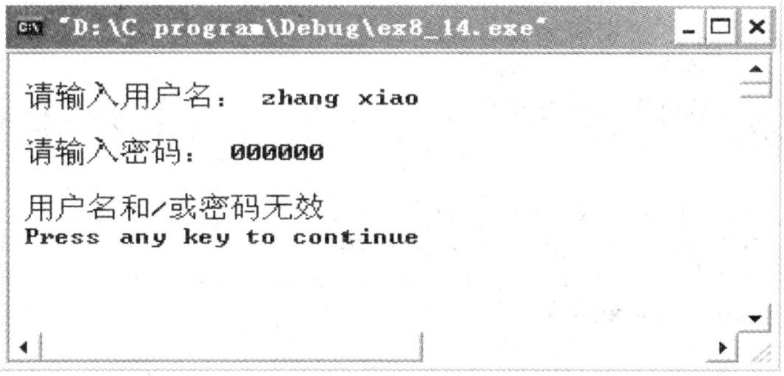

图 8-17　例 8-14 运行结果：登录失败

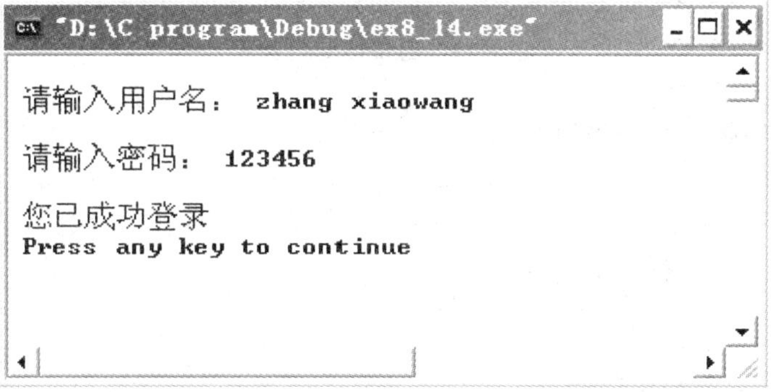

图 8-18　例 8-14 运行结果：登录成功

3. 字符串连接函数 strcat( )

格式：strcat (字符数组 1，字符表达式 2)

功能：把字符表达式 2 中的字符串连接到字符数组 1 中字符串的后面，并删去字符串 1 后的串标志'\0'，形成一个新的字符串。本函数返回值是字符数组 1 的首地址。要注意的是，字符数组 1 应声明足够的长度，否则不能全部装入被连接的字符串。

【例 8-15】 将一个字符串连接到另外一个字符串后面形成新的字符串输出。

程序代码：

```
/* ex8_15.c */
#include <stdio.h>
#include <string.h>
//连接字符串
void main()
{
    char source_string[] = "is very well";
    char target_string[30] = "The weather ";
    printf("\n 源字符串 = %s", source_string);
    printf("\n 目标连接字符串 = %s", target_string);
    strcat(target_string,source_string);
    printf("\n 形成后新字符串 = %s\n", target_string);
}
```

程序运行结果如图 8-19 所示。

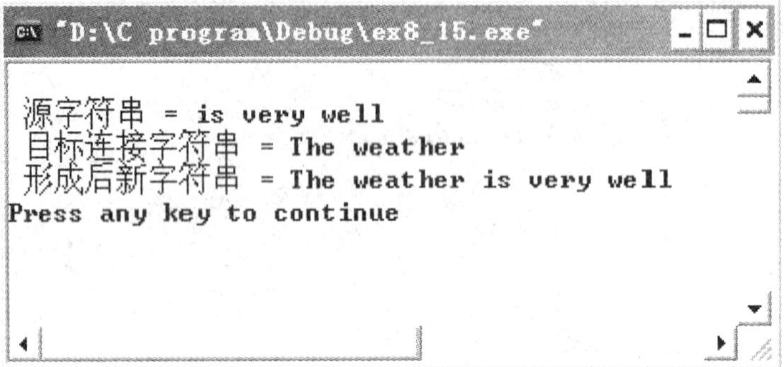

图 8-19　例 8-15 运行结果

4. 测字符串长度函数 strlen( )

格式：strlen(字符数组名)

功能：测字符串的实际长度(不含字符串结束标志'\0')并作为函数返回值。

【例 8-16】 统计字符串中字符的个数。

程序代码：

```
/* ex8_16.c */
//计算字符串长度
#include <stdio.h>
```

```
#include <string.h>
void main()
{
    char arr[] = "Beijing";
    int len1, len2;
    len1 = strlen(arr);
    len2 = strlen("Shanghai");
    printf("\n string = %s length = %d", arr, len1);
    printf("\n string = %s length = %d \n","Shanghai",len2);
}
```

程序运行结果如图 8-20 所示。

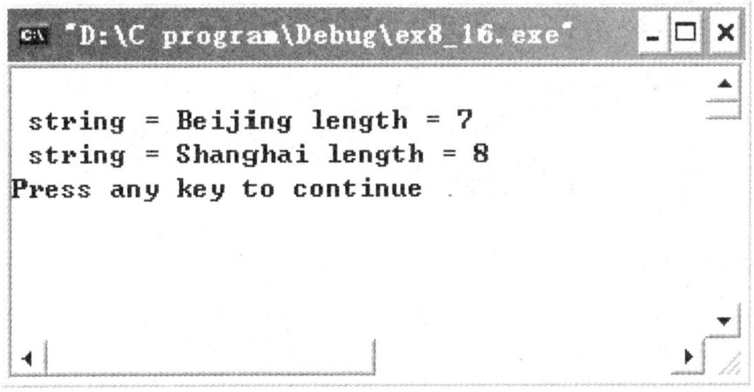

图 8-20 例 8-16 运行结果

程序分析：

此例中字符数组 arr 中的字符串长度是 7，但 arr 数组大小应该是 8(包含'\0'字符)。

8.3.5 技能训练

C 语言将字符串作为一个特殊的一维字符数组来处理。采用数组初始化、赋值或输入的方法把字符串存入数组后，对字符串操作就是对字符数组操作。此时，对字符数组的操作只能针对字符串的有效字符和字符串结束符，这就需要通过检测字符串结束符'\0'来判断是否结束字符串的操作。

【例 8-17】 输入一个以回车符结束的字符串(少于 10 个字符)，过滤掉所有非数字字符串后转成十进制的整数输出。

问题分析：

本题初看非常复杂，既要排除非数字字符，又要把数字字符转换为数字，比如输入"av2c3d4f5"，则结果是整数 2345(两千三百四十五)。

解题思路：从一个字符开始遍历字符串，只关注数字字符，非数字字符直接忽略。一旦是数字字符，直接减去'\0'，即 str[i]－ '\0'得到该数字字符对应的整数数字，比如'8'－'0'，结果是数字 8。遇到下一个数字字符时，前面的数字需要乘以 10，以便表示数的大小。具体代码请参考下面程序。

程序代码：

```
/* ex8_17.c */
#include <stdio.h>
#include <string.h>
void main()
{
    int i,number;
    char str[10];
    gets(str);                              // 输入字符串
    /*逐个判断是否是数字字符,并进行转换*/
    number=0;                               // 存放数字计算结果,先清零
    for(i=0;str[i]!='\0';i++)               //字符串结束标记:str[i]不等于'\0'
        if(str[i]>='0' && str[i]<='9')      //是数字字符,转换成数字
            number=number*10+str[i]-'0';
    printf("digit=%d\n",number);

}
```

程序运行结果如图 8-21 所示。

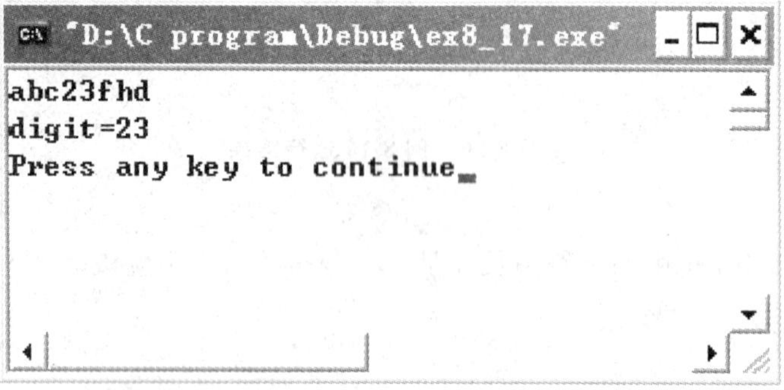

图 8-21　例 8-17 运行结果

程序分析：

请注意,任意一个数字字符减去'0',得到该字符的数字形式,也就是数字字符的 ASCII 值减去字符'0'的 ASCII 值,即是该数字字符的对应的数值。

【例 8-18】 输入一个以回车符结束的字符串(少于 80 个字符),统计其中数字字符的个数。由于字符串少于 80 个字符,数组长度就取其上限 80,以回车符'\n'作为输入结束符。

程序代码：

```
/* ex8_18.c */
#include <stdio.h>
#include <string.h>
void main()
{
    int count ,i;
```

```
    char str[80];
    printf("Enter a string:");                       //输入字符串
    gets(str);

    count = 0;                                       //计计数器清零
    for(i = 0;str[i]! = 0;i ++ )
        if(str[i]< = '9' && str[i]> = '0')           // 统计字符串数字字符的个数
            count ++ ;
    printf("count = % d\n",count);
}
```

程序运行结果如图 8-22 所示。

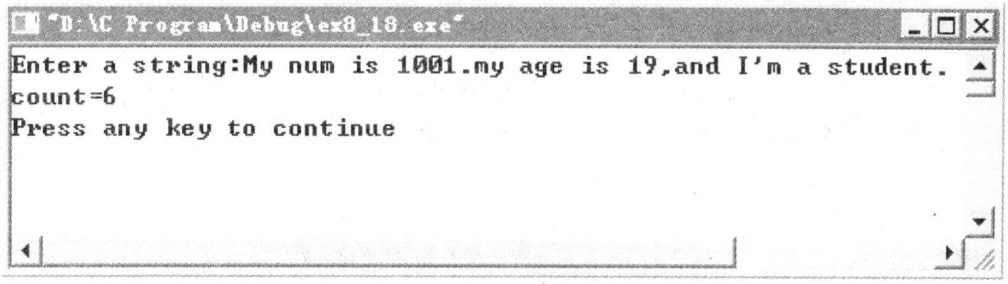

图 8-22 例 8-18 运行结果

【例 8-19】 进制转换。输入一个以回车符结束的字符串(少于 80 个字符),过滤去所有非十六进制字符后,组成一个新字符串(十六进制形式),输出该字符串将其转换为十进制数后输出。

问题分析:

本题可以分成两个环节进行分析:

第一环节字符串处理:按一定条件(合法的十六进制字符)产生新字符串并保存在字符数组中。首先遍历源字符串 str1,把满足十进制要求的字符逐个复制到新字符数组 str2 中,不要忘记最后手动在 str2 数组的结尾手动赋值字符'0'作为字符串的结束标记。

第二环节数制转换:把满足条件的十六进制字符串转换成十进制数。十六进制字符转换成十进制数,如果是'a'-'f'或者'A'-'F',需要减去'a'或'A'再加 10,比如字符'c'的十进制数是:'c'-'a'+10,结果是 12,即十六进制数 a 对应的十进制数 12;如果是'0'-'9',直接按照例 8-17 中直接转化数值大小。循环需要转换下一个字符时,前面所得的数值需要乘以 16,以便完成十六进制到十进制之间的转换。

程序代码:

```
/* ex8_19.c */
//进制转换
#include <stdio.h>
#include <string.h>
void main()
{
```

```
    int i,k;
    char str1[80],str2[80];
    long number;
    printf("please enter a string:");
    gets(str1);
    /*第一环节,查找合法的十六进制字符后存入新字符串 str2*/
    k=0;                                    //k 控制新字符串 str2 下标
    for(i=0;str1[i]!='\0';i++)
        if((str1[i]>='0'&&str1[i]<='9')||(str1[i]>='a'&&str1[i]<='f')||(str1
        [i]>='A'&&str1[i]<='F'))
        {                                   //有效的十六进制字符
            str2[k]=str1[i];                //存入新字符串
            k++;
        }
    str2[k]='\0';                           //手动加上字符串结束标记

    /*第二环节,进制转换*/
    number=0;                               //存放十进制数值,先清零
    for(i=0;str2[i]!='\0';i++)              //从高位字符逐个转换为十进制数
        if(str2[i]>='0'&&str2[i]<='9')
            number=number*16+str2[i]-'0';
        else  if(str2[i]>='a'&&str2[i]<='f')
                number=number*16+str2[i]-'a'+10;
            else  if(str2[i]>='A'&&str2[i]<='F')
                    number=number*16+str2[i]-'A'+10;
    puts("The new string is:");
    puts(str2);                             //输出十六进制字符串
    printf("number = %ld\n",number);        //输出对应的十进制数值
}
```

程序运行结果如图 8-23 所示。

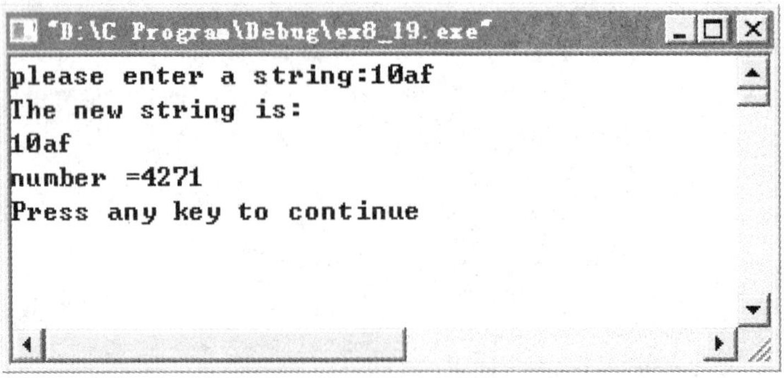

图 8-23　例 8-19 运行结果

本章小结

➤数组是把具有相同数据类型的若干变量按有序的形式组织起来形成的集合。

➤数组必须先声明，然后才能使用。声明一个数组只是为该数组留出内存空间，并不会为其赋任何值。数组的元素通过数组下标访问。

➤一维数组可用一个循环动态初始化，而二维数组可用嵌套循环动态初始化。

➤二维数组可以看作是由一维数组的嵌套而构成的。

➤字符串与字符数组的区别是字符串的末尾有一个空操作符'\0'以标识字符串结束。

➤ gets()和 puts() 函数分别用于字符串的输入和输出。

➤ string.h 中声明了很多字符串处理函数，比较常用的有：strcpy()、strcat()、strcmp()和 strlen()等。

习 题 10

一、单项选择题

1. 在 C 语言中，引用数组元素时，其数组下标的数据类型允许是(　　)。

A. 整型常量　　B. 整型常量或整型表达式

C. 整型表达式　　D. 任何类型的表达式

2. 已知："int a[8]={1,2,3,4,5,6,7,8},x;"，则执行语句"x=s[2]+s[4];"后，x 的值是(　　)。

A. 8　　B. 6　　C. 7　　D. 3

3. 对一维数组初始化正确的语句是(　　)。

A. int s[4]={0,1,2,3,4};　　B. int s[]={0,1,2,3,4};

C. int s[4];s{0,1,2,3,4};　　D. int s[];s{0,1,2,3,4};

4. 已知："char s[20];"，以下正确的语句是(　　)。

A. s="Merry Christmas";　　B. s[20]= "Merry Christmas";

C. strcpy(s, "Merry Christmas");　　D. strcpy("Merry Christmas",s);

5. 已知："char a[3][10]={ "heifei","anqing","huangshan"};"，能正确显示字符'q'的语句是(　　)。

A. printf("%c",a[1][2]);　　B. printf("%c",a[2][2]);

C. printf("%c",a[1][3]);　　D. printf("%c",a[2][3]);

6. 若调用函数时用数组名作为实参，则传递给形参的是(　　)。

A. 数组首地址　　B. 数组的第一个元素值

C. 数组中全部元素的值　　D. 数组元素的个数

7. 已知"char a[ ]= "ab";char b[4]={ 'a', 'b', 'c', 'd'};"，则下列描述中正确的是(　　)。

A. a 数组和 b 数组完全相同　　B. a 数组和 b 数组长度相同

C. a 数组长度比 b 数组长　　　　D. b 数组长度比 a 数组长

8. 已知："int a[3][3];"，则(　　)不属于 a 数组中的元素。

A. a[3][3]　　B. a[2][2]　　C. a[1][1]　　D. a[0][0]

9. 下列选项中不能正确定义并初始化二维数组的是(　　)。

A. int a[ ][3]={20,34,56,78};　　B. int a[2][3]={20,34,56,78};

C. int a[2][ ]={20,34,56,78};　　D. int a[ ][3]={{20,34},{56,78}};

10. 设有"int m[ ]={5,4,3,2,1},i=4;"，则下列对数组 m 的元素引用中错误的是(　　)。

A. m[i-1]　　B. m[4]　　C. m[m[0]]　　D. m[m[i]]

11. 设有 char str[10]，下列语句正确的是(　　)。

A. scanf("%s",&str);　　B. printf("%c",str);

C. printf("%s",str[0]);　　D. printf("%s",str);

12. 下面字符串处理表达式中能用来把字符串 str2 连接到字符串 str1 后的一个是(　　)。

A. strcat(str1,str2);　　B. strcat(str2,str1);

C. strcpy(str1,str2);　　D. strcmp(str1,str2);

13. 设有两字符串"Beijing"、"China"分别存放在字符数组 str1[10]、str2[10]中，下面语句中能把"China"连接到"Beijing"之后的为(　　)。

A. strcpy(str1,str2);　　B. strcpy(str1,"China");

C. strcat(str1,"China")　　D. strcat("Beijing",str2);

14. 下面程序段的运行结果是(　　)。

```
char c[5] = {'a','b','\0','c','\0'};
printf("%s",c);
```

A. 'a''b'　　B. ab\0c\0　　C. ab c　　D. ab

15. 下列字符串赋值语句中，不能正确把字符串"C program"赋给数组的语句是(　　)。

A. char a[]={'C',' ','p','r','o','g','r','a','m'};

B. char a[10]; strcpy(a, "C program");

C. char a[10]; a= "C program";

D. char a[10]={ "C program"};

16. 判断字符串 a 和 b 是否相等，应当使用(　　)。

A. if(a==b)　　B. if(a=b)

C. if(strcpy(a,b))　　D. if(strcmp(a,b))

17. 有字符数组 a[80]和 b[80]，则正确的输出语句是(　　)。

A. puts(a,b);　　B. printf("%s,%s",a[],b[]);

C. putchar(a,b);　　D. puts(a),puts(b);

18. 若有如下声明和语句：

```
char s[12] = "a book!";
printf("%d",strlen(s) );
```

则输出结果是(　　)。

A. 12　　B. 10　　C. 7　　D. 6

19. 下列程序执行后的输出结果是(　　)。

```
#include <stdio.h>
void main()
{
     char arr[2][4];
     strcpy(arr,"you");
     strcpy(arr[1],"me");
     arr[0][3] = '&';
     printf("%s\n",arr);
}
```

A. you&me　　B. you　　C. me　　D. arr

20. 下面能正确将字符串"Boy"进行完整赋值操作的语句是(　　)。

A. char s[3]={'B','o','y'};

B. char s[ ]="Boy";

C. char s[3]={"Boy"};

D. char s[3];s[0]='B';s[1]='o';s[2]='y';

二、程序填空题

1. 以下程序可求出所有水仙花数(指 3 位正整数中各位数字立方和等于该数本身,如 153=13+53+33),请填空。

```
#include <stdio.h>
void main()
{
     int  x, y ,z, a[10], m, i = 0;
     printf("shui xian huan shu :\n");
     for(____(1)____;m<1000;m++)
     {
          x = m/100;
          y = ____(2)____;
          z = m % 10;
          if(m == x * x * x + y * y * y * y + z * z * z)
          {
               ____(3)____;   i ++;
          }
     }
     for( x = 0;x<i ; x++)
          printf("%6d",a[x]) ;
}
```

2. 以下程序输出杨辉三角形。(要求输出 10 行)

```
#include <stdio.h>
void main(  )
{
```

```
    int a[10][10],i, j ;
    for( i=0;i<10;i++)
    {
        ___(1)___
        ___(2)___
    }
    for( i=2; i<10; i++  )
        for(j=1; j<i ; j++ )
            a[i][j] = ___(3)___;
    for(i=0; i<10; i++)
    {
        for( j=0; j<=i; j++)
            printf("%5d",a[i][j]);
        printf("\n");
    }
}
```

3. 用冒泡法对 10 个数由大到小排序。

```
#include <stdio.h>
void main(  )
{
    int a[11], i, j, t;
    printf("input 10 numbers: \n");
    for(i=1;i<11;i++)
        scanf("%d",&a[i]);
    printf("\n");
    for (j=1;j<=9;j++)
        for(i=1; ___(1)___ ;i++)
            if ( ___(2)___ )
            {
                ___(3)___
                a[i]=a[i+1];
                ___(4)___
            }
    printf("the sorted numbers: \n");
    for (i=1;i<11;i++)
        printf("%4d",a[i]);
}
```

4. 完善程序，使 5×5 数组的对角线元素为 1，其他为 0。

```
#include<stdio.h>
void main()
{
```

```
    int j,k,a[5][5];
    for(j=0;j<5;j++)
        for(k=0;k<5;k++)
        {
        if  (  (1)  )
              (2)  ;
        else
              (3)  ;
        }
    for (j=0;j<5;j++)
    {
        for(k=0;k<5;k++)
            printf("%d",a[j][k]);
        printf("\n");
    }
}
```

5. 以下程序是求矩阵 a、b 的和，结果存入矩阵 c 中并按矩阵形式输出，请填空。

```
#include <stdio.h>
void main()
{
    int a[3][4] = { { 7, 5, -2, 3 },{ 1, 0, -3, 4 },{ 6, 8, 0, 2 } };
    int b[3][4] = { { 5, -1, 7, 6 },{ -2, 0, 1, 4 },{ 2, 0, 8, 6 } };
    int i, j, c[3][4];
    for ( i=0; i<3; i++ )
        for ( j=0; j<4; j++ )
            c[i][j] =  (1)  ;
    for ( i=0; i<3; i++ )
    {
        for ( j=0; j<4; j++ )
            printf ( "%3d", c[i][j] ) ;
           (2)  ;
    }
}
```

三、程序阅读题

1. 下面程序的运行结果是__________。

```
#include <stdio.h>
void main()
{
    int a[6],i;
    for(i=1;i<6;i++)
    {
```

```
        a[i]=9*(i-2+4*(i>3))%5;
        printf("%2d",a[i]);
    }
}
```

2. 下面程序的运行结果是__________。

```
#include <stdio.h>
void main()
{
    int n[3],i,j,k;
    for(i=0;i<3;i++)
        n[i]=0;
    k=2;
    for(i=0;i<k;i++)
        for(j=0;j<k;j++)
            n[j]=n[i]+1;
    printf("%d\n",n[1]);
}
```

3. 以下程序的运行结果是__________。

```
#include <stdio.h>
void main()
{
    char s[]="MerryChristmas";
    int i,n;
    for(i=0,n=0;s[i]!='\0';i++)
    {
        if(s[i]>='s') n++;
        else if(s[i]<='r') n--;
    }
    printf("n=%d\n",n);
}
```

4. 以下程序的运行结果是__________。

```
#include <stdio.h>
void main()
{
    char s[]="12345";
    int d=0,i;
        for(i=0;s[i]!='\0';i++)
    d=d*10+s[i]-'0';
    printf("d=%d\n",d);
}
```

5. 以下程序的运行结果是__________。

```
#include <stdio.h>
void main()
{
    int a[] = {1,1,0,1},b[] = {1,0,0,1};
    int i;
    for(i = 0;i<4;i++)
        a[i] = a[i] + b[i];
    for(i = 3;i>0;i--)
    {
        a[i-1] = a[i-1] + a[i]/2;
        a[i] = a[i] % 2;
    }
    a[0] = a[0] % 2;
    for(i = 0;i<4;i++)
        printf("%d",a[i]);
    printf("\n");
}
```

四、程序设计题

1. 编一程序，从键盘输入 10 个整数并保存到数组，求出该 10 个整数的最大值、最小值，并输出对应元素的下标值。
2. 将一个 n * m 二维数组的行和列元素互换，存到另一个 m * n 的二维数组中，并输出其结果。
3. 编程完成下述功能：从键盘输入一个 n * n(最大为 20 * 20)矩阵的各元素的值，求出该矩阵两条对角线上各元素值之和并打印出结果。
4. 输入一个字符串，将指定位置的字符删除。
5. 输入一个字符串，在指定的位置插入一个字符。

第9章
指　针

本章工作任务

- 完成指针变量的定义、初始化及使用
- 完成指针变量与数组的使用

本章知识目标

- 理解指针的概念
- 理解指标变量的定义、初始化
- 掌握指针的运算
- 掌握指针和一维数组的结合使用

本章技能目标

- 掌握定义指针变量及使用指针变量
- 掌握指针变量的基本运算及正确使用指针操作
- 掌握使用指针作为函数参数及相关使用

本章重点难点

- 指针的运算
- 指向数组的指针

指针是C语言中一个非常重要的对象，也是C语言的特色之一。使用指针不但可以对复杂数据进行处理，还能对计算机的内存分配进行控制，在函数调用中使用指针还可以返回多个值。掌握指针的应用，可以使程序简洁、紧凑、高效。每一个学习和使用C语言的人，都应该深入地学习和掌握指针。可以说，不掌握指针就是没有掌握C语言的精华。

指针的概念比较复杂，使用也比较灵活，因此初学者常会出错，务必请读者在学习本章内容时，多思考、多比较、多上机，在实践中掌握它。

9.1 找钥匙

9.1.1 程序解析

在学习本章之前，先看一个小故事。

某国安全局从恐怖分子手中夺取了一个保险箱，保险箱内存放了恐怖分子即将发动的劫机计划。于是，上级命令特工甲在三天内找出保险箱的密码。特工甲得到线人密报："地址为0531的P房间内有线索"。特工甲来到P房间得到线索："2015"。于是他疾步赶到地址为2015的房间。在里面得到了密码"911"，从而粉碎了一场大阴谋，顺利完成任务。

看完这个故事，简单分析一下如何才能寻找到密码：

密码存放需要一定的存储空间作为存放地，每个存放地都会有地址。如果知道了存放地的名字，当然能够找到密码。但并不是每个存储空间都有名字。如果不知道存放地的名字，知道该存放地的地址也能够取出密码。如果连存放地的地址也不知道，但是有另外一个地方存放了该密码存放地的地址，那么找到这个地方，就能顺藤摸瓜，间接找到密码。

图 9-1 密码存放示意图

可以使用指针把上述故事写成C语言程序。

【例 9-1】 利用指针模拟寻找保险箱密码的过程。

程序代码：

```
/* ex9_1.c */
#include <stdio.h>
void main()
{
    int key = 911;                         //变量key用于存放密码值911
    int *p_addr = NULL;                    //变量p_addr是整型指针变量
    p_addr = &key;                         //将变量key的地址赋给p_addr
    /* 通过变量名key输出密码值 */
    printf("通过名字获取值：%d\n",key);
    /* 通过变量key的地址输出密码值 */
    printf("变量的地址是 ：%x,变量地址存的值是：%d\n",p_addr,*p_addr);
}
```

运行程序，结果如图 9-2 所示。

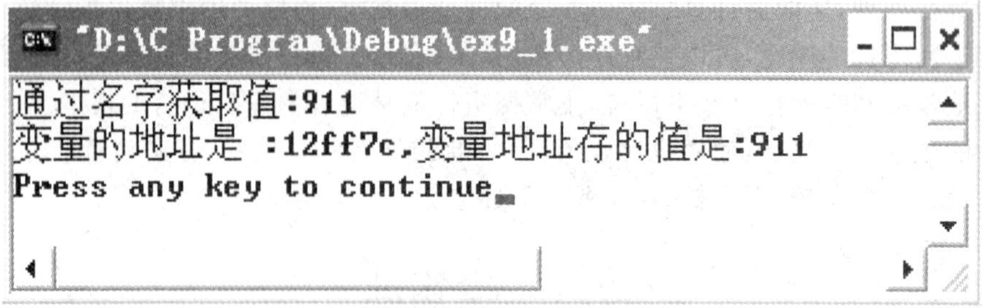

图 9-2　例 9-1 运行结果

程序中定义了变量 key 来存放密码，再定义一个指针变量 p_addr 用于存放变量 key 的地址。这样既可以通过变量名 key 直接得到密码值，也可以在不知道变量名的情况下，通过指针变量 p_addr 所存放的 key 的地址间接找到密码值。

9.1.2　地址和指针

在 C 语言中，如果定义了一个变量，在编译时就会根据该变量的类型给它分配相应大小的内存单元。例如，假设 short 型变量占 2 个字节，则需要分配 2 个字节的内存单元；char 型变量需要分配 1 个字节的内存单元；float 型变量和 double 型变量则分别需要 4 个和 8 个字节的内存单元。

计算机为了对内存单元中的数据进行操作，一般是按"地址"存取的，也就是说对内存单元进行标识编号。如果把存储器看成一个建筑物，建筑物内的房间就是存储器单元，房间号就是地址。设有如下变量定义：

```
short x = 20,y = 1,z = 155;
```

因为 short 型变量的存储长度为两个字节，因此假设 C 编译器将它们分配到 1000～1001、1002～1003 和 1004～1005 的内存单元中(图 9-3(a))。在程序中，通过变量名进行操作，如调用函数 printf ("%d",x)，输出 x 的值 20。而程序执行时是将变量翻译为它所在的内存地址进行操作的，上述输出操作可以描述为：将 x 所在的内存地址 1000～1001 单元的内容按照整型格式输出。这种使用变量的方法就叫做"直接访问"。一般以变量所在的内存单元的第 1 个字节的地址作为它的地址，如变量 x 的内存地址是 1000，y 的内存地址是 1002，z 的内存地址是 1004，变量 x、y、z 的内容分别为 20、1 和 155。

☞**注意**：区分内存单元的内容和内存单元的地址。

在 C 程序中，还有一种使用变量的方法，即通过变量的地址进行操作：用指针访问内存和操纵地址。

地址和指针是计算机中的两个重要概念，程序代码被放置到计算机内存中执行，变量或者程序代码被存储在以字节为单位组织的存储器中。假设再定义一个变量 p，它位于 2000 单元，该单元中存放了变量 x 的地址 1000(图 9-3(b))。此时，取出变量 p 的值 1000，就可以访问内存 1000 单元，实现对变量 x 的操作，也就是说，通过变量 p 可以间接访问变量 x。

与直接使用变量 x 相比较，使用变量 p 访问变量 x 的过程实现了对变量 x 的间接操作。在 C 语言中，把这种专门用来存放变量地址的变量称为"指针变量"，简称"指针"。

C语言使用指针对变量的地址进行操作。指针是用来存放内存地址的变量,如果一个指针变量的值是另一个变量的地址,就称该指针变量指向那个变量。前面提到的 p 就是指针变量,它存放了变量 x 的地址,即指针变量 p 指向变量 x。

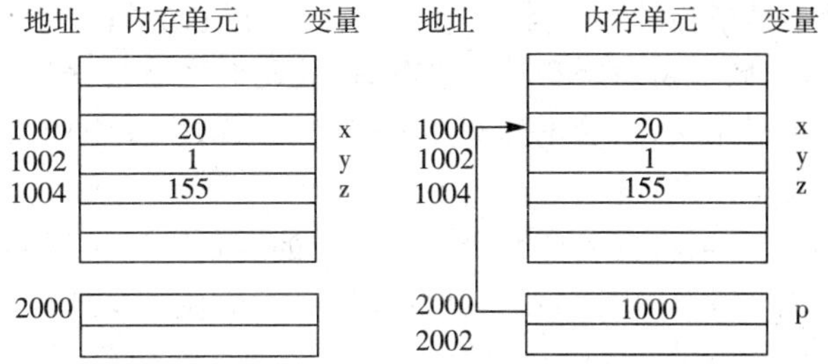

(a)内存单元 (b)变量和指针

图 9-3 内存单元和地址

在前面的章节中,已经多次看到了把地址作为 scanf( )的输入参数的用法。例如,函数调用 scanf("%d",&n),把输入的值存储到变量 n 所在的内存单元组。其中 &n 表示变量 n 的内存地址或存储位置。这里的 & 称为"地址运算符",& 是一元运算符,与其他的一元运算符有同样的优先级和从右到左的结合性。

9.1.3 指针变量的定义

在程序中,如果声明一个变量并使用地址作为该变量的值,那么这个变量就是指针变量。定义指针变量的一般形式为:

类型名 * 指针变量名

类型名指定指针变量所指向变量的类型,必须是有效的数据类型,如 int、float、char 等。指针变量名是指针变量的名称,必须是一个合法的标识符。

定义指针变量要使用指针声明符 * 。例如:

```
int i, *p;
```

声明变量 i 是 int 型,变量 p 是指向 int 型变量的指针。任何指针值的合法范围包括特殊的地址 0 和一组正整数,在 C 系统中将把它们解释为机器地址。

☞**注意:**指针声明 * 在定义指针变量时被使用,说明被定义的那个变量是指针。

在许多场合,可以把指针变量简称为"指针",但实际上指针和指针变量在含义上存在一定的差异。一般来说,在 C 语言中,指针被认为是一个概念,是计算机内存地址的代名词之一,而指针变量本身就是变量,和一般变量不同的是它存放的地址。大多数情况下,并不特别强调它们的区别,在本书中,如果未加声明,把指针和指针变量同等对待,都是指存放内存地址的指针变量。

指针变量用于存放变量的地址,由于不同类型的变量在内存中占有不同大小的存储单元,所以只知道内存地址,还不能确定该地址上的对象。因此在定义指针变量时,除了指针变量名,还需要说明该指针变量所指向的内存空间上所存放数据的类型。

下面是一些指针定义的例子:

```
int *p;                    //定义一个指针变量p,指向整型变量
char *cp;                  //定义一个指针变量cp,指向字符型变量
```

```
float *fp;              //定义一个指针变量 fp,指向单精度型变量
double *dp1, *dp2;      //定义两个指针变量 dp1 和 dp2,指向双精度型变量
```

☞**注意:**定义多个指针变量时,每一个指针变量前面都必须加上 *。

指针变量的类型不是指指针变量本身的类型,而是指它所指向变量的数据类型。无论何种类型的指针变量,它们都是用来存放地址的,因此指针变量自身所占的内存空间大小和它所指向的变量数据类型无关,尽管不同类型的变量所占的内存空间不同,但不同类型指针变量所占的内存空间大小都是相同的。

指针变量被定义后,必须将指针变量和一个特定的变量进行关联后才可以使用它,也就是说,指针变量也要先赋值再使用,当然指针变量被赋的值应该是地址。假设有定义:

int i, *p;

下面的语句可以对指针变量 p 赋值:

```
p = &i;
p = 0;
p = NULL;
p = (int *)1732;
```

第一条语句中的指针 p 是指向变量 i 或存放变量 i 的地址,也就是将指针 p 和变量 i 关联起来,这也是指针最常用的赋值方法,图 9-4 给出了指针变量 p 和整型变量 i 之间的关系。

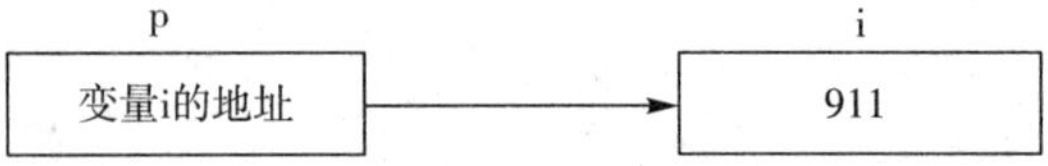

图 9-4 指针 p 指向变量 i 的示意图

第二条和第三条语句说明了怎样把特殊值 0 赋值给指针 p,这时指针的值为 NULL。常量 NULL 在系统文件 stdio.h 中被定义,其值为 0,将它赋值给指针时代表空指针。C 语言中的空指针不指向任何单元。

在最后一条语句中,使用强调类型转换(int *)来避免编译错误,表示 p 指向地址为 1732 的 int 型变量。不提倡使用这类语句,一般不将绝对地址赋值给指针,但特殊值 NULL 例外。

在定义指针变量时,要注意以下几点:

①指针变量名是一个标识符,要按照 C 标识符的命名规则对指针变量进行命名。

②指针变量的数据类型是它所指向的变量的类型,一般情况下一旦指针变量的类型被确定后,它只能指向同种类型的变量。

③在定义指针变量时,需要使用指针声明符 *,但指针声明符并不是指针的组成部分。例如,定义 int *p,说明 p 是指针变量,而不是 *p。

☞**注意:**在对指针变量命名时(除整型变量外),建议用其类型名的首字母作为指针名的首字符,用 p 或 ptr 作为名字,以使程序具有较好的可读性。例如,将单精度浮点型指针取名为 fp、fptr、f_ptr 等。

9.1.4 指针的基本运算

如果指针的值是某个变量的地址，通过指针就能间接访问那个变量，这些操作由取地址运算符 & 和间接访问运算符 * 完成。此外，相同类型的指针还能进行赋值、比较和算术运算。

1. 取地址运算和间接访问运算

单目运算符 & 用于给出变量的地址。例如：

```
int *p,a=3;
p=&a;
```

将整型变量 a 的地址赋给整型指针 p，使指针 p 指向变量 a。也就是说，用运算符 & 取变量 a 的地址，并将这个地址值作为指针 p 的值，使指针 p 指向变量 a。

☞**注意：**指针的类型和它所指向变量的类型必须相同。

在程序中(不是指针变量被定义的时候)，单目运算符 * 被用于访问指针所指向的变量，它也称为“间接访问运算符”。例如，当 p 指向 a 时，*p 和 a 访问同一个存储单元，*p 的值就是 a 的值，如图 9-5 所示。

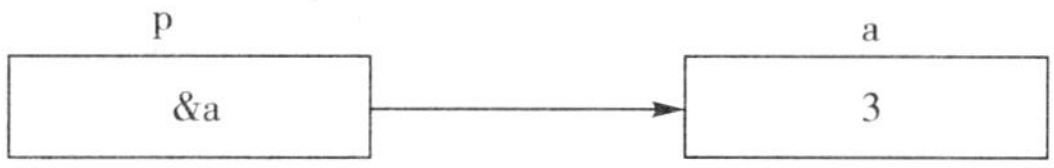

图 9-5 指针运算示意图

指针和地址的概念比较抽象，理解上也比较困难。下面将通过示例进一步解释取地址运算和间接访问运算的使用，帮助读者更好地理解指针和地址的含义。

【例 9-2】 取地址运算和间接访问运算示例。

程序代码：

```
/*ex9_2.c*/
#include <stdio.h>
void main()
{
    int a=3,*p;                        //定义整型变量 a 和整型指针 p
    p=&a;                              //把变量 a 的地址赋给指针 p，即 p 指向 a
    printf("a=%d,*p=%d\n",a,*p);       //输出变量 a 的值和指针 p 所指向变量的值
    *p=10;                             //对指针 p 所指向的变量赋值，相当于对变量 a 赋值
    printf("a=%d,*p=%d\n",a,*p);
    printf("Enter a:");
    scanf("%d",&a);
    printf("a=%d,*p=%d\n",a,*p);
    (*p)++;                            //将指针所指向的变量加 1
    printf("a=%d,*p=%d\n",a,*p);
}
```

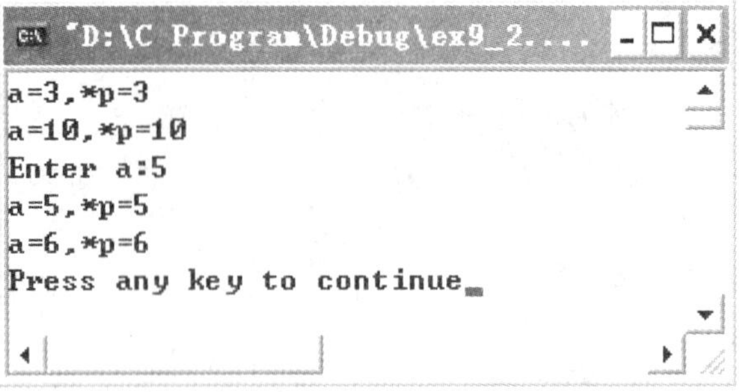

图 9-6　例 9-2 运行结果

第 4 行的"int a=3"和其后出现的 * p,尽管形式是相同的,但两者的含义不同。第 4 行,定义了指针变量,p 是变量名,* 表示其后的变量是指针;而后面出现的 * p 代表 p 所指向的变量。本例中,由于 p 指向变量 a,因此 * p 和 a 的值一样。

从上面的例子可以看到,要正确理解指针操作的意义,带有间接地址访问符 * 的变量的操作在不同的情况下会有完全不同的含义,这既是 C 的灵活之处,也是初学者最容易出错的地方。

2. 赋值运算

一旦指针被定义并赋值后,就可以如其他类型变量一样进行赋值运算。例如,

```
int a = 3, * p1, * p2;          //定义整型指针 p1 和 p2
p1 = &a;
p2 = p1;
```

将变量 a 的地址赋给指针 p2,因此指针 p1 和 p2 都指向变量 a,如图 9-7 所示。此时,* p1、* p2和 a 访问同一个存储单元,它们值一样。

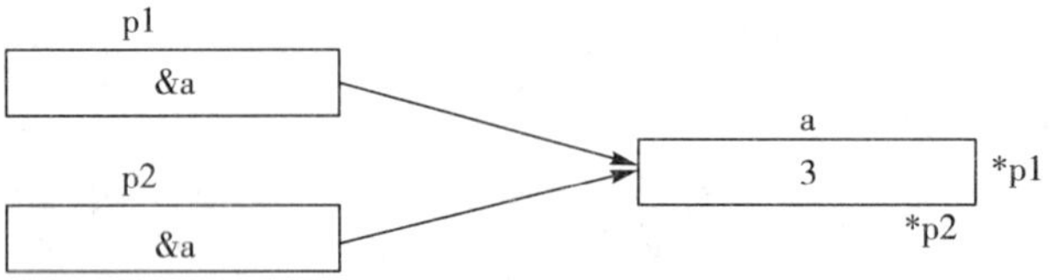

图 9-7　指针赋值示意图

给指针赋值是使指针和所指向变量之间建立关联的必要过程。指针之间的相互赋值只能在相同类型的指针之间进行,可以在定义时对指针进行赋值,也可以在程序运行过程中根据需要对指针重新赋值。但要特别注意:指针只有在被赋值以后才能被正确使用。指针的算术运算和比较运算将在 9.3 节介绍。

☞**注意:**只能将一个指针的值赋给另一个相同类型的指针。

9.1.5　指针变量的初始化

C 语言的变量在引用前必须先定义并赋值,指针变量在定义后也要先赋值再引用。在定义指针变量时,可以同时对它赋初值。例如:

```
int a;
int * p1 = &a;          //在定义指针 p1 的同时给其赋值,使指针 p1 指向变量 a
```

```
int *p2 = p1;        //在定义指针 p2 的同时给其赋值,使 p2 和 p1 的值相同
```

以上对指针 p1 和 p2 的赋值都是在定义时进行的,使得指针 p1 和 p2 都指向变量 a。

指针初始化的时候需要注意以下几点:

①在指针变量定义或者初始化时,变量名前面的“ * ”只表示该变量是个指针变量,它既不是乘法运算符也不是间接访问符。

②把一个变量的地址作为初始化值赋给指针变量时,该变量必须在此之前已经定义。因为变量只有在定义后才被分配存储单元,它的地址才能赋给指针变量。

③可以用初始化了的指针变量给另一个指针变量作初始化值。

④不能用数值作为指针变量的初值,但可以将一个指针变量初始化为一个空指针。例如:

```
int *p = 1000;
```

是不对的,而

```
int *p = 0;
```

是将指针变量初始化为空指针,这里 0 是 ASCII 字符 NULL 的值。

指针变量定义时的数据类型和它所指向的目标变量的数据类型必须一致,因为不同的数据类型所占用的存储单元的字节数不同。

需要再次指出的是,定义指针变量后,就可以使用它,但必须先赋值后引用。指针如果没有被赋值,它的值是不确定的,即它指向一个不确定的单元,使用这样的指针,可能会出现难以预料的结果,甚至导致系统操作错误。

9.1.6 技能训练

【例 9-3】 输入两个整数,并将其按从小到大输出。

程序代码:

```
/*ex9_3.c*/
#include <stdio.h>
void main()
{
    int *p1, *p2, *p,a,b;
    scanf("%d%d",&a,&b);
    p1 = &a;
    p2 = &b;
    if(a<b)
    {
        p = p1;
        p1 = p2;
        p2 = p;
    }
    printf("a = %d,b = %d\n",a,b);
    printf("max = %d,min = %d\n", *p1, *p2);
}
```

输入 5 12,运行结果如图 9-8 所示。

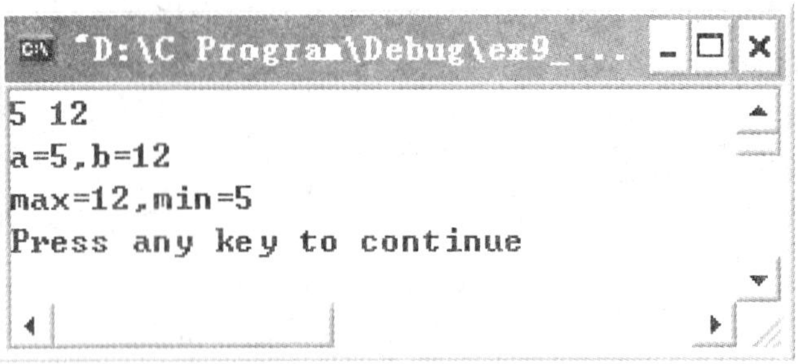

图 9-8　例 9-3 程序运行结果

9.2　两值互换

9.2.1　程序解析

【例 9-4】 有两个角色分别用变量 a 和 b 表示。为了实现角色互换,现制定了三套方案,通过函数调用来交换变量 a 和 b 的值,即 swap1()、swap2()和 swap3()。请分析在 swap1()、swap2()和 swap3()这三个函数中,哪个函数可以实现这样的功能?

程序代码:

```
/* ex9_4.c */
#include <stdio.h>
void swap1(int x,int y);
void swap2(int *px,int *py);
void swap3(int *px,int *py);
void main ()
{
    int a = 10,b = 20;
    int *pa = &a, *pb = &b;
    swap1(a,b);                    //使用变量 a,b 调用函数 swap1()
    printf("after calling swap1:a = %d,b = %d\n",a,b);
    swap2(pa,pb);                  //使用指针 pa,pb 调用函数 swap2()
    printf("after calling swap2:a = %d,b = %d\n",a,b);
    a = 1;
    b = 2;
    swap3(pa,pb);                  //使用指针 pa,pb 调用函数 swap3()
    printf("after calling swap3:a = %d,b = %d\n",a,b);
}
void swap1(int x,int y)
{
    int t;
```

```
        t = x;
        x = y;
        y = t;
    }
    void swap2(int *px,int *py)
    {
        int t;
        t = *px;
        *px = *py;
        *py = t;
    }
    void swap3(int *px,int *py)
    {
        int *pt;
        pt = px;
        px = py;
        py = pt;
    }
```

运行结果如图 9-9 所示。

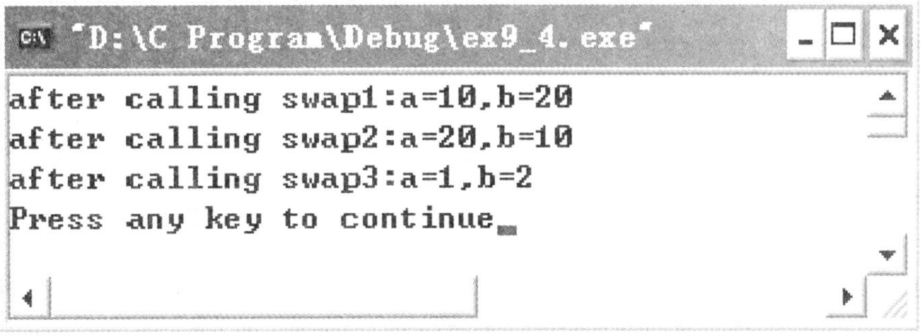

图 9-9 例 9-4 程序运行结果

运行结果表明调用 swap1()和 swap3()后变量 a 和 b 的值都没有发生互换,但是调用 swap2()后 a 和 b 的值发生了互换。下面将进行详细分析。

9.2.2 指针作为函数的参数

在第 5 章中,已经介绍过 C 语言中的函数参数,包括实参和形参,两者的类型要一致。函数参数可以是整型、字符型和浮点型,当然也可以是指针类型。如果将某个变量的地址作为函数的实参,相应的形参就是指针。

在 C 语言中,实参和形参之间的数据传递是单向的值传递方式,调用函数不能改变实参变量的值,当指针变量作为函数参数时也遵守这个规则。调用函数不能改变实参指针变量的值,但可以改变实参指针变量所指向的变量的值。这样的机制被称为“调用”。采用调用机制,需要在函数定义时将指针作为函数的参数,在函数调用时把变量的地址作为实参。

下面将通过解析例 9-4 来回顾并区别使用普通变量作为参数的情况。

函数 swap1()使用的是普通变量调用，也就是值调用，参数的传递是从实参变量到形参变量的单个方向上的值的传递。在 swap1()被调用时，将实参 a 和 b 的值传递给形参 x 和 y，如图 9-10(a)所示。在函数中，通过变量 t 实现了变量 x 和 y 值的交换，如图 9-10(b)所示。但当返回主调函数后，swap1()函数中定义的变量都销毁了，而主调函数中的变量 a 和 b 的值没有任何改变，如图 9-10(c)所示。即在 swap1()函数中改变了形参的值，但不会反过来影响到实参的值。因此，调用 swap1()不能改变 main()函数中实参 a 和 b 的值。即 swap1()函数的调用过程没有实现 a 和 b 的值的交换。

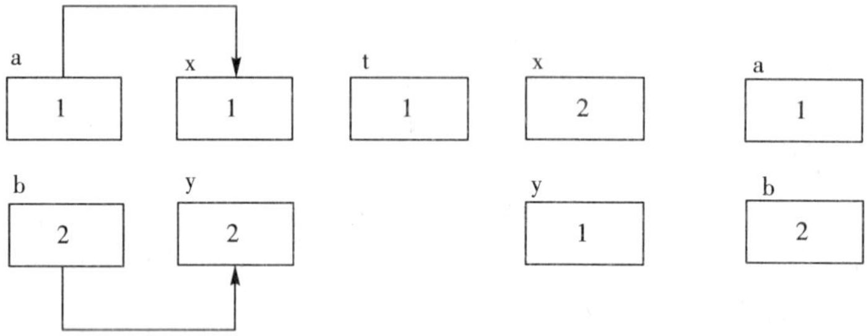

(a)参数传递　　(b)交换 x 和 y　　(c)返回主函数

图 9-10　普通变量作为函数参数的示意图

函数 swap2()的实参是指针变量 pa 和 pb，其值分别是变量 a 和 b 的地址。在函数 swap2()被调用时，将参数 pa 和 pb 的值传递给形参 px 和 py。这样，px 和 py 中分别存放了 a 和 b 的地址，px 指向 a，py 指向 b，如图 9-11(a)所示。由于 * px 和 a 代表同一个存储单元，只要在函数中改变 * px 的值，就改变了该存储单元的内容，如图 9-11(b)所示。返回主调用函数后，由于 a 代表的单元内容发生了变化，a 的值就改变了，如图 9-11(c)所示。因此，在函数 swap(2)中交换 * px 和 * py 的值，主调函数中 a 和 b 的值也相应交换了，即达到了交换数据的目的。

函数 swap3()中的参数形式与 swap2()一样，调用时的参数传递过程也相同，如图 9-11(a)所示。但在函数 swap3()中直接交换了形参指针 px 和 py 的值，如图 9-11(d)所示，由于同样的理由，形参 px 和 py 的改变不会影响 pa 和 pb，因此调用该函数并不能改变主调函数 main()中变量 a 和 b 的值，如图 9-11(e)所示。

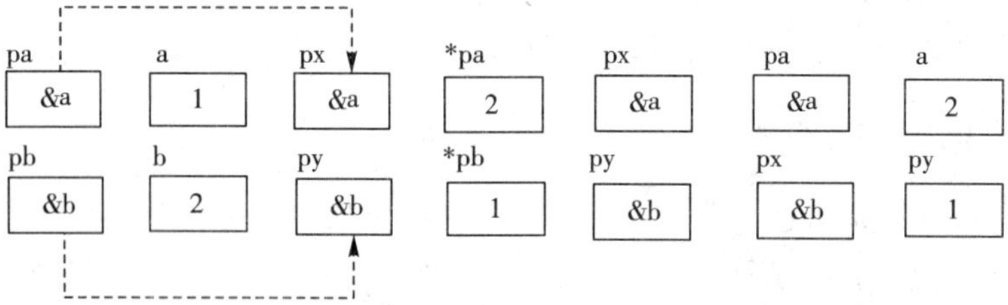

(a)参数传递　　(b)交换 x 和 y　　(c)返回主函数

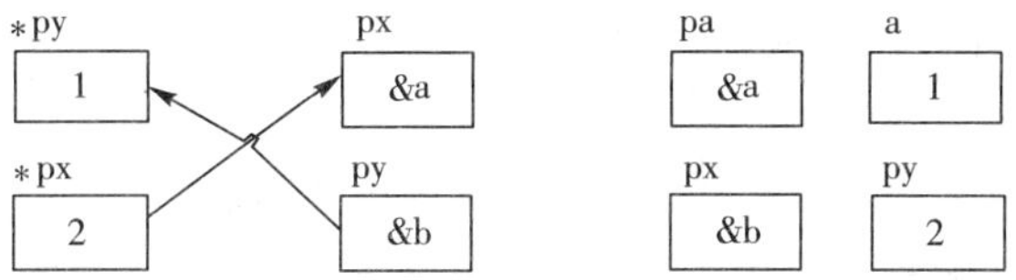

(d)交换 px 和 py 的值　　(e)返回主函数

图 9-11 指针作为函数参数的示意图

总之，通过该函数调用来改变主调函数中某个变量的值，可以把指针作为函数的参数。在主调函数中，将该变量的地址或者指向该变量的指针作为实参，在被调函数中，用指针类型形参接受该变量的地址，并改变形参所指向变量的值。

9.2.3 指针程序设计举例

【例 9-5】 输入年份和天数，输入对应的年、月、日。要求定义和调用函数 month_day (year, yearday, * pmonth, * pday)，其中 year 是年，yearday 是天数，* pmonth 和 * pday 是计算得出的月和日。例如，输入 2000 和 61，输出 2000—3—1，即 2000 年的第 61 天是 3 月 1 日。

程序代码：

```
/ * ex9_5.c * /
#include <stdio.h>
void main()
{
    int day,month,year,yearday;
    void month_day(int year,int yearday,int *pmonth,int *pday);
    printf("input year and yearday:");
    scanf("%d%d",&year,&yearday);
    month_day(year,yearday,&month,&day);
    printf("%d-%d-%d\n",year,month,day);
}
void month_day (int year,int yearday,int *pmonth,int *pday)
{
    int k,leap;
    int tab[2][13] = {{0,31,28,31,30,31,30,31,31,30,31,30,31},
                      {0,31,29,31,30,31,30,31,31,30,31,30,31}};
    //定义数组存放非闰年和闰年每个月的天数
    //建立闰年判别条件 leap
    leap = (year % 4 == 0 && year % 100 != 0) || year % 400 == 0;
    for(k = 1;yearday>tab[leap][k];k++)
        yearday -= tab[leap][k];
    *pmonth = k;
    *pday = yearday;
}
```

输入 2015 153,运行结果如图 9-12 所示。

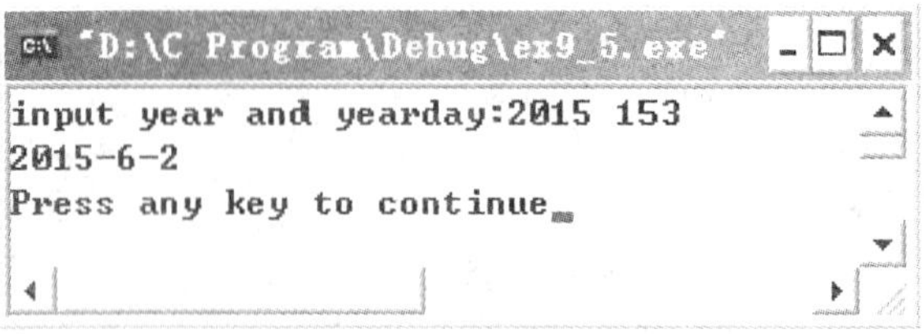

图 9-12 例 9-5 程序运行结果

在 main()函数中调用函数 month_day()时,将变量 month 和 day 的地址作为实参,在被调用函数中用形参指针 pmonth 和 pday 分别接收地址,并改变了形参所指向变量的值。因此,main()函数中 month 和 day 的值也随之改变。

9.2.4 技能训练

【例 9-6】 编写程序:用指针实现数组中 5 个元素值的输入,并倒序输出。

程序代码:

```
/* ex9_6.c */
#include <stdio.h>
void main()
{
    int arr[5],i;
    int *p=arr;
    printf("输入 5 个整数:\n");
    for(i=0;i<5;i++)
        scanf("%d",&arr[i]);
    puts("5 个整数倒序后为:");
    for(p=arr+4;p>=arr;p--)
        printf("%4d",*p);
    printf("\n");
}
```

输入 1 2 3 4 5 后,运行结果如图 9-13 所示。

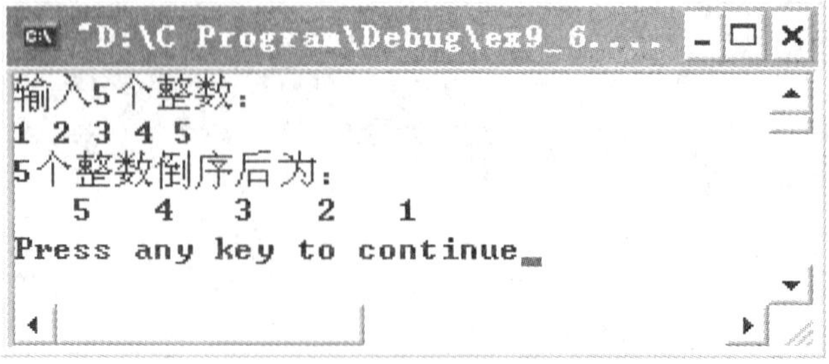

图 9-13 例 9-6 程序运行结果

9.3 冒泡排序

指针和数组在许多方面有相似之处，例如，指针名和数组名都代表内存地址。不同的是，指针名是一个变量，而数组名是一个常量。换言之，指针名所代表的地址是可以改变的，而数组一旦被定义后内存空间就被分配，也就是说数组名所代表的地址是不能改变的。因此研究指针和数组的关系类似于研究一个同类型的变量和常量之间的关系，当然前者更复杂些。

9.3.1 程序解析

【例 9-7】 输入 n 个正整数，将它们按从小到大排序后输出，要求使用冒泡排序算法。

程序代码：

```
/ * ex9_7.c * /
# include <stdio.h>
void bubble (int a[],int n);
void main (void)
{
    int n,a[8];
    int i;
    printf ("Enter n(n< = 8):");
    scanf(" % d",&n);
    printf("Enter a[ % d]:",n);
    for(i = 0;i<n;i + + )
        scanf(" % d",&a[i]);
    bubble(a,n);
    printf("After sorted\na[ % d] = ",n);
    for(i = 0;i<n;i + + )
        printf (" % 3d",a[i]);
    puts("");
}
void bubble (int  * a,int n)              //n是数组a中待排序元素的数量
{
    int i,j,t;
    for(i = 1;i<n;i + + )                 //外部循环
        for(j = 1;j<n - 1;j + + )         //内部循环，比较两个元素的大小
            if ( * (a + j)> * a(j + 1))   //如果前一个元素的大，则交换
            {
                t =  * a(j);
                 * a([j] =  * a(j + 1);
                 * a(j + 1) = t;
            }
}
```

输入 5 后，继续输入 1 2 9 4 7，运行结果如图 9-14 所示。

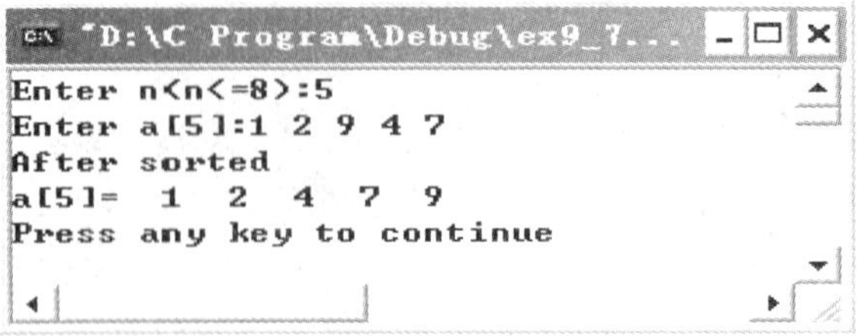

图 9-14　例 9-7 程序运行结果

程序中定义了一个函数 bubble()实现数组元素的排序，它有两个形参：a 是等待排序的整型数组名，n 是数组 a 待处理的数组元素的数量。

9.3.2　指针、数组和地址间的关系

在定义数组时，编译器必须分配基地址和足够的存储空间，以存储数组的所有元素。数组的基地址是在内存中存储数组的起始位置，它是数组中第一个元素（下标为 0）的地址，因此数组名本身是一个地址，即指针。在访问内存方面，指针和数组几乎是相同的，当然也有区别，这些区别是微妙且重要的：指针是以地址作为值的变量，而数组名的值是一个特殊的固定地址，可以把它看做是常量指针。当一维数组名赋值给指针变量时，指针变量就指向了一维数组，就称该指针是指向数组的指针。指针指向了一维数组后，可以利用指针对数组进行哪些操作呢？这一节就来讨论指针和一维数组的关系。

一个指针变量既可以指向数组的首地址，也可以指向数组中的元素。假设有指针变量 p 和数组 a[10]，将数组 a 的首地址赋给指针变量 p，则可以通过 p 对数组进行操作。

例如：

```
int *p, *p1, *p2;
int a[10];
p1 = &a[2];
p2 = &a[5];
```

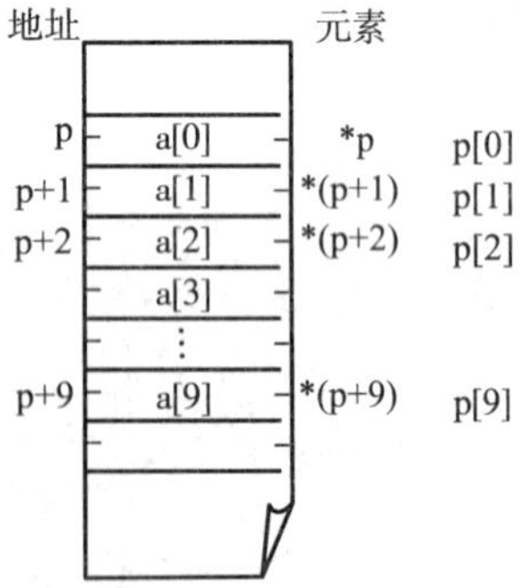

图 **9-15**　指针和数组关系图

可以有：

①“p=&a[0];”，则 p+1 指向 a[1]。

②“p=&a[2]; p++;”，则 *p=1;等价于“a[3]=1;”，如图 9-15 所示。

③p2-p1=3。

图 9-15 中描述了指针和数组的关系。从图中可以看出当指针变量 p 指向数组首地址时，p＋1 就等价于 a＋1，也等价于 &a[1]，也就是说 p＋i、a＋i 和 &a[i]三者是等价关系。由此可知：*(p＋i)、*(a＋i)、a[i]及 p[i]四者是等价关系。图 9-16 和图 9-17 分别描述了用下标法和指针法引用数组元素。

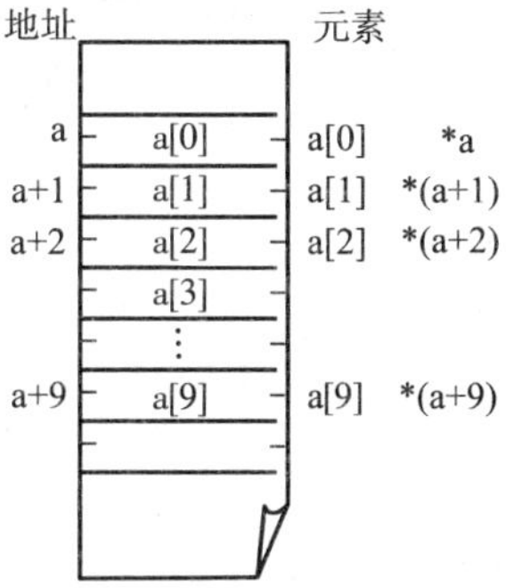

图 9-16　下标法引用数组元素

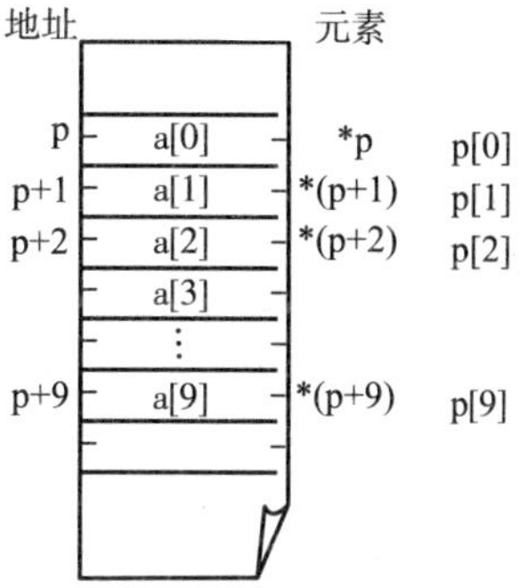

图 9-17　指针法引用数组元素

正如表达式 *(a＋i)与 a[i]等价一样，表达式 *(p＋i)与 p[i]等价。下面是对数组求和的另一种方法：

```
p = a;
sum = 0;
for(i = 0;i<100; + + i)
    sum + = p[i];
```

虽然在很多方面数组和指针都能处理同样的问题，但它们有一个本质的不同。数组 a 是指针常量，不是变量，所以像 a＝p、a＋＋和 a＋2 这样的表达式都是非法的，不能改变指针常量 a 的值。

指针运算是 C 的重要特征之一。如果变量 p 是指向某个指定类型变量的指针，那么表达式 p＋1 代表访问该类型的下一个变量的内存地址。以类似的方式，像 p＋i、p＋＋和 p＋＝i 这样的表达式都是有意义的。

如果 p 和 q 是指向数组元素的指针，那么 p－q 产生一个 int 型的值，该值表示在 p 和 q 之间的数组元素的个数。同样，指针每一次加 1 或减 1，并非指针的值加 1 或减 1，而是加上或减去该指针所指向的变量数据类型的长度，即它所指向的存储单元所占用的字节数。由于数组元素是连续存储的，如果 p3 是指向数组 a[1]的指针，假设用两个字节存储整型数据，且 a[1]的上一个存储单元 a[0]的地址，故 p3 指向 a[0]。

虽然指针的算术运算和其他类型数据算术运算看起来相似，但它们有着本质上的不同，下面的示例程序进一步说明了这种不同。

9.3.3　指针程序设计举例

【例 9-8】 使用指针计算数组元素个数和数组元素的存储单元数。

程序代码：

```
/ * ex9_8.c * /
# include <stdio.h>
void main()
```

```
{
    double a[2], *p, *q;
    p = &a[0];                              //指针 p 向数组 a 的首地址
    q = p + 1;                              //指针 q 指向数组元素 a[1]
    printf("%d\n",q - p);                   //计算指针 p 和 q 之间的元素的个数
    printf("%d\n", (int)q - (int)p);        //计算指针 p 和 q 之间的字节数
}
```

运行结果如图 9-18 所示。

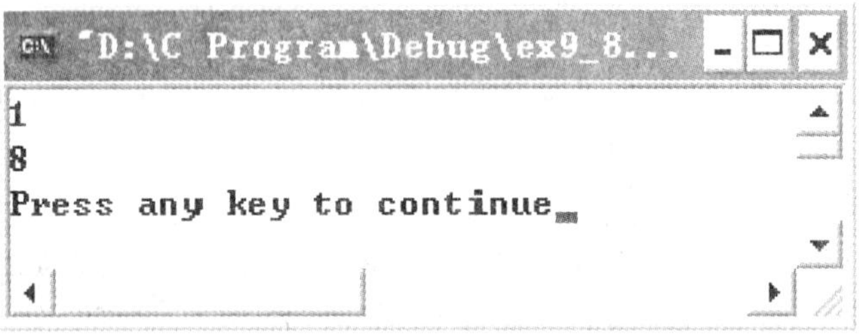

图 9-18　例 9-8 程序运行结果

最后一行所显示的内容与计算机系统相关，一般的系统都是以 8 个字节存储一个 double 型值，因此，在解释 double 型数据的两个机器地址间的差是 8。在指针 p 和 q 前面加上(int)强制转换，实际上给出两个 double 型数组所在的内存首地址，再进行算术运算得到结果为 8。

两个相同类型的指针相减，表示它们之间相隔的数组元素数目。要特别注意的是，在 C 语言中，指针算术运算只包括两个相同类型的指针相减以及指针加上或减去一个整数，其他的操作如指针相加、相乘和相除，或指针加上和减去一个浮点数都是非法的。

两个相同类型指针还可以使用关系运算符比较大小。例如，在例 9-8 中，p<q 的值是 1(真)。下面给出一个使用指针进行数组操作的完整的程序。

【例 9-9】 输入 10 个整数作为数组元素，分别使用数组和指针来计算并输出它们的和。

程序代码：

```
/* ex9_9.c */
#include <stdio.h>
void main()
{
    int i,a[10], *p;
    long sum = 0;
    printf("请输入 10 整数:");
    for(i = 0;i<10;i++)
        scanf("%d", &a[i]);
    for(i = 0;i<10;i++)
        sum = sum + a[i];
    printf("通过数组下标法,sum = %ld \n", sum);
    sum = 0;                        //重新初始化 sum 为 0
```

```
    for(p=a;p<=a+9;p++)    //使用指针求和
        sum=sum+ *p;
    printf("通过数组指针法,sum=%ld\n", sum);
}
```

运行结果如图 9-19 所示。

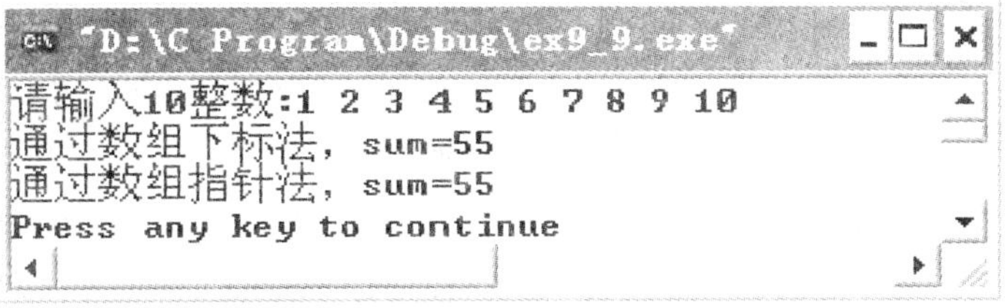

图 9-19 例 9-9 程序运行结果

在循环中,指针 p 先指向数组首元素 a[0],累加 *p,然后 p 自增 1,指向下一个元素,再累加 *p……直至 p 大于最后一个元素 a[9]的地址。通过指针 p 值有规律的变化让它依次指向每一个数组元素,再用 *p 取出相应元素的值进行处理,体现出指针操作的基本特点。

可见,使用数组和指针可以实现相同的操作,而且指针的效率高、更灵活。实际上,在 C 编译器中,对数组的操作是自动转换为指针的。但与数组操作相比,指针操作的程序代码阅读器上不够直观,特别对 C 的初学者来说较难掌握。

9.3.4 数组名作为函数的参数

在例 9-7 的函数定义中,数组的形参 a 实际上是一个指针。当进行参数传递时,主函数传递的是数组 a 的基地址,数组元素本身不被复制。作为一种表示习惯,编译器允许在作为参数声明的指针中使用数组方括号。为了说明这点,下面以一个对 int 型数组的元素进行累加的程序作为示例。

```
int sum(int a[],int n)          // int a[]等价于 int *a
{
    int i,s=0;
    for(i=0;i<n;++i)
        s+=a[i];
    return s;
}
```

假设定义数组 int b[100],在对 b 的数组元素赋值后,可以调用函数 sum()对 b 中的元素累加,见表 9-1 所示。

表 9-1 使用数组 b 作为实参调用 sum 函数的方法

调 用	被计算和被返回的内容
sum(b,100)	b[0]+b[1]+…+b[99]
sum(&b[5],k-5)	b[5]+b[6]+…+b[k-1]
sum(b+7,2*k)	b[7]+b[8]+…+b[2*k+6]

表中最后一个函数的调用再次说明了对指针运算的用法。在 sum(b+7,2 * k)中,把 b 的地址偏移 7,即从元素 b[7]开始,在函数 sum()中把指针变量 a 初始化为这个地址,这使得在函数调用中的所有地址计算结果都被相应地偏移,假如 k 已经赋值,那么累加到 b[2 * k+6]为止。

9.3.5 技能训练

【例 9-10】 输入 n 个整数存放在数组中,试通过函数调用的方法实现数组元素的逆序存放。设数组有 n 个元素,将(a[0],a[n−2])互换……直到每对元素都互换一次。

程序代码:

```
/* ex9_10.c */
#include <stdio.h>
void reverse(int p[],int n);                    //函数原型声明
void main()
{
    int i,a[10],n;
    printf("请输入 n:");
    scanf("%d",&n);
    printf("请输入%d个整数:",n);
    for(i=0;i<n;i++)
        scanf("%d",&a[i]);
    reverse(a,n);                               //调用逆序函数
    printf("逆序后%d个整数:",n);
    for(i=0;i<n;i++)
        printf("%d\t",a[i]);
    puts("");
}
void reverse(int p[],int n)
{
    int i,j,t;
    for(i=0,j=n-1;i<j;i++,j--)
    {
        t=p[i];
        p[i]=p[j];
        p[j]=t;
    }
}
```

运行结果如图 9-20 所示。

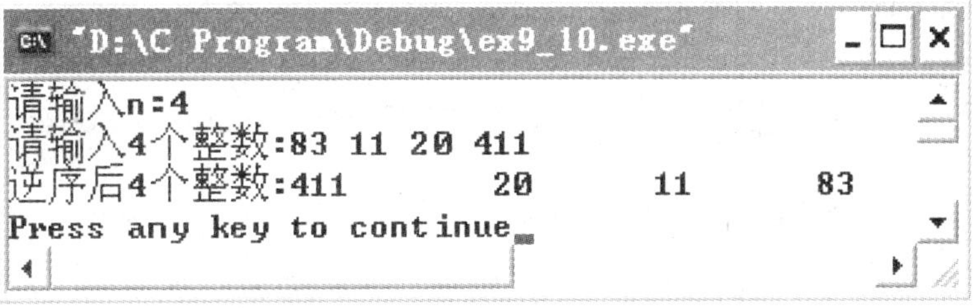

图 9-20 例 9-10 程序运行结果

数组名作为函数的实参，在被调用函数中，就能访问实参数组所在的存储单元，不但可以引用，还能改变这些单元的内容。返回主调函数后，相应数组元素的值就改变了。同样可以用指针操作实现函数 reverse()，下面是使用指针操作的函数 reverse()的代码。

```
/* 使用指针实现数组元素逆序存放 */
void reverse(int *p,int n)
{
    int *pj,t;
    for(pj=p+n-1;p<pj;p++,pj--)
    {
        t=*p;
        *p=*pj;
        *pj=t;
    }
}
```

在以上代码中，循环体中 pj 指向数组最后一个元素，而 p 指向数组的基地址。每次交换后，p 和 pj 分别自增和自减，直到指针重合为止。

9.3.6 冒泡排序算法分析

对于搜索大型数据库来说，对信息进行排序的算法是至关重要的。用词典来查找字词是相对容易和方便的，这是因为字典按字母表顺序进行了排序。排序是一种非常有助于解决查找问题的技术，此外，如何有效地排序本身就是计算机算法的一个重要的研究领域。在之前的章节中已经介绍了选择排序法，这里在介绍例 9-7 中应用的冒泡排序法。

之所以叫做冒泡排序，是因为它每次排序时，对所排序的数据，排序扫描总是将最大的那个数从底下“冒”上来。冒泡排序效率不高，这是因为它需要约 n(n－1)/2 次比较，然而对一些小数组来说它的性能通常还是可以接受的。对例 9-7 中定义的数组 a，假定输入后值为{7,3,66,3,－5,222,－77,2}，再调用 bubble(a,8)。

第一次循环的开始处，把 a[0]与 a[1]比较，由于它们不符合次序要求，对它们要做次序交换；然后把 a[1]与 a[2]比较，由于它们符合次序要求，对它们不做交换；再把 a[2]与 a[3]比较，以此类推。若邻接元素不符合次序要求，则要对它们进行交换。第一次循环的效果是把数组中的最大元素“冒泡”到 a[7]。在第二次循环后，不再检查 a[7]，既不再改变它，把 a[0]再与

a[1]比较,如此循环下去。在第二次循环后,第二大的数存放在 a[6]中。由于每次循环都把当前最大的元素放在数组合适的位置中,在 n－1 次循环后,算法就完成了所有元素的排序。

9.4 电码加密

在 C 语言中,字符串(string,简称串)是一种特殊的 char 型一维数组。可以把字符串中的字符作为数组中的元素访问,或利用 char 型指针对其访问,这种灵活性使得在用 C 语言编写字符串处理程序时特别有用。在 C 语言的标准库中,提供了很多有用的字符串处理函数。

虽然可以把对字符串的处理看做是对数组的处理的一种特殊情况,但是对字符串的处理也有自身的特点,如可以用字符'\0'终止字符串。本节中的示例程序用以说明使用指针处理字符串的思想。

9.4.1 程序解析

【例 9-11】 为了防止信息被别人轻易窃取,需要把电码明文通过加密方式变换成密文。变换规则如下:小写字母 z 变换成为 a,其他字母变换成为该字母 ASCII 码顺序后一位的字母,比如 o 变换成为 p。

程序代码:

```
/*ex9_11.c*/
#include <stdio.h>
#include <string.h>
#define MAXLINE 100
void encrypt(char *);
void main()
{
    char line[MAXLINE];
    printf("请输入一串字符串:");
    gets(line);
    encrypt(line);
    printf("加密后的字符串为:%s\n",line);
}
void encrypt(char *s)
{
    for(;*s!='\0';s++)
        if(*s=='z')
            *s='a';
        else
            *s=*s+1;
}
```

运行结果如图 9-21 所示。

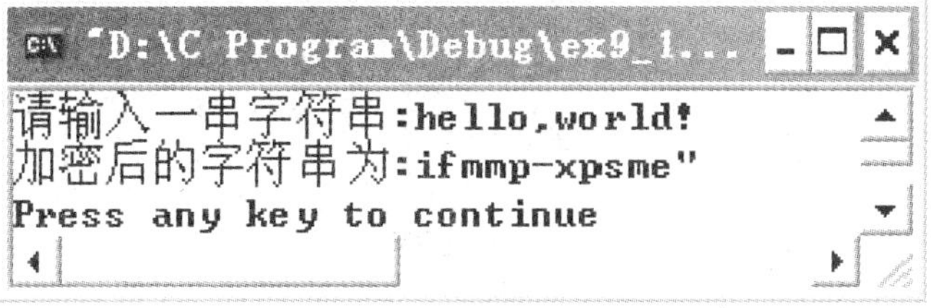

图 9-21 例 9-11 程序运行结果

字符数组 line 用于存放输入的字符串，调用加密函数 encrypt()后，输出加密后的秘文。加密函数 encrypt()的形参是字符指针 s，在调用时接收数组 line 的值(即数组首元素的地址)，通过指针 s 的移动实现对字符数组中每个元素的遍历和处理。

9.4.2 字符串和字符指针

首先讨论字符串常量的存储。字符串常量是用一对双引号括起来的字符序列，与基本类型常量的存储相似，字符串常量在内存中的存放位置由系统自动安排。由于字符串常量是一串字符，通常被看作一个特殊的一维字符数组，与数组的存储类似，字符串常量中的所有字符在内存中连续存放。所以系统在存储一个字符串常量时先给定一个起始地址，从该地址指定的存储单位开始，连续存放该字符串中的字符。显然，该起始地址代表了存放字符串常量首字符的存储单元的地址，被称为“字符串常量的值”，也就是说，字符串常量实质上是一个指向该字符串首字符的指针常量。例如，字符串“hello”的值是一个地址，从它指定的存储单元开始连续存放该字符串的 6 个字符。

如果定义一个字符指针接收字符串常量的值，该指针就指向字符串的首字符。这样，字符数组和字符指针都可以用来处理字符串。例如：

```
char sa[] = "array";
char * sp = "point";
printf("%s",sa);                //数组名 sa 作为 printf 的输出参数
printf("%s",sp);                //字符指针 sp 作为 printf 的输出参数
printf("%s\n","string");        //字符串常量作为 printf 的输出参数
```

输出：

```
array point string
```

调用 printf()函数，以%s 的格式输出字符串时，作为输出参数，数组名 sa、指针 sp 和字符串“string”的值都是地址，从该地址所指定的单元开始连续输出其中的内容(字符)，直至遇到'\0'为止。由此可见，输出字符串时，输出参数给出起始位置(地址)，'\0'用来控制结束。因此，字符串中其他字符的地址也能作为输出参数。例如，

```
printf("%s",sa + 2);            //数组元素 sa[2]的地址作为输出参数
printf("%s",sp + 3);            //sp + 3 作为起始地址
printf("%s\n","string" + 1);
```

输出：

ray nt tring

字符数组与字符指针都可以处理字符串，但两者之间有重要区别。例如：

```
char sa[]="This is a string";
char *sp[]="This is a string";
```

字符数组 sa 在内存中占用了一块连续的单元，有确定的地址，每个数组元素放字符串的一个字符，字符串就存放在数组中。字符指针 sp 只占用一个可以存放地址的内存单元，存储字符串首字符的地址，而不是将字符串放到字符指针变量中去，如图 9-22 所示。

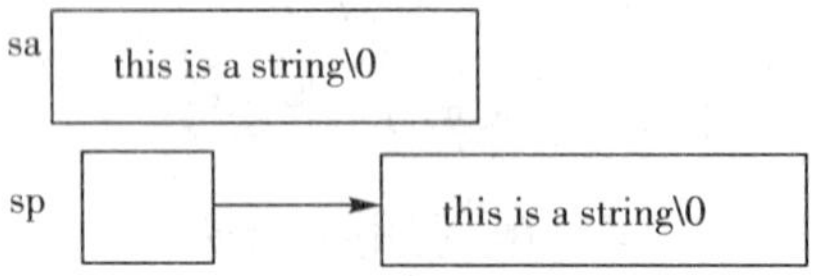

图 9-22　字符串 sa 和字符指针 sp 的区别示意图

如果要改变数组 sa 所代表的字符串，只能改变数组元素的内容。如果要改变指针 sp 所代表的字符串，通常直接改变指针的值，让它指向新的字符串。因为 sp 是指针变量，它的值可以改变，转而指向其他单元。例如：

```
strcpy(sa,"Hello");
sp="Hello";
```

分别改变了 sa 和 sp 所表示的字符串。而

```
sa="Hello";
```

是非法的，因为数组名是常量，不能对它进行赋值。

定义字符指针后，如果没有对它赋值，指针的值是不确定的，不能明确它指向的内存单元。因此，如果引用未赋值的指针，可能会出现难以预料的结果。例如，

```
char *s;
scanf("%s",s);
```

没有对指针 s 赋值，却对 s 指向的单元赋值。如果该单元已分配给其他变量，其值就改变了。如：

```
char *s,str[20];
s=str;
scanf("%s",s);
```

是正确的。数组 str 有确定的存储单元，s 指向数组 str 的首元素，并对数组赋值。

☞**注意**：为了尽量避免引用未赋值的指针所造成的危害，在定义指针时，可先将它的初值置为空，如 char *s=NULL。

现在详细分析一下例 9-11 的程序，讨论它是如何通过指针实现对字符串的处理。程序先定义了字符数组 line，通过 gets()函数读入一个字符串并存放在数组 line 中，然后将 line 作为实参，调用加密函数 encrypt()，参数传递时形参 s 接收数组 line 的基地址，而数组 line 的元素本身并不被复制。在函数 encrypt()中可以通过 s 来访问 line 数组的元素，在循环中根据当前 s 指针所指向的字符值作相应的字符替换。调用函数 encrypt()后，字符数组 line 的元素就发生了变动。

下面进一步分析字符数组和字符指针的运用。试编写自定义函数 encrypt()来实现例 9-11中的加密功能，要求使用字符数组实现。当字符数组名、字符串常量或字符指针作为函

数实参时，相应的形参都是字符指针，它也可以写成数组形式。

```
void encrypt(char s[])
{
    int i;
    for(i = 0;s[i]! = '\0';i + + )
        if(s[i] = = 'z')
            s[i] = 'a';
        else
            s[i] = s[i] + 1;
}
```

在这里，把循环条件改为 s[i]! ='\0'，在循环中根据 s[i]的字符值作相应的字符替换。

9.4.3 字符指针程序设计举例

【例 9-12】 利用字符指针完成字符串的交换。

程序代码：

```
/ * ex9_12.c * /
# include <stdio.h>
# include <string.h>
void main()
{
    char * days[] = { "Sunday","Monday","Tuesday","Wednesday",
                     "Thursday","Friday","Saturday"};
    char * temp;
    printf("\n 第三天和第四天分别是 % s 与 % s",days[2],days[3]);
    temp = days[2];
    days[2] = days[3];
    days[3] = temp;
    printf("\n 交换后,第三天和第四天分别是 % s 与 % s",days[2],days[3]);
    printf("\n");
}
```

运行后如图 9-23 所示。

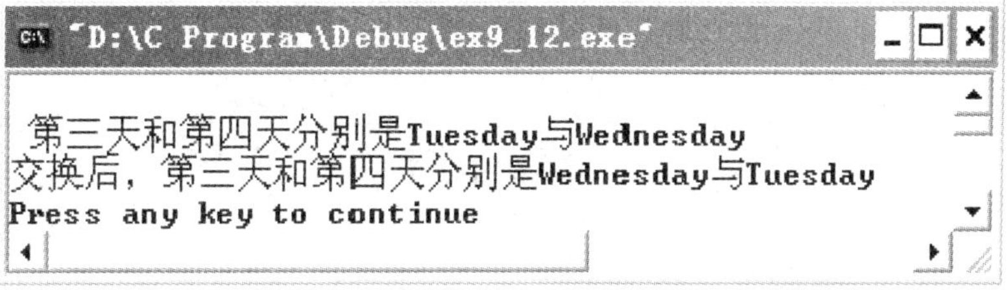

图 9-23 例 9-12 程序运行结果

9.4.4 技能训练

【例 9-13】 输出月份所对应的英文名字。

问题分析：

要求使用字符指针数组实现，应声明字符指针数组，并初始化为 12 个月份的英文单词。接收键盘输入数字，判断是否为合法的月份，并输出相应的信息。

程序代码：

```
/*ex9_13.c*/
#include <stdio.h>
void main( )
{
    char *months[ ] = {"January","February","March","April","May","June","July",
                       "August","September","October","November","December"};
    int n;
    printf("请输入查询月份:");
    scanf("%d",&n);
    if(n<=12&&n>=1)
        printf("\n%d月的英文名称是%s\n",n,*(months+n-1));
    else
        printf("输入的月份无效! \n");
}
```

程序运行结果如图 9-24 所示。

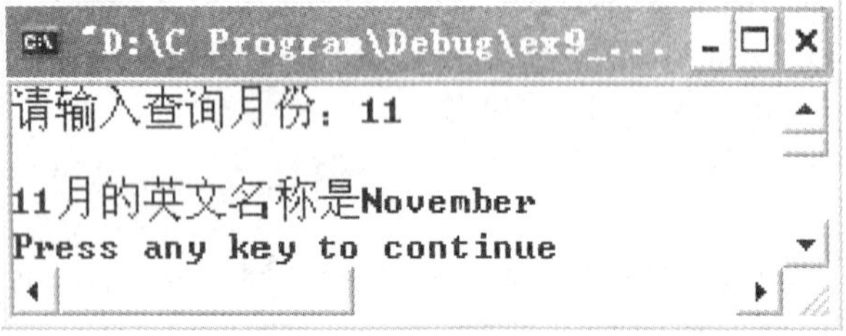

图 9-24 例 9-13 程序运行结果

☞**注意：**字符串的输出可通过指针指向数组元素的地址偏移量完成操作，即 *(months+n−1)。在字符串的操作中，字符指针数组经常使用，比较方便。

本章小结

➢指针是地址，指针变量则是存放内存地址的变量。

➢指针变量也要先声明后使用，且在使用前要给指针变量初始化或赋值；用基本类型的变量给指针变量赋值时，变量前要加取地址运算符“&”，如果用数组名给指针赋值则不要加取地址运算符“&”。

➢取地址运算符“&”和取内容运算符“ * ”互为逆运算。

➢指针的算术运算的实质是改变指针变量的指向，将其向上或向下移动。

➢指针的关系运算的前提是两个指针同时指向同一个数组，否则没有实际的意义。

➢当一个指针指向一个一维数组后，可以利用指针引用数组元素。

习题 9

一、单项选择题

1. 指针变量中存放的内容是(　　)。

A. 整型数值　　B. 字符型字母　　C. 内存单元地址　　D. 浮点型数值

2. 下面说法正确的是(　　)。

A. 指针变量不必声明，可直接使用

B. 指针变量使用前必须先进行初始化或赋值

C. 一个指针变量既可以存放整型变量的地址，也可以存放字符型变量的地址

D. 以上说法都不正确

3. 假设有指向整型的指针变量 p 和整型变量 i，则下列选项中，对指针进行赋值形式正确的是(　　)。

A. p=i;　　B. p= * i;　　C. * p=i　　D. p=&i

4. 对于指针来说，下面(　　)是指针可以参与的。

A. p++,p--　　B. p=21,p=0　　C. p1==p2,p1='a'　　D. 以上都正确

5. 对于类型相同的两个指针变量之间，不能进行的运算是(　　)。

A. <　　B. =　　C. +　　D. -

6. 下列语句中，对数组元素的引用不正确的是(　　)。

A. * p[0]　　B. * (p+1)　　C. * (a+2)　　D. p[3]

7. 执行以下程序后，输出结果是(　　)。

```
#include <stdio.h>
void main( )
{    int a[6] = {4,2,10,5,20,7}, * p = a;
     printf("%d", * (p + 2));}
```

A. 2　　B. 3　　C. 6　　D. 10

8. 设有“int s[ ]={2,4,6,8,10}, * p=s;”，则下列选项中值为 8 的表达式是(　　)。

A. * p+2　　B. * p+3　　C. * (p+3)　　D. * (p+2)

9. 在类型相同的两个指针变量之间，能进行的运算是(　　)。

A. %　　B. =　　C. +　　D. /

10. 已知“char s[10] = "Apple", * p = s;”，则在下列语句中，错误的语句是(　　)。

A. p=s+5;　　B. s=p+s;　　C. s[2]=p[4];　　D. * p=s[0];

11. 下面函数的功能是(　　)。

```
void a(char s1[],char s2[])
```

```
{
    while( * s2 + + = * s1 + + );
}
```

A. 字符串比较　　B. 字符串复制　　C. 字符串连接　　D. 字符串反向

12. 下列语句中，定义指针变量 P 的正确语句是(　　)。

A. int x,p=&x;　　B. int x, * p=x;

C. int x, * p=&x;　　D. int x, * p= * x;

13. 设有"int a[10]={1,2,3,4,5,6,7,8,9,10}, * p=a+2;",则 p[2]的值是(　　)。

A. 3　　B. 4　　C. 5　　D. 6

14. 设有定义"char str[]="game_over", * p=&str[0];",则语句"printf("%d,%d", sizeof[str],strlen(p));"的输出结果是(　　)。

A. 10,9　　B. 10,10　　C. 9,9　　D. 9,10

15. 下列关于语句"int * p[10];"的说法正确的是(　　)。

A. p 是一个指针，指向一个数组，数组的元素是整型

B. p 是一个数组，其数组的每一个元素是指向整数的指针

C. A 和 B 的说法均错，但它是 C 语言的正确语句

D. C 语言不允许使用这样的语句

16. 如果有定义"int m,n=5, * p=&m;",与 m=n 等价的语句是(　　)。

A. m= * p;　　B. * p= * &n;　　C. m=&n;　　D. m= ** p;

17. 下面程序段的运行结果是(　　)。

```
char str[ ] = "ABC", * p = str;
printf(" % s\n", * (p + 1));
```

A. 66　　B. BC　　C. 字符'B'的地址　　D. 字符'B'

18. 已有声明"int k=2, * ptr1, * ptr2;",且 ptr1 和 ptr2 均已指向同一个变量 k,下面执行的赋值语句不正确的是(　　)。

A. k= * ptr1+ * ptr2 ;　　B. ptr2=k;

C. ptr1=ptr2;　　D. k= * ptr1 * (* ptr2);

19. 有如下程序：

```
#include <stdio.h>
void main()
{   char s[] = "ABCD", * P;
    for(p = s + 1;p;p ++ )
        printf(" % s\n", * p);
}
```

该程序的输出结果是(　　)。

A.	B.	C.	D.
ABCD	A	B	BCD
BCD	B	C	CD
CD	C	D	D
D	D		

20. 设有下面的程序段:"char s[ ]="china",char *p;p=s;",则下列叙述正确的是(　　)。

A. s 和 p 完全相同

B. 数组 s 中的内容和指针变量 p 中的内容相等

C. s 数组长度和 p 所指向的字符串长度相等

D. *p 与 s[0]相等

二、填空题

1. 以下函数把 b 字符串连接到 a 字符串的后面,并返回 a 中新字符串的长度,请填空。

```
strcen(char a[], char b[])
{
    int num = 0,n = 0;
    while( *(a + num)! = __________)                /* $ BLANK1 $ */
        num ++ ;
    while(b[n])
    {
        *(a + num) = b[n]; num ++ ;__________} ;    /* $ BLANK2 $ */
    }
    return(num);
}
```

2. 通过指针操作,输出由二进制数字组成的字符串"0010110101000001",对应的无符号十进制整数,请填空。

```
#include <stdio.h>
void main()
{
    char v2[ ] ="0010110101000001", *p;
    unsigned int v10,t;
    v10 = __________;                /* $ BLANK1 $ */
    p = __________;                  /* $ BLANK2 $ */
    while( *p! = '\0')
    {
        t = *p - '0';
        v10 = v10 * 2 + t;
        ________;                    /* $ BLANK3 $ */
    }
    printf("\n%s is convered to integer number: %u\n",v2,v10);
}
```

三、阅读程序,写出运行结果

1. 以下程序的运行结果是__________。

```
#include <stdio.h>
void main( )
{
    int a[ ] = {2,4,6,8,10};
```

```
    int y,x, * p;
    p = a;
    for( x = 0;x<5;x += 2)
    {
        y = * (p + x);
        printf( "% 3d" ,y);
    }
}
```

2. 以下程序的运行结果是__________。

```
#include <stdio.h>
void swap(int * a,int * b)
{
    int t;
    t = * a;
    * a = * b;
    * b = t;
}
void main()
{
    int i = 3,j = 5;
    swap(&i,&j);
    printf("% d % d",i,j);
}
```

3. 以下程序的运行结果为__________。

```
#include <stdio.h>
void main()
{
    char s1[ ] = "ABCDEFGH",s2[ ] = "abCDefGh";
    char * p1, * p2;
    printf("% s\n",s1);
    printf("% s\n",s2);
    for(p1 = s1,p2 = s2; * p1 != '\0';p1 ++ ,p2 ++ )
        if( * p1 != * p2) printf("% c", * p1);
}
```

4. 以下程序的执行结果是__________。

```
# include <stdio.h>
void main ()
{
    char s[ ] = "abcdefg";
    char * p;p = s;
    printf( " ch = % c\n " , * (p + 5));
```

```
}
```

5. 以下程序的执行结果是__________。

```
# include <stdio.h>
void main ()
{
    char ch[2][5] = {"6934","8254"}, * p[2];
    int i, j, s = 0;
    for (i = 0; i<2; i++)
        p[i] = ch[i];
    for (i = 0; i<2; i++)
        for (j = 0; p[i][j]>'\0'&& p[i][j]<='9'; j+=2)
            s = 10 * s + p[i][j] - '0';
    printf("%d\n", s);
}
```

四、程序设计题

1. 输入 2 个整数,用指针实现两个数的大小比较,并输出结果。
2. 输入 3 个字符串,用指针实现按从小到大顺序输出。
3. 输入一行文字,找出其中大写字母、小写字母、空格、数字以及其他字符的个数。
4. 从键盘输入一个字符串,将其中的所有数字字符抽出,按原顺序组成一个新串并输出。例如,输入 AB93CD96kg,则输出新串 9396。
5. 用于接受 2 个字符串,判断第一个字符串中是否包含第二个字符串,如果包含,则输出第二个字符串在第一个字符串中的位置(即第二个字符串的第一个字符在第一个字符串中出现的位置)。

第10章

结构与共用

本章工作任务

- 掌握结构的基本概念和定义方法
- 结构变量和结构数组的定义和使用
- 灵活运用结构解决问题的方法和思路
- 共用以及枚举类型的定义和使用

本章知识目标

- 理解结构概念
- 熟练掌握定义结构、声明结构变量的方法
- 掌握和应用结构成员的访问
- 掌握结构数组的应用
- 掌握结构作为函数参数的应用

本章技能目标

- 了解枚举类型的概念和使用方法
- 理解结构类型和共用类型
- 掌握结构和共用变量的定义和使用方法
- 正确应用结构变量以及结构数组存数数据

本章重点难点

- 定义结构、声明结构变量和访问结构成员
- 结构数组的应用和结构作为函数的参数
- 共用变量的定义与应用

结构(struct)类型是一种允许程序员把一些数据成员聚合成一个整体的数据类型。一个结构中包含的每个数据成员都有名字,这些数据成员称为结构成员或者结构分量,结构成员可以是C语言中的任意变量类型,程序员可以使用结构类型来创建适合于问题的数据聚合。像数组和指针一样,结构也是一种构造数据类型,它与数组的区别在于:数组中所有元素的数据类型必须是相同的,而结构中各成员的数据类型可以不同。因此,在学习结构时要注意与数组进行对比,这样更有助于理解与掌握。

本章主要介绍结构的基本概念和定义方法,结构变量与结构数组的定义和使用,以及结构指针的概念和基本操作。

10.1　建立学生基本信息档案

在本节中,将通过一个建立学生基本信息档案的例子来介绍结构的概念和基本操作。

10.1.1　程序解析

假设学生的基本信息包括学号、姓名、三门课程成绩以及个人平均成绩,且最多需要处理3名学生的数据,示例程序实现了学生信息的新建、查询和输出功能。

【例10-1】 建立一名学生基本信息档案,包括学号、姓名、三门课程成绩以及个人平均成绩,实现学生基本信息的输入及输出。

程序代码:

```
/* ex10_1.c */
#include <stdio.h>
//学生信息结构类型定义
struct student
{
    int num;                              //学号
    char name[10];                        //姓名
    int computer,english,math;            //三门课程成绩
    double average;                       //个人平均成绩
};
/*程序主体部分*/
void main()
{
    struct student  s;                    //定义结构变量s
    /*学生基本信息的输入*/
    printf("Input the student's num:");
    scanf("%d",&s.num);
    printf("Input the student's name:");
    scanf("%s",s.name);
    printf("Input the student's math score:");
    scanf("%d",&s.math);
```

```
    printf("Input the student's english score:");
    scanf("%d",&s.english);
    printf("Input the student's computer score:");
    scanf("%d",&s.computer);
    //学生基本信息的输出
    printf("The student's information is:\n");
    printf("num:%d\n",s.num);
    printf("name:%s\n",s.name);
    printf("math:%d\n",s. math);
    printf("english:%d\n",s.english);
    printf("computer:%d\n",s.computer);
}
```

运行程序，结果如图 10-1 所示。

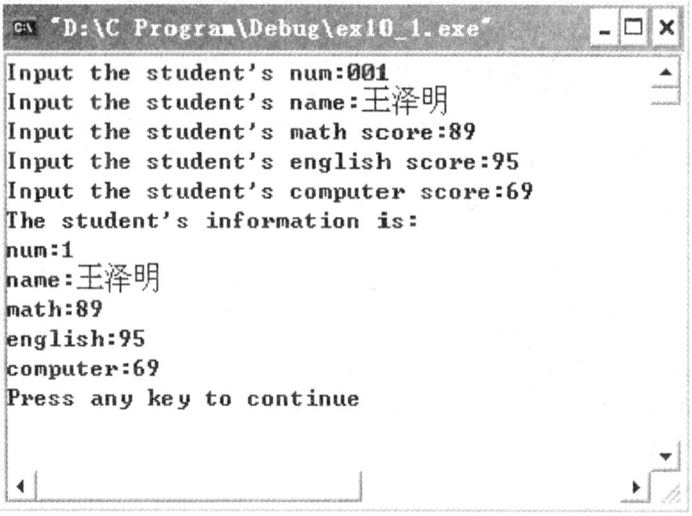

图 10-1　例 10-1 运行结果

程序分析：

在例 10-1 中，程序首部定义了结构类型 struct student，其中的成员分别代表学生的基本信息项。在主函数 main()中定义了结构变量 s，程序中完成了对学生 s 基本信息的输入和输出，使用的是结构变量 s 的成员：s. num，s. name，s. math，s. english，s. computer。

该程序只完成了基本信息的输入和输出，请读者在此基础上修改，求解该学生的平均分，并输出。

10.1.2　结构的概念与定义

在例 10-1 中，有如下一段代码使用结构来表示学生信息：

```
struct student
{
    int num;                         //学号
```

```
    char name[10];                      //姓名
    int computer,english,math;          //三门课程成绩
    double average;                     //个人平均成绩
};
```

大括号中以变量定义的形式列出了学生的各信息项,而所有这些内容又被组合在一起,构成了一个名为 struct student 的结构数据类型。在本章的后续示例程序中都将使用这个结构数据类型。

如果使用前面学过的数据类型来表示学生信息,由于学生信息中各项内容的数据类型有所不同,因此,需要为每一项内容分别定义一个变量或数组。当访问某个学生的信息时,只能分别访问这些分离的变量或数组。这会给操作带来很多不便之处。更重要的是,这几项内容是共同属于某个学生的信息项,它们之间是有内在联系的,为每一项内容分别定义变量或数组的方法割裂了它们之间的关联。

由此可以看出,结构是C语言中一种新的构造数据类型,它能够把有内在联系的不同类型的数据汇聚成一个整体,使它们相互关联。同时,结构又是一个变量的集合,可以按照对基本数据类型的操作方法单独使用其成员变量。结构就是这样一种特殊的构造数据类型。

在C语言中,整型、实型等基本数据类型是被系统预先定义好的,程序员可以用其直接定义变量。而结构类型是由用户根据需要,按规定的格式自定义的数据类型。从上面的例子可以得出结构类型定义的一般形式为:

```
struct 结构名
{
    类型名 结构成员名 1;
    类型名 结构成员名 2;
    …
    类型名 结构成员名 n;
};
```

struct 是定义结构类型的关键字,在 struct 后,命名一个结构名,它必须是一个合法的C语言的标识符,如例 10-1 中的 student。struct 与结构名两者合起来共同组成结构类型名,如 struct student。大括号内的内容是结构所包括的结构成员,结构成员可以有多个。这样,大括号中定义的成员信息被聚合为一个整体并形成了一个新的数据类型。关键字 struct 和它后面的结构名一起组成一个新的数据类型名。结构类型的定义以分号结束,这是因为C语言中把结构类型的定义看作一条语句。

构成结构的每一个分项(即结构成员)可以用前面章节中学过的任意数据类型来定义,由于结构中各成员的类型可以不同,与数组相比,它提供了一种便利的手段,将不同类型的相关信息组织在一起。

又如,平面上的任意一点都可以用 x 坐标和 y 坐标来共同确定。

```
struct point
{
    double x;
```

```
    double y;
};
```

定义了一个名为 struct point 的结构类型数据类型，它由数据类型皆为实型的两个成员 x、y 组成。虽然 x、y 的类型相同，也可以用数组的方式表示，但采用结构来描述其整体性更强，增加了程序的可读性，使程序更加清晰。

请读者思考，在例 10-1 中，如果需要处理多名学生的基本信息管理，应如何修改程序？

10.1.3 技能训练

【例 10-2】 定义 book 结构，包括书名、作者、页数、价格等信息。

程序代码：

```
/*ex10_2.c */
//图书基本信息管理
#include <stdio.h>
struct book                                    //定义图书结构
{
    char name[50];
    char author[25];
    int  pages;
    float price;
};
void main()
{
    struct book b1,b2,b3;
    /*以下程序段输入第一本书的信息*/
    printf("\n\t 请输入第一本书的详细信息\n");
    printf("\n 书名为:");
    gets(b1.name);                             //从键盘输入书的名字
    fflush(stdin);
    printf("\n 作者姓名为:");
    gets(b1.author);                           //从键盘输入作者的姓名
    fflush(stdin);
    printf("\n 页数为:");
    scanf("%d",&b1.pages);                     //从键盘输入书的页数
    printf("\n 书的价格为(元):");
    scanf("%f",&b1.price);                     //从键盘输入书的价格
    /*以下程序段输入第二本书的信息*/
    fflush(stdin);
    printf("\n\t 请输入第二本书的详细信息\n");
    printf("\n 书名为:");
```

```
    gets(b2.name);                          //从键盘输入书的名字
    fflush(stdin);
    printf("\n作者姓名为:");
    gets(b2.author);                        //从键盘输入作者的姓名
    fflush(stdin);
    printf("\n页数为:");
    scanf("%d",&b2.pages);                  //从键盘输入书的页数
    printf("\n书的价格为(元):");
    scanf("%f",&b2.price);                  //从键盘输入书的价格
    /*以下程序段输入第三本书的信息*/
    fflush(stdin);
    printf("\n\t请输入第三本书的详细信息\n");
    printf("\n书名为:");
    gets(b3.name);                          //从键盘输入书的名字
    fflush(stdin);
    printf("\n作者姓名为:");
    gets(b3.author);                        //从键盘输入作者的姓名
    fflush(stdin);
    printf("\n页数为:");
    scanf("%d",&b3.pages);                  //从键盘输入书的页数
    printf("\n书的价格为(元):");
    scanf("%f",&b3.price);                  //从键盘输入书的价格
    /*以下程序段输出三本书的基本信息*/
    printf("\n\t第一本书的详细信息\n");
    printf("\n 姓名:%s\n 作者:%s \n 页数:%d \n 价格:%5.2f 元\n ",b1.name,b1.
    author,b1.pages,b1.price);
    printf("\n\t第二本书的详细信息\n");
    printf("\n 姓名:%s\n 作者:%s \n 页数:%d \n 价格:%5.2f 元\n ",b2.name,b2.
    author,b2.pages,b2.price);
    printf("\n\t第三本书的详细信息\n");
    printf("\n 姓名:%s\n 作者:%s \n 页数:%d \n 价格:%5.2f 元\n ",b3.name,b3.
    author,b3.pages,b3.price);
}
```

本例题,先给出 book 结构的定义部分,main()函数部分分别定义了结构变量 b1、b2、b3,并依次实现图书信息的输入和输出。完善程序后,运行例 10-2,结果如图 10-2 所示。

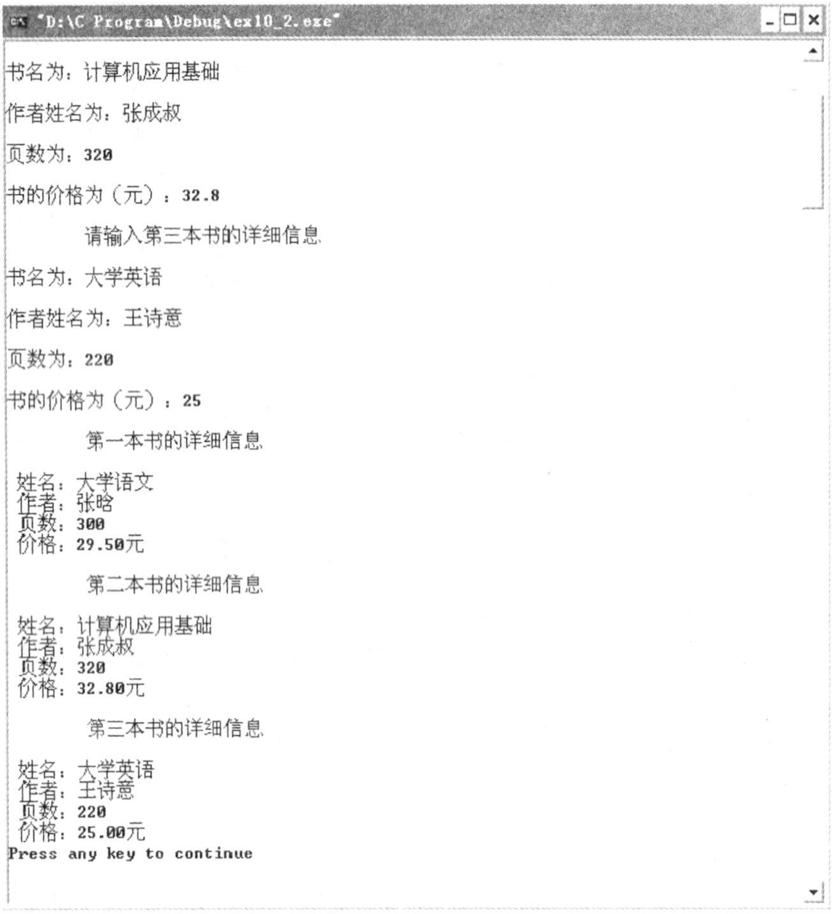

图 10-2　例 10-2 运行结果

【例 10-3】 在例题 10-1 基础上，设计完成 3 名学生基本信息的管理。

程序代码：

```
/* ex10_3.c */
#include <stdio.h>
/* 学生信息结构类型定义 */
struct student
{
    int num;                          //学号
    char name[10];                    //姓名
    int computer,english,math;        //三门课程成绩
    double average;                   //个人平均成绩
};
/* 程序主体部分 */
void main()
{
```

```
struct student s1,s2,s3;                    //定义结构变量 s1,s2,s3
//学生 s1 基本信息的输入
printf("Input the student's num:");
scanf("%d",&s1.num);
printf("Input the student's name:");
scanf("%s",s1.name);
printf("Input the student's math score:");
scanf("%d",&s1.math);
printf("Input the student's english score:");
scanf("%d",&s1.english);
printf("Input the student's computer score:");
scanf("%d",&s1.computer);
//学生 s2 基本信息的输入
printf("Input the student's num:");
scanf("%d",&s2.num);
printf("Input the student's name:");
scanf("%s",s2.name);
printf("Input the student's math score:");
scanf("%d",&s2.math);
printf("Input the student's english score:");
scanf("%d",&s2.english);
printf("Input the student's computer score:");
scanf("%d",&s2.computer);
//学生 s3 基本信息的输入
printf("Input the student's num:");
scanf("%d",&s3.num);
printf("Input the student's name:");
scanf("%s",s3.name);
printf("Input the student's math score:");
scanf("%d",&s3.math);
printf("Input the student's english score:");
scanf("%d",&s3.english);
printf("Input the student's computer score:");
scanf("%d",&s3.computer);
//学生基本信息的输出
printf("The three students's information are:\n");
printf("num:%d\tname:%s\tmath:%d\tenglish:%d\tcomputer:%d\n",s1.num,s1.
name,s1.math,s1.english,s1.computer);
printf("num:%d\tname:%s\tmath:%d\tenglish:%d\tcomputer:%d\n",s2.num,s2.
name,s2.math,s2.english,s2.computer);
printf("num:%d\tname:%s\tmath:%d\tenglish:%d\tcomputer:%d\n",s3.num,s3.
```

```
    name,s3.math,s3.english,s3.computer);
}
```

运行例 10-3,结果如图 10-3 所示。

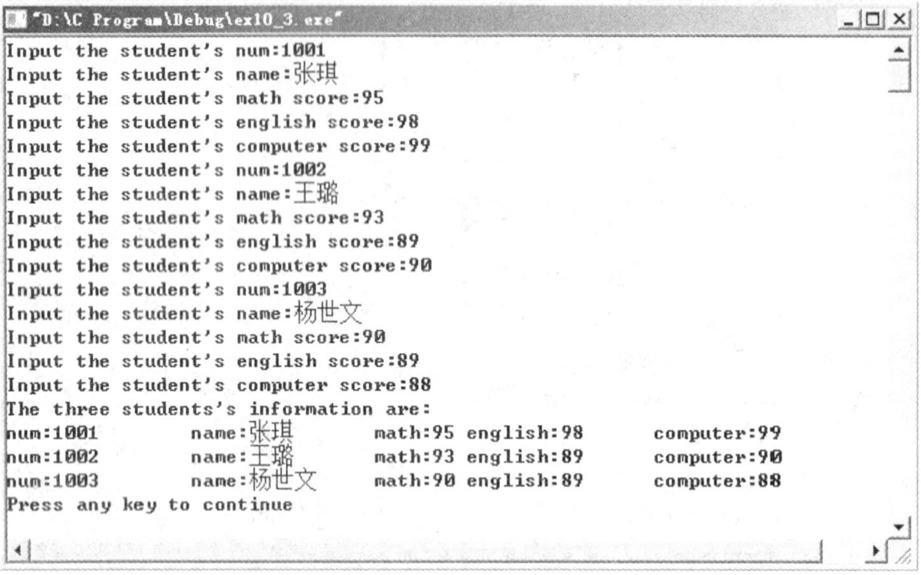

图 10-3　例 10-3 运行结果

10.2　计算班级学生平均成绩

如同 C 语言中的基本数据类型一样,在定义了结构类型后,还需要定义结构类型的变量,然后才能通过结构变量来操作和访问结构的数据。因为 C 语言编译器只有在定义相应的结构变量后,才为其分配存储单元。

10.2.1　程序解析

【例 10-4】 输入 n 个学生的成绩信息,计算并输出每个学生的个人平均成绩(结构变量作为函数参数)

程序代码:

```
/* ex10_4.c */
/* 计算班级学生平均成绩,结构变量作为函数参数 */
#include <stdio.h>
struct student
{
    int num;                              //学号
    char name[10];                        //姓名
    int computer,english,math;            //三门课程成绩
    double average;                       //个人平均成绩
};
```

```
double count_average(struct student s);         //函数声明,计算个人平均成绩
void main()
{
    int i,n;
    struct student s1;                          //定义结构变量
    printf("Input n:");
    scanf("%d",&n);
    printf("Input the student's number,name and course scores\n");
    for(i=1;i<=n;i++)
    {
        printf("No.%d:",i);
        scanf("%d%s%d%d%d",&s1.num,&s1.name,&s1.math,&s1.english,&s1.computer);
        s1.average=count_average(s1); //函数调用,结构变量作为函数参数
        printf("num:%d,name:%s, average:%.2lf",s1.num,s1.name,s1.average);
    }
}
/*函数定义,结构变量作为函数参数,计算个人平均成绩*/
double count_average(struct student s)
{
    return(s.math+s.english+s.computer)/3.0;
}
```

运行例 10-4,结果如图 10-4 所示。

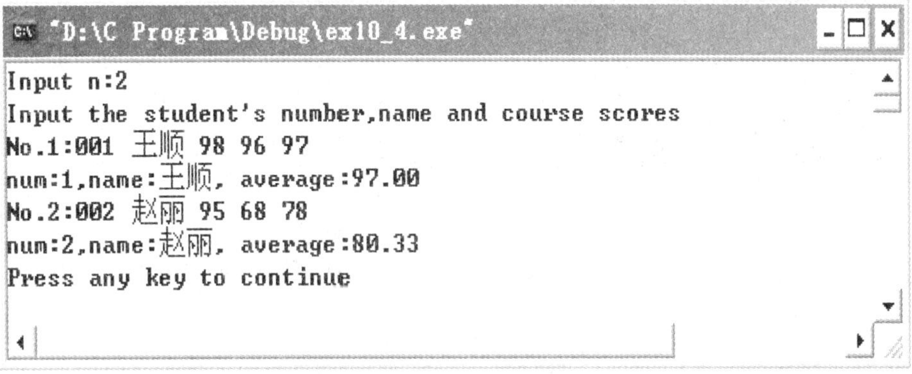

图 10-4　例 10-4 运行结果

程序分析:

在本例的主函数中,s1 是一个结构变量,其数据类型为 struct student,在学生信息的输入和输出语句中,结构变量 s1 是通过结构成员操作符"."对其成员变量进行引用的。函数 count_average()用于计算学生的个人平均成绩,其参数是结构类型变量。与普通作为函数参数相似,实参变量 s1 将其结构值传递给对应的形参变量 s。

10.2.2 结构变量的定义和初始化

在例 10-4 中,语句:

```
struct student s1;
```

定义了变量 s1,其数据类型为 struct student,s1 就是一个结构变量。

在 C 语言中,定义的结构变量有 3 种方式。

1. 单独定义

单独定义是指先定义一个结构类型,再定义这种结构类型的变量。

例 10-4 中,结构变量 s1 的定义就是采用这种方式。这样,s1 就可以用于记录一个学生的信息。

关键字 struct 和结构名 student 必须联合使用,因为它们合起来表示一个数据类型名。

2. 混合定义

混合定义是指在定义结构类型的同时定义结构变量。这种定义方法的一般形式为:

```
struct 结构名
{
    类型名 结构成员名 1;
    类型名 结构成员名 2;
    …
    类型名 结构成员名 n;
}结构变量名表;
```

例如,

```
struct student
{
    int num;
    char name[10];
    int computer,english,math;
    double average;
}s1、s2;
```

这种方式和第一种方式的实质是一样的,都是既定义了数据结构 struct student,也定义了结构变量 s1、s2。

3. 无类型名定义

无类型名定义是指在定义结构变量时省略结构名。这种方式采用如下形式定义结构类型并同时定义结构变量:

```
struct
{
    类型名 结构成员名 1;
    类型名 结构成员名 2;
    …
    类型名 结构成员名 n;
}结构变量名表;
```

第3种定义形式省略了结构名。要注意的是，由于没有给出结构名，在此定义语句后面无法再定义这个类型的其他结构变量，除非把定义过程再写一遍。一般情况下，除非变量不会再增加，否则建议采用前两种结构变量的定义形式。

结构变量也可以初始化，即在定义时对其赋初值。例如：

```
struct student s1 = {101, "zhang",78,87,85};
```

对结构变量 s1 进行初始化。结构变量的初始化采用初始化表的方法，大括号内各数据项间用逗号隔开，将大括号内的数据项按顺序对应地赋给结构变量内各个成员，且要求数据类型一致。

上述 student 结构定义中，所有的成员都是基本数据类型或数组类型。其实结构成员也可以是一个结构，即构成了嵌套的结构。例如，学生信息中包含出生日期，而出生日期又应该定义为一个结构，包含年、月、日 3 个成员。

例如，

```
struct date
{
    int year;
    int month;
    int day;
};
struct student
{
    int num;
    char name[10];
    char sex;
    struct date bir;            //出生日期结构，结构嵌套
    float score;
}s1,s2;
```

上述结构嵌套首先定义一个结构 date，由 year(年)、month(月)和 day(日)三个成员组成。再定义并声明结构变量 s1 和 s2。其中，成员 bir 被说明为 date 结构类型。

成员名与程序中其他变量名可以同名，互不干扰。在程序中使用结构变量时，往往不把它作为一个整体来使用。一般对结构变量的使用，包括赋值、输入、输出和其他运算等都是通过结构变量的成员来实现的。

C 语言规定，结构类型变量的存储布局按其类型定义中成员的先后顺序排列。

通常，一个结构类型变量所占的内存空间是其各个成员所占内存空间之和。可以用 sizeof 计算其所需存储空间，如 sizeof(struct student)或者 sizeof(s1)。sizeof 的运算对象既可以是结构类型名，也可以是结构变量名，计算结果以字节为单位。

10.2.3　结构变量的使用

1. 结构变量成员的引用

使用结构变量主要就是对其成员进行操作。在 C 语言中，使用结构成员操作符“.”来引用结构成员，其格式为：

结构变量名.结构成员名

在例 10-4 中，s1. num、s1. name 就分别表示学生的学号和姓名。

在 C 语言中，对结构变量成员的使用方法与同类型的变量完全相同。例如：

```
s1.num = 101;
strcpy(s1.name, "zhang");
```

对嵌套结构成员的引用方法和一般成员的引用方法类似，也是采用结构成员操作符“.”进行的，例如，

```
struct student s1;
s1.bir.year = 1998;
```

表示学生的出生年份。由此可见，嵌套定义的结构变量中，每个成员按从左到右、从外到内的方式引用，这与 Web 地址的书写方式有些相似。

此外，由于结构成员运算符的优先级属最高级别，所以一般情况下都是优先执行，即和一般运算符混合运算时，结构成员运算符优先。

2. 通过指向结构的指针来访问结构成员

除了使用成员运算符访问结构成员外，还可以通过指向结构的指针来访问结构成员。一个指针变量当用来指向一个结构变量时，称为“结构指针变量”。

结构指针变量中的值是所指向的结构变量的首地址。通过结构指针可以访问该结构变量，这与数组指针的情况相似。

结构指针变量声明的一般形式为：

struct 结构名 *结构指针变量名；

例如：

用前面定义的 student 结构来声明一个指向该结构的指针变量 pstu，方法如下：

```
struct student * pstu;
```

访问结构成员的一般的形式有以下两种：

(*结构指针变量).成员名

或

结构指针变量－>成员名

例如：

(*pstu).num 或 pstu->num

如果使用(*pstu).num 来访问 num，由于运算符"*"比运算符"."的优先级低，故需要加括号来处理。

补充说明：

运算符“－>”为通过指针访问结构的成员运算符，为双目运算符，左边一定是一个指针变量，右边为结构成员名，优先级为 1 级，与成员运算符“.”同级，左结合。

例如：pstu－>num(pstu 为指针变量，num 为结构成员)

下面程序段分别用不同的引用方法访问结构成员，请读者试比较。

```
struct student s1 = {1,"阮伟东",'F',97}, * ps1;
ps1 = &s1;
/* 通过成员运算符访问结构成员 */
```

```
    printf("学号:%d\t 姓名:%s\t",s1.num,s1.name);
    printf("性别:%c\t 成绩:%6.2f\n\n",s1.sex,s1.score);
    /* 通过指向结构的指针来访问结构成员,方法一 */
    printf("学号:%d\t 姓名:%s\t",(*ps1).num,(*ps1).name);
    printf("性别:%c\t 成绩:%6.2f\n\n",(*ps1).sex,(*ps1).score);
    /* 通过指向结构的指针来访问结构成员,方法二 */
    printf("学号:%d\t 姓名:%s\t",ps1->num,ps1->name);
    printf("性别:%c\t 成绩:%6.2f\n\n",ps1->sex,ps1->score);
}
```

3. 结构变量的整体赋值

如果两个结构变量具有相同的类型,则允许将一个结构变量的值直接给另一个结构变量。赋值时,将赋值符号右边结构变量的每一个成员的值都赋给了左边结构变量中相应的成员。这是结构中唯一的整体操作方式。例如:

```
s2 = s1;
```

与下列语句等效:

```
s2.num = s1.num;
strcpy(s2.name,s1.name);
s2.math = s1.math;
s2.english = s1. english;
s2.computer = s1. computer;
s2.average = s1. average;
```

只有相同结构类型的变量之间才可以直接赋值。

4. 结构变量作为函数参数

在一个由多个函数组成的C语言程序中,如果程序中含有结构类型的数据,就有可能需要用结构变量作为函数的参数或返回值,以便在函数间传递数据。在例10-2中,函数count_verage()的参数就是结构类型,而main()中的调用语句为:

```
s1.average = count_average(s1);
```

实参s1将值传递给形参s,函数count_average()根据参数的值计算出平均成绩并返回。

结构变量作为函数参数的特点是,可以传递多个数据且参数形式较简单。但是,对于成员较多的大型结构,参数传递时所进行的结构数据复制,效率较低。

10.3　班级学生成绩排序

一个结构变量只能表示一个实体的信息,例如,变量s1只能表示一个学生信息。如果有许多相同类型的实体,就需要使用结构数组。例如,在例10-1中,一个学生信息库可容纳50名学生,而每位学生的信息项都是相同的,因此,可以将这些具有相同结构类型的变量组织起来,形成一个结构数组。

10.3.1　程序解析

【例10-5】　输入n(n<50)个学生的成绩信息,按照学生的个人平均成绩从高到低输出

他们的信息。

程序代码：

```
/* ex10_5.c */
//学生成绩排序
#include <stdio.h>
#include <string.h>
struct student                                  //学生信息结构定义
{
    int num;                                    // 学号
    char name[10];                              //姓名
    int computer,english,math;                  //三门课程成绩
    double average;                             //个人平均成绩
};
double count_average(struct student s);         //函数声明,计算个人平均成绩
void main()
{
    int i,index,j,n;
    struct student students[50],temp;           //定义结构数组
    double count_average(struct student s);     //该函数已在例10-2中定义
    printf("Input n:");
    scanf( "%d",&n);
    for(i=0;i<n;i++)
    {
        printf("Input the info of NO.%d:\n",i+1);
        printf("number:");
        scanf("%d",&students[i].num);
        printf("name:");
        fflush(stdin);                          //清空键盘缓冲区
        scanf("%s",students[i].name);
        printf("math score:");
        scanf("%d",&students[i].math );
        printf("english score:");
        scanf("%d",&students[i].english);
        printf("computer score:");
        scanf("%d",&students[i].computer );
        //调用例10-2中的函数count_average()
        students[i].average=count_average(students[i]);
    }
    //结构数组排序
    for(i=1;i<n-1;i++)
    {
```

```
            index = i;
            for(j = i + 1;j<n;j ++ )
            {
                if(students[j].average>students[index].average)    //比较平均成绩
                {
                    index = j;
                    temp  = students[index];              //交换数组元素
                    students[index] = students[i];
                    students[i] = temp;
                }
            }
            //输出排序后的信息
            printf("num\t name\t average\n");
            for(i = 0;i<n;i ++ )
            printf(" % d\t % s\t % .2lf\n",students[i].num,students[i].name,students[i].
            average);
        }

}
double count_average(struct student s)               //函数定义,计算个人平均成绩
{
    return(s.math + s.english + s.computer)/3.0;
}
```

运行例 10-5,将如图 10-5 所示。

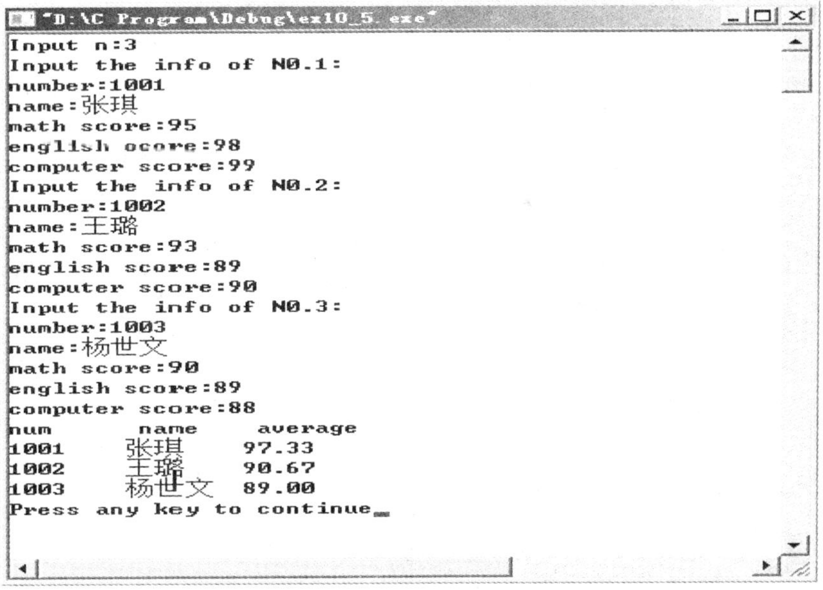

图 10-5　例 10-5 运行结果

程序分析：

本例中，定义了结构数组 students 用于存储学生信息，先输入 n 个学生的基本信息，其中个人平均成绩的计算通过调用例 10-4 中的函数 count_average()实现，然后使用选择排序法根据个人平均成绩从高到低对学生的信息排序。最后按排序输出结构数组中的数据。

10.3.2 结构数组操作

结构数组是结构与数组的结合体，与普通数组的不同之处在于每个数组元素都是一个结构类型的数据，包括多个成员项。

结构数组的定义方法与结构变量类似，例如：

```
struct student students[50];
```

定义了一个结构数组 students，它有 50 个数组元素，从 students[0]到 students[49]，数组每个元素都是结构类型 struct student，这样就可以存储 50 个学生的信息。

在定义结构数组时，也可以同时对其进行初始化，其格式与二维数组的初始化类似：

```
struct student students[50]={{101,"zhang",76,85,78},{102,"wang",83,92,86}};
```

在 C 语言中，编译程序为所有结构数组元素分配足够的存储单元，结构数组的元素是连续存放的。在这个例子中，只初始化了 students[0]和 students[1]这两个数组元素，但对于其他数组元素，编译程序仍然会预分配内存空间。

由于每个结构数组元素的类型都是结构类型，其使用方法就和相同类型的结构变量一样。例如，对于结构数组 students[50]，既可以引用数组的元素，如 students[i]，也可以引用结构数组元素的成员。对结构数组元素成员的引用是通过使用数组下标与结构成员操作符"."相结合的方式来实现的，其一般格式为：

结构数组名[下标].结构成员名

如 students[i].num、students[i].name 分别表示结构数组元素 students[i]的"学号"和"姓名"成员变量，而对其的使用方法与同类型的变量完全相同。例如：

```
students[i].num = 101;
strcpy(students[i].name,"zhang");
```

此外，由于结构数组中的所有元素都属于相同的结构类型，因此，数组元素之间可以直接赋值，如 students[i]=students[k]。

10.3.3 技能训练

【例 10-6】 定义一个包含 5 名学生信息的结构数组，并对该结构数组的所有元素进行初始化，可以用多种方法实现。

程序代码：

```
/* ex10_6.c */
/*结构数组元素初始化*/
#include <stdio.h>
#include <string.h>
struct student                                  //学生信息结构定义
{
```

```
    int num;                            // 学号
    char name[10];                      //姓名
    int computer,english,math;          //三门课程成绩
    double average;                     //个人平均成绩
};
void main()
{
    int i;
    struct student students[5];         //定义结构数组
    for(i = 0;i<5;i ++ )
    {
        printf("Input the info of NO. % d:\n",i + 1);
        printf("number:");
        scanf(" % d",&students[i].num);
        printf("name:");
        fflush(stdin);                  //清空键盘缓冲区
        scanf(" % s",students[i].name);
        printf("math english computer score:");
        scanf (" % d % d % d", &students[i]. math, &students[i]. english, &students[i].
        computer);
    }
    /* 输出学生基本信息 */
    for(i = 0;i<5;i ++ )
        printf("num: % d\tname: % s\tmath: % d\tenglish: % d\tcomputer: % d\n",students
        [i].num,students[i].name,students[i].math,students[i].english,students[i].
        computer);
}
```

本例请读者自行运行结果,并与例 10-3 进行比较。

【例 10-7】 参考例 10-4,输入并保存 10 名学生的成绩信息,分别输出平均分。

程序代码:

```
/* ex10_7.c */
/* 计算 10 名学生的平均成绩,结构变量作为函数参数 */
#include <stdio.h>
struct student
{
    int num;                                //学号
    char name[10];                          //姓名
    int computer,english,math;              //三门课程成绩
    double average;                         //个人平均成绩
};
double count_average(struct student s);     //函数声明,计算个人平均成绩
```

```
void main()
{
    int i,n;
    struct student s[10];                    //定义结构数组
    printf("Input n:");
    printf("Input the student's number,name and course scores\n");
    for(i=0;i<10;i++)
    {
        printf("No.%d:",1+i);
        scanf("%d%s%d%d%d",&s[i].num,&s[i].name,&s[i].math,&s[i].english,&s
        [i].computer);
        s[i].average=count_average(s[i]);     //函数调用,结构变量作为函数参数
    }
    for(i=0;i<10;i++)
        printf("num:%d,name:%s, average:%.2lf\n",s[i].num,s[i].name,s[i].average);
}
/*函数定义,结构变量作为函数参数,计算个人平均成绩*/
double count_average(struct student s)
{
    return(s.math+s.english+s.computer)/3.0;
}
```

本例请读者自行运行。

10.4 输出图书基本信息

10.4.1 程序解析

【例 10-8】 采用函数调用方式,完成例 10-2 中图书基本信息的管理。

程序代码:

```
/* ex10_8.c */
#include <stdio.h>
#include <string.h>
/*定义 book 结构体  */
struct book
{
    char name[50];
    char author[25];
    int  pages;
    float price;
};
void display(char *,char *,int ,float);        //结构变量的成员作为函数的参数
```

```
void main()
{
    struct book b;
    /* 以下程序段输入书的信息 */
    printf("\n\t 请输入书的详细信息\n");
    printf("\n 书名为:");
    gets(b.name);                          //从键盘输入书的名字
    fflush(stdin);
    printf("\n 作者姓名为:");
    gets(b.author);                        //从键盘输入作者的姓名
    fflush(stdin);
    printf("\n 页数为:");
    scanf("%d",&b.pages);                  //从键盘输入书的页数
    printf("\n 书的价格为(元):");
    scanf("%f",&b.price);                  //从键盘输入书的页数
    /* 调用 display()函数输出书的信息 */
    display(b.name,b.author,b.pages,b.price);
}
/* 定义 display()函数,用于输出书的信息 */
void display(char *name,char *author,int pages,float price)
{
    printf("\n\t 书的详细信息\n");
    printf("\n 姓名:%s",name);
    printf("\n 作者:%s",author);
    printf("\n 页数:%d",pages);
    printf("\n 价格:%5.2f 元\n",price);
}
```

程序运行结果如图 10-6 所示。

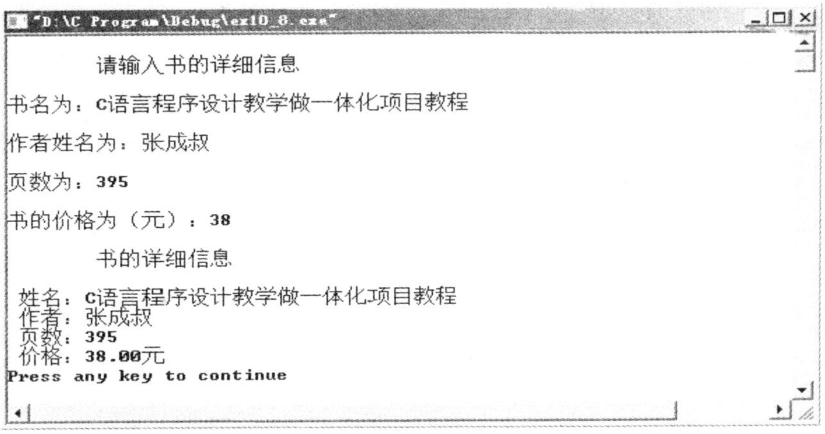

图 10-6　例 10-8 程序运行结果

10.4.2 结构作为函数参数

由于相同结构类型的变量之间可以实现整体赋值,因此既可以将结构作为函数传递给被调用函数,也可以把函数的值通过结构返回。结构作为函数参数有以下三种方法。

1. 结构成员作为函数参数

结构变量的成员可以作为函数的参数进行传递,如例 10-8 所示。

用户从键盘输入书名、作者姓名、页数和价格,并以这 4 个结构成员的值作为实参依次传递给函数 display(),通过 display()函数显示书的相关信息。

```
void display(char *name,char *author,int pages,float price)
{
    printf("\n\t 书的详细信息\n");
    printf("\n 姓名: %s",name);
    printf("\n 作者: %s",author);
    printf("\n 页数: %d",pages);
    printf("\n 价格: %5.2f 元\n",price);
}
```

2. 整个结构作为函数参数

整个结构变量既可以作为函数参数,也可以作为参数的返回值。函数的实参和形参要求具有相同的结构类型。

如果使用传值的方式,则被调用函数中参数的改变不会影响调用函数的参数。

如例 10-5 中 double count_average(struct student s)函数定义部分的使用。

```
double count_average(struct student s)        //函数定义,计算个人平均成绩
{
    return(s.math + s.english + s.computer)/3.0;
}
```

3. 结构指针变量作为参数

用结构变量作函数参数进行整体传送要将全部成员逐个传送,特别是成员为数组时将会使传送的时间和内存消耗很大,严重地降低了程序的效率。因此最好的办法就是使用指针,即用指针变量作函数参数进行传送。这时由实参传向形参的只是地址,从而减少了时间和空间的开销。

【例 10-9】 通过结构指针变量作为函数参数求学生的平均分并输出详细信息。

```
/* ex10_9.c */
#include <stdio.h>
#define N 5
struct student
{
    int num;
    char name[20];
    char sex;
    float score;
```

```
}stu[N] = {
    {1,"王璐",'M',87},
    {2,"杨世文",'M',92},
    {3,"张琪",'F',95},
    {4,"王子洋",'M',85},
    {5,"胡颖",'F',82}};
void display(struct student * );
float average(struct student * );
void main()
{
    float ave;
    printf("\n\t\t 所有学生的详细信息\n");
    printf("学号\t 姓名\t 性别\t 成绩\n");
    display(stu);                          //通过调用 display()函数来输出学生信息
    ave = average(stu);                    //通过调用 average()函数来求平均分
    printf("\n 平均分为: %6.2f\n",ave);
}
/ * 定义 display()函数,用于输出学生信息 * /
void display(struct student * p)
{
    int i;
    for(i = 0;i<N;i++,p++)
        printf(" %d\t %s\t %c\t %6.2f\n",P->num,P->name,P->sex,P->score);
}
/ * 定义 average()函数,求平均分 * /
float average(struct student s[])
{
    int i;
    float sum = 0,ave;
    for(i = 0;i<N;i++)
        sum += s[i].score;
    ave = sum/N;
    return(ave);
}
```

程序运行结果如图 10-7 所示。

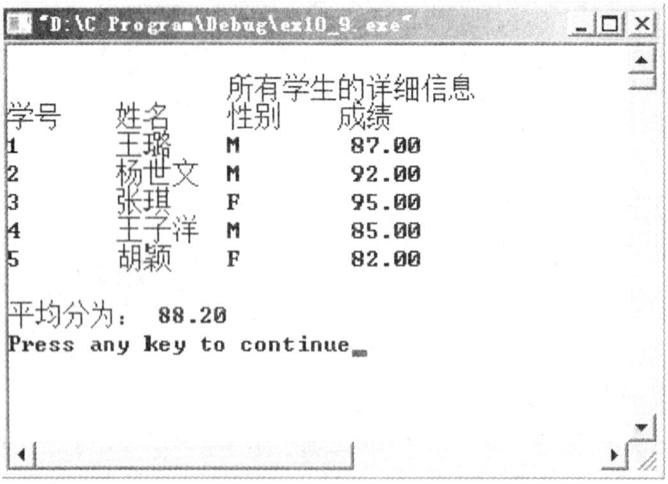

图 10-7　例 10-9 程序运行结果

程序分析：

该程序共 3 个函数，其中 2 个子函数，分别实现输出学生信息和求平均分的功能，在主函数中通过指针变量将整个数组传递给形参，实现传地址调用。参数使用方法如下：

形参：结构体数组或结构体指针变量。

实参：结构体数组名或取得数组名首地址的结构体指针变量。

10.4.3　技能训练

【例 10-10】 假设学生的基本信息包括学号、姓名、三门课程成绩以及个人平均成绩，且最多需要处理 50 名学生的数据，要求程序实现学生信息的新建、查询和输出功能。

程序代码：

```
/* ex10_10.c */
/* 建立学生基本信息档案，实现建立、查询和输出功能 */
#include <stdio.h>
#define MaxSize 50
/* 学生信息结构类型定义 */
struct student
{
    int num;                                        //学号
    char name[10];                                  //姓名
    int computer,english,math;                      //三门课程成绩
    double average;                                 //个人平均成绩
};
int Count = 0;                                      //全局变量，记录当前学生总数
void new_student(struct student students[ ]);       //函数声明，新增学生
void search_student(struct student students[ ],int num); //函数声明，查询学生信息
```

```
void output_student(struct student students[ ]);          //函数声明,输出学生信息
/* 程序主体部分 */
void main()
{
    int choice,num;
    struct student students[MaxSize];                     //定义学生信息结构数组
    /* 屏幕提示,用户操作界面 */
    do{
        printf("choice: 1:new 2: search 3:output 0:exit\n");
        scanf("%d",&choice);
        switch(choice)
        {
            case 1: new_student(students);   break;      //函数调用,新增学生
            case 2:printf("Please input the student's number:");  //函数调用,查询
                   scanf("%d",&num);
                   search_student(students,num);break;
            case 3:output_student(students);  break;     //函数调用,输出学生信息
            case 0: break;                                //结束循环,退出程序
        }
    }while(choice!=0);
    printf("END! \n");
}
/* 函数定义,新增学生信息 */
void new_student(struct student students[ ])
{
    struct student s;
    if(Count == MaxSize)
    {
        printf("The array is full! \n");
    }
    printf("Input the student's num:");
    scanf("%d",&s.num);
    printf("Input the student's name:");
    scanf("%s",s.name);
    printf("Input the student's math score:");
    scanf("%d",&s.math);
    printf("Input the student's english score:");
    scanf("%d",&s.english);
    printf("Input the student's computer score:");
    scanf("%d",&s.computer);
    students[Count] = s;          //将输入数据赋值给结构数组成员变量
```

```
    Count++;                                    //学生总数加1
}
/*函数定义,查询学生信息*/
void search_student(struct student students[],int num)
{
    int i,flag=0;
    if(Count== 0)
    {
        printf("Count of students is zero! \n");
        return;
    }
    for(i=0;i<Count;i++)
        if(students[i].num==num)
        {
            flag=1;
            break;
        }
    if(flag)
    {
        printf("num:%d,",students[i].num);
        printf("name:%s,",students[i].name);
        printf("math:%d,",students[i]. math);
        printf("english:%d,",students[i]. english);
        printf("computer:%d,",students[i]. computer);
    }
    else
    printf("Not Found!");
}
/*函数定义,输出学生信息*/
void output_student(struct student students[])
{
    int i;
    if(Count== 0)
    {
        printf("Count of students is zero! \n");
        return;
    }
    printf("num\t name\t math\t english\t computer\t \n");
    for(i=0;i<Count;i++)
    {
        printf("%d\t,",students[i].num);
```

```
            printf("%s\t,",students[i].name);
            printf("%d\t,",students[i].math);
            printf("%d\t,",students[i].english);
            printf("%d\t,",students[i].computer);
        }
    }
```

程序运行结果如图 10-8 所示。

```
"D:\C Program\Debug\ex10_10.exe"
choice: 1:new 2: search 3:output 0:exit
1
Input the student's num:1001
Input the student's name:张琪
math english computer score:95 95 96
choice: 1:new 2: search 3:output 0:exit
1
Input the student's num:1002
Input the student's name:王璐
math english computer score:90 96 92
choice: 1:new 2: search 3:output 0:exit
2
Please input the student's number:1002
num:1002,name:王璐,math:90,english:96,computer:92
choice: 1:new 2: search 3:output 0:exit
2
Please input the student's number:1008
Not Found!
choice: 1:new 2: search 3:output 0:exit
3
num     name    math    english computer
 1001   张琪      95      95      96
 1002   王璐      90      96      92
choice: 1:new 2: search 3:output 0:exit
0
END!
Press any key to continue
```

图 10-8　例 10-10 程序运行结果

程序分析：

读者可以自己尝试运行该程序，按提示信息选择执行相应功能。

示例程序的结构很清楚：主函数实现功能选择界面的总体控制，新增学生信息功能由 new_student()函数实现，查询学生信息功能由 search_student()函数实现，输出学生信息功能由 output_student()函数实现。这样的设计使得主函数 main()中的代码非常简洁，即循环接受用户输入的功能选项，分别调用相应的功能函数。

10.5 共用与枚举

为了节约内存或需要特殊处理数据，C 语言允许在一个存储单元中(先后)存放不同类型的数据，或者在该存储单元中以某种类型存放数据却以另外的类型访问该数据，这种存储单元的特殊数据类型就叫做共用体类型，有的书中称之为联合类型。

由于共用体存储单元也可以存放不同数据类型的数据，因此它与结构体类似。共用体与结构体最大的区别是：结构体变量的成员同时占有连续的存储空间，而共用体变量的成员先后占据同一段存储空间。

10.5.1 程序解析

【例 10-11】 请运行以下程序段，并分析运行结果。

程序代码：

```
/* ex10_11.c */
#include <stdio.h>
union data
{
    int a;
    char c[2];
}u;
void main()
{
    printf("请输入一个十六进制数:\n");
    scanf("%x",&u.a);
    printf("u.c[0]=%c,u.c[1]=%c\n",u.c[0], u.c[1]);
}
```

程序运行结果如图 10-9 所示。

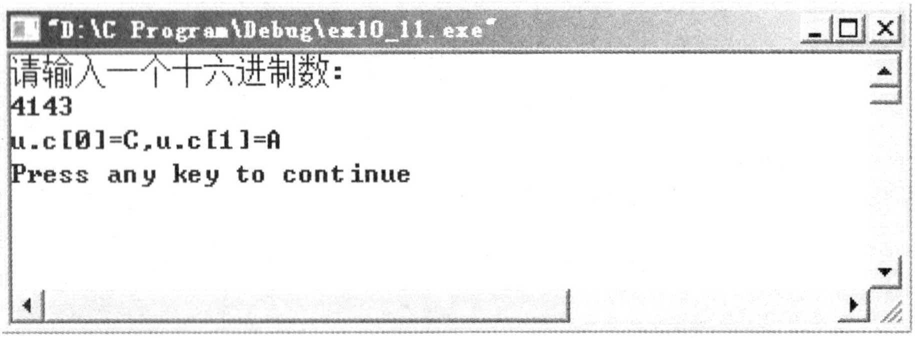

图 10-9　例 10-11 程序运行结果

程序代码：

共用体变量 u 有两个成员：int 型成员 a 和字符数组 c，它们各自占用 4 个字节和 2 字节，共用体变量 u 占用 4 字节。程序以 int 型成员 a 输入数据，然后将该数据的两个字节用字符数组 c 分别输出，低位字节 u.c[0]为十六进制数 43，因此是字符'C'；高位字节 u.c[1]为十六进制数 41，因此是字符'A'。

10.5.2 共用类型的定义

共用体类型的定义与结构体类型的定义类似，但所用关键字不同，共用体类型用关键字 union 定义，具体形式为：

union 类型名

{成员项列表}；

例如：

```
union exam
{
    int a;
    float b;
    char c;
};
```

定义了共用体类型 union exam，它有 3 个成员 a、b、c，类型分别为 int、float 和 char 型。与结构体相同，定义了类型系统还没有开辟存储单元，必须定义变量后才有存储单元。

10.5.3 共用变量的声明与引用

1. 共用变量的声明

与结构变量的声明类似，共用变量也有三种方式。

(1)先定义共用类型，再用共用类型声明共用体变量

```
union 类型名
{成员表列};
union 类型名 变量名;
```

例如，

```
union exam x, y;
```

声明了共用变量 x 和 y。

(2)定义共用类型名的同时声明共用体变量

```
union 类型名
{
    成员列表
}变量名;
```

例如：

```
union exam
{
    int a;
    float b;
    char c;
```

```
}x,y;
```

(3)不定义类型名直接声明共用体变量

```
union
{
    成员列表
}变量名;
```

声明了共用变量后，系统为共用变量开辟一定的存储单元。由于共用变量先后存放不同类型的成员，系统开辟的共用变量的存储单元的字节数即为最长的成员需要的字节数。

例如，对上面定义的共用类型 union exam 和变量 x，表达式 sizeof(union exam)和 sizeof(x)的值均为 4。

另外，先后存放各成员的首地址都相同，即共用体变量、共用体变量的所有成员它们的首地址都相同。上例中结构体变量 x 的存储单元如图 10-8 所示。

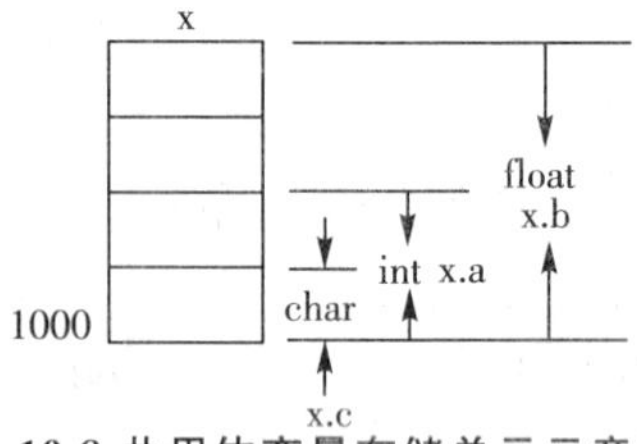

图 10-8 共用体变量存储单元示意图

C 语言允许结构体、共用体和数组相互嵌套。例如，一个共用体内可以嵌套结构体的定义，方法如下：

```
union un
{
    int a;
    struct
    {
        float b;
        char  c;
    }s;
}u;
```

考虑共用体变量 u 存储单元的字节数。由于结构体成员是同时存放的，因此内嵌的结构体成员 s 的字节数为 5。对共用体变量 u 来说，成员 s 与 a 相比，s 占用的字节数多，故共用体变量 u 存储单元的字节数也为 5，即为 s 占用的字节数。

2. 共用体变量的引用

引用共用体变量的形式与引用结构体变量相似，其要点如下：

①一般只能引用共用体变量的成员而不能整体引用共用体变量。共用体变量的一个基本类型成员相当于一个普通变量，可参与该成员所属数据类型的一切运算。

例如，对上面定义的共用体变量 x 可以引用的成员有：

x.a　或　x.b 或　x.c

因为共用存储单元，共用体变量的所有成员中，某一时刻只能保持某一个成员的数据，即向其中一个成员进行赋值时，其他成员的值也发生变化，如：

```
x.a = 3;
x.b = 4.5;
x.c = 'A';
```

赋值以后，x.c 的值为'A'，成员 x.a 和 x.b 的值也发生变化。

②与结构体类似，同一类型的共用体变量可相互赋值。例如，有赋值语句“x.a=3;”，共用体变量 x 有值，则可有下面的赋值语句：

```
y = x;
```

这样 y.a 的值也为 3。

③在赋值和输入输出方面也与结构体类似。即不允许对共用体变量整体赋(常数)值；共用体的输入和输出也只能对共用体变量的成员进行，不允许直接对共用体变量进行输入和输出，尽管它同时只存在一个成员的值是有效的。

10.5.4　枚举类型的定义

在实际应用中，有的变量只有少数几种可能的取值。例如，一个星期只有 7 天，一年只有 12 个月。为此，C 语言提供用户定义枚举类型解决这个问题。简单地说，枚举类型的数据就是用户定义的一组标识符的序列，例如，星期和月份的英文名称序列、颜色的英文单词序列等。

枚举类型定义的形式为：

enum 类型名{标识符序列};

例如，定义枚举类型 color，它由 5 个枚举值组成：

```
enum color{red,yellow,blue,white,black};
```

对枚举类型的定义有以下几点说明：

①enum 是定义枚举类型的关键字。

②枚举值标识符是常量不是变量，系统自动给予它们 0、1、2、3……值，因此枚举类型是基本数据类型。

③枚举值只能是一些标识符(字母开头，字母、数字和下划线组合)，不能是基本类型常量。虽然它们有值 0、1、2、3…，但如果这样“enum color{0,1,2,3,4};”定义类型是错误的。

④在定义枚举类型时可以对枚举常量重新定义值，例如：

```
enum  color{red = 3,yellow,blue,whitw = 8,black};
```

此时 yellow 为 4，blue 为 5，black 为 9，即系统自动往后延续。

10.5.5　枚举变量的声明及引用

1. 枚举变量的声明

可以用定义过的枚举类型来声明枚举变量，形式为：

enum 类型名 变量名；

例如，需要声明枚举类型 color 的变量 c，语句如下：

enum color c;

也可以在定义类型的同时声明变量，形式为：

enum 类型名{标识符序列} 变量名;

例如,声明枚举类型 color 的变量 c,语句如下:

```
enum color{red,yellow,blue,white,black} c;
```

或者省略类型名直接定义变量,形式为:

enum {标识符序列} 变量名;

例如:

```
enum {red,yellow,blue,white,black} color;
```

显然,以上三种定义变量的方法与结构体、共用体变量的定义方法很相似。

☞**注意:**区分枚举常量与枚举变量,不能把枚举常量当变量使用。

2. 枚举变量的引用

(1)赋值运算

枚举变量定义以后就可以对它赋枚举常量值或者其对应的整数值,例如,变量 c 可以赋 5 个枚举值之一:

```
c = red;   或   c = 0;
c = blue;   或   c = 2;
```

☞**注意:**"c=green;"或"c=10;"均不合法,因为 green 不是枚举值,而 10 已超过枚举常量对应的内存值。

(2)比较运算

枚举常量对应整数值,因此枚举变量、常量和常量对应的整数之间可以比较大小,如:

```
if(c = = red) printf("红色");   或   if(c = = 0) printf("红色");
if(c! = black) printf("颜色不是黑色!");
if(c>white) printf("黑色");
```

(3)其他运算

①枚举变量还可以进行++、-- 等运算。

②枚举变量不能通过 scanf 或 gets 函数输入枚举常量,只能通过赋值取得枚举常量值。但是枚举变量可以通过"scanf("%d",& 枚举变量);"输入枚举常量对应的整数值。

③枚举变量和枚举常量可以用"printf("%d",…);"输出对应的整数值,若想输出枚举值字符串,则只能间接进行。

由于枚举变量可以作为循环变量,因此可以利用循环和 switch 语句打印全部的枚举值字符串。

【例 10-12】 输出全部的枚举值字符串。

程序代码:

```
/ * ex10_12.c * /
# include <stdio.h>
void main()
{
     enum {red,yellow,blue,white,black} c;
     printf("全部的枚举值为:\n");
     for(c = red;c< = black;c + + )
          switch(c)
```

```
        {
            case red:    printf("red\n");break;
            case yellow:printf("yellow\n");break;
            case blue:   printf("blue\n");break;
            case white: printf("white\n");break;
            case black: printf("black\n");break;
        }
    }
```

程序运行结果如图 10-10 所示。

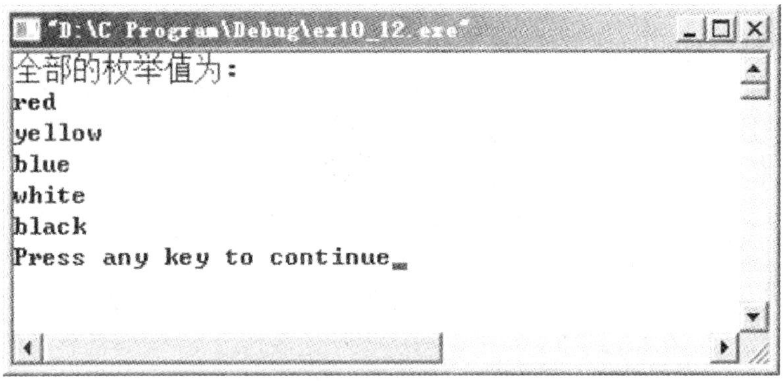

图 10-10　例 10-12 程序运行结果

10.5.6　用户定义类型

使用本章前面几节介绍的用户定义类型的名字比较复杂，例如，结构、共用和枚举类型都要用两个单词表示。对于基本数据类型的名字又觉得太简单，如“int”、“char”等不能表现出类型的意思。C 语言针对这些情况允许用户定义替代的类型名，以满足上述两种需求。

1. 定义“替代”类型名

定义的形式为：

typedef 已存在类型名 新类型名；

☞**注意：**“已存在类型名”必须是系统提供的数据类型或用户已定义的数据类型。定义替代类型名的作用是：给已有的类型起个别名，便于使用。

例如：

```
typedef int INT;
```

给已有的类型“int”起了个别名“INT”，这样使用 int 和 INT 作用相同。

又例如：

```
typedef struct student ST;
```

给已有的类型“struct student”起了个别名“ST”。前提是：类型 struct student 应已经定义。

2. 定义新类型需要注意的问题

(1)新类型名一般大写

定义新类型名时一般都是大写的标识符，这是为便于区别习惯写法，并不是必须的。

(2)不是创造新的类型

用 typedef 定义类型只是定义新的类型名而不是创造新的类型,如果没有已知的类型是无法定义类型名的,例如,“typedef NAME;”是毫无意义的。

本章小结

➢结构是由若干数据项组合而成的复杂数据对象,这些数据项称为结构的成员。

➢定义一个结构,需要给出各个成员的类型及名称。

➢结构定义仅描述了一个结构的形式。在程序里使用结构时,需要声明结构变量。

➢访问结构成员的操作主要用成员运算符“.”,一般形式为:结构变量名.成员名。

➢通过指向结构的指针可以访问结构成员,常用形式为:结构指针变量->成员名。

➢数组元素的类型为结构的数组称为“结构数组”。

➢结构作为函数参数有 3 种不同的方式:结构成员的值传递给函数参数、整个结构作为参数传递、结构指针变量做函数的参数。

➢共用体与结构体的定义、引用非常相似,但是使用范围比结构体小。

➢枚举类型的数据就是用户定义的一组标识符的序列,其存储的是整型数值,因此为基本类型。

➢用户可以通过 typedef 给系统数据类型以及构造类型重新命名,但并没有定义新的类型。

习题 10

一、单项选择题

1. 以下结构体定义正确的是(　　)。

A. struct {int x;int y};　　B. struct s{int x;int y;};

C. struct s{int x;int y}　　D. struct s{int x,int y};

2. 若有以下说明和语句:

```
struct  worker
{ int no; char * name; }work, * p = &work;
```

则以下引用方式不正确的是(　　)。

A. work.no　　B. (* p).no　　C. p->no　　D. work->no

3. 对结构体变量 person 的出生年份进行赋值时,下面正确的赋值语句是(　　)。

```
struct date { int year;int month;int day};
struct man{char name[20];char sex;struct date birthday;}person
```

A. year=1958;　　B. birthday.year=1958;

C. person.birthday.year=1958;　　D. person.year=1958;

4. 以下对结构体类型变量的定义中不正确的是(　　)。

A.
```
#define STUDENT struct student
STUDENT
{ int num;
    float age;
}std1;
```
B.
```
struct student
{  int num;
   float age;
}std1;
```
C.
```
struct
{  int num;
   float age;
}std1;
```
D.
```
struct
{  int num;
   float age;
} student;
struct student std1;
```

5. 设有以下说明语句：
```
struct stu
{int a; float b; }stutype;
```
则下面的叙述不正确的是(　　)。

A. struct 是结构体类型的关键字　B. struct stu 是用户定义的结构体类型

C. stutype 是用户定义的结构体类型名　D. a 和 b 都是结构体成员名

6. C 语言结构体类型变量在程序执行期间(　　)。

A. 所有成员一直驻留在内存中　B. 只有一个成员驻留在内存

C. 部分成员驻留在内存中　D. 没有成员驻留在内存中

7. 在说明一个结构体变量时，系统分配给它的存储空间是(　　)。

A. 该结构体中第一个成员所需存储空间

B. 该结构体中最后一个成员所需存储空间

C. 该结构体中占用最大存储空间的成员所需存储空间

D. 该结构体中所有成员所需存储空间的总和

8. 若有如下定义，则对 data 中的 a 成员的正确引用是(　　)。

struct sk{int a; float b;}data, *p=&data;

A. *(p).data.a　B. (*p).a　C. p->data.a　D. p.data.a

9. 设有：
```
union un
{
    int i;char c;float f;
}a;
int b;
```
则下列语句中正确的是(　　)。

A. a=1.6;　B. a.c='A';

C. b=a;　D. printf("%d\n",A);

10. 设有：
```
typedef struct stud
{
    long No;
```

```
        int age;
        char name[21];
    }STUDENT;
```

则下列叙述正确的是(　　)。

A. 以上的说明形式非法　　B. stud 是一个结构体变量

C. STUDENT 是一个结构体类型名　　D. STUDENT 是一个结构体变量

二、程序填空题

1. 结构数组中存有三人的姓名和年龄,以下程序输出三人中最年长者的姓名和年龄。请填空。

```
#include <stdio.h>
static struct man
{    char name[20];
     int age;
}person[3] = {"li - ming",18, "wang - hua",19, "zhang - ping",20};
void main( )
{
     int old = 0;
     for(i = 1;__________;i ++ )
         if(person[i].age>person[old].age)
             {__________;}
     printf(" % s % d", __________);
}
```

2. 以下程序中使用一个结构体变量表示一个复数,然后进行复数的加法和乘法运算。

设复数定义为:A=a+bi 则:

复数的加法定义为:(a+bi)+(c+di)=(a+c)+(b+d)i;

复数的乘法定义为:(a+bi)(c+di)=(ac−bd)+(ad+bc)i。

```
#include <stdio.h>
struct comp
{
     float real;
     float virtual;
};
void main( )
{
     struct comp a,b,sum,mul ;
     printf("输入 a.real、a.virtual、b.real、b.virtual:");
     scanf(" % f % f % f % f",&a.real,&a.virtual,&b.real,&b.virtual);
     sum.real = __________;
     sum.virtual = __________;
     mul.real = __________;
     mul.virtual = __________;
```

```
    printf("sum.real = %f, sum.virtual = %f\n");
    printf("mul.real = %f, mul.virtual = %f\n");
}
```

3. 以下程序用来按学生姓名查询其排名和成绩，查询可连续进行，直到键入 q 结束，请填空。

```
#include <stdio.h>
#include <string.h>
struct student
{
    int rank;
    char *name;
    float score;
};
__________ stu[] = {{4, "Endre",52.2},
                    {2, "Audi", 88.0},
                    {1, "Peter", 98.5},
                    {3, "Sara", 73.5}};
void main()
{
    char str[10];
    int i = 0;
    do
    {
        printf("请输入要查找的姓名: ");
        scanf("%s", str);
        for(;i<=3; i++)
        if(__________)
        {
            printf("姓名\t名次\t成绩\n");
            printf("%s\t%d\t%f\n", stu[i].name, stu[i].rank, stu[i].score);
            ______________;
        }
    if(i>3)
        printf("没有该学生\n");
    }while(strcmp(str, "q")!= 0);
}
```

第 11 章
文件和编译预处理

本章工作任务

- 编写程序完成对文件的读写操作
- 熟练使用常用文件处理函数

本章知识目标

- 了解文件的基本概念和分类
- 理解文件指针的概念
- 掌握文件的读写操作
- 掌握宏的定义和使用

本章技能目标

- 掌握宏的定义和使用
- 熟练掌握文件打开、关闭操作
- 掌握文件进行读写操作

本章重点难点

- 对文件进行读写操作
- 实现简单的文件数据处理

编译预处理是在源程序正式编译前的处理。预处理命令一般写在程序的最开头，以#开头。编译预处理命令不是C语言本身的组成部分，也不属于C语句，不能直接对他们编译。在代码的正式编译之前(编译即指转换成二进制的机器语言)，系统先对预处理命令进行处理，然后再由编译程序对处理后的程序进行正常的编译，得到可执行文件。即对一个源程序进行编译时，系统会先引用预处理命令对源程序中的预处理部分进行处理，然后自动进行源程序的编译。

C语言提供三种预处理命令：宏定义、文件包含、条件编译。它们均以#开头，并独占一个书写行，语句结尾不用分号作为结束符。

11.1 计算圆的面积和周长

11.1.1 程序解析

【例11-1】 输入一个圆的半径，计算并输出圆的面积和周长。

程序代码：

```
/* ex11_1.c */
#include <stdio.h>                  //编译预处理命令
#define PI 3.14159                  //宏定义,PI是宏名,3.14159是用来替换宏名的常数
void main()
{
    float s,l,r;
    printf("请输入半径r(厘米):");
    scanf("%f",&r);
    s=PI*r*r;                       //引用宏PI计算圆的面积
    l=2*PI*r;                       //引用宏PI计算圆的周长
    printf("面积为:%.2f厘米,周长为:%.2f厘米\n",s,l);
}
```

运行程序，输入4，结果如图11-1所示。

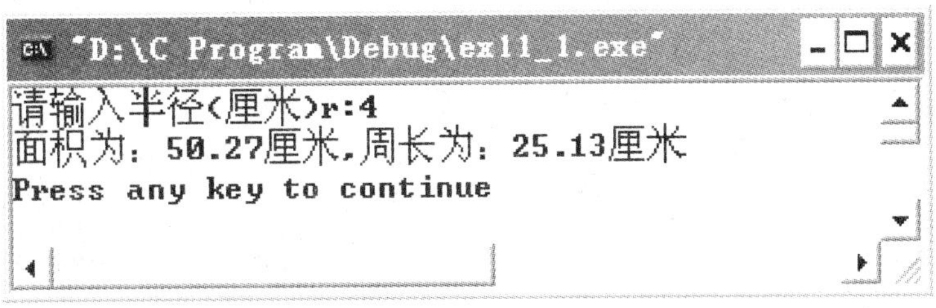

图11-1 例11-1运行结果

这个程序简单扼要，通过无参宏定义完成对圆周率值的引用。

11.1.2 宏定义

宏提供了一种用一个标识符来表示一个字符串的机制，实际上就是一种替换，有时称为

宏替换。在编译预处理时,对程序中所有出现的"宏",都用宏定义中的字符串去替换。

宏定义由宏定义命令完成,宏替换是由预处理程序自动完成的。

宏定义分为有参数和无参数两种。

1. 无参宏定义

无参宏的宏名后不带参数,其定义的一般形式为:

#define 标识符 字符串

define 为宏定义命令,标识符为所定义的宏名,字符串可以是常数、表达式、格式串等。

说明:

①宏定义是用宏名来表示一个字符串,在宏展开时又以该字符串取代宏名,这只是一种简单的替换,字符串中可以含任何字符,可以是常数,也可以是表达式,预处理程序对它不作任何检查。如果有错误,只能在编译已被宏展开后的源程序时发现。

②宏定义不是说明或语句,在行末不必加分号,如加上分号则连分号也一起置换。

③宏定义必须写在函数之外,其作用域为宏定义命令起到源程序结束。如要终止其作用域可使用# undef 命令。

④宏名在源程序中若用引号括起来,则预处理程序不对其做宏代换。

```
#define PI 3.14159
void main()
{
    printf("PI");
    …
}
```

运行结果为:PI,而不是 3.14159。

⑤宏定义允许嵌套,在宏定义的字符串中可以使用已经定义的宏名。在宏展开时,由预处理程序层层代换,例如:

```
#define PI  3.14159
#define S PI * y * y              // PI 是已定义的宏名
```

⑥习惯上宏名用大写字母表示,以便于与变量区别。

2. 带参宏定义

格式:

#define 标识符(形参表) 形参表达式

例如:

```
#define S(x,y) 3 * x + 2 * y
```

带参数的宏在引用时必须给出实参,在宏替换时从左到右逐个字符进行替换,遇到与形参相同的字符时(如 x),用实参替换,直到文本串中所有字符都被替换。

```
area = s(3,2);
```

宏展开后变成

```
area = 3 * 3 + 2 * 2;
```

【例 11-2】 计算 1 到 10 的平方和。

程序代码：

```
/* ex11_2.c */
#include <stdio.h>
#define FUN(a) a*a                    //带参宏定义，程序中 a 替换成 a*a
void main()
{
    int i;
    int s = 0;
    for(i = 1;i< = 10;i++)
        s = s + FUN(i);               //引用带参宏，FUN(i)被替换成 i*i
    printf("s = %d\n",s);
}
```

程序运行结果如图 11-2 所示。

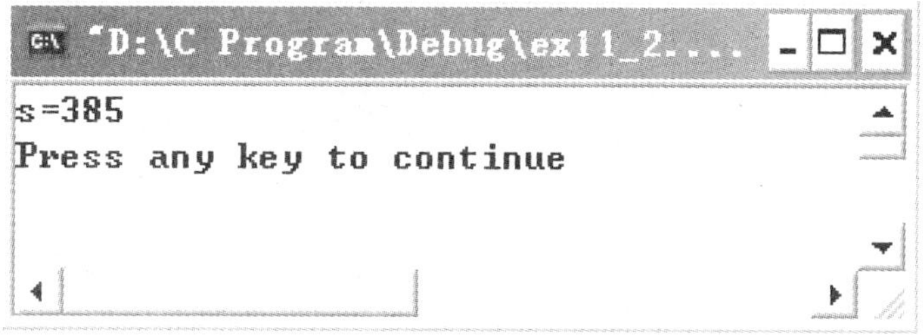

图 11-2　例 11-2 程序运行结果

程序分析：

①宏名和括号之间不能有空格。

②有些参数表达式必须加括号，否则会出现替换错误，如：

```
#define S(x) x*x
```

则 S(5+6)并不是 11 的平方，而是："5+6*5+6;"，结果为 41。

而如果宏定义为：#define S(x) (x)*(x)

S(5+6)就会被替换为："(5+6)*(5+6)"，从而符合了设计的要求。这样的问题在无参宏定义时也要注意：

①函数要求实参与形参类型一致，而宏替换不需要。

②函数只有一个返回值，而宏替换可能有多个。

③函数影响运行时间，而宏替换只影响编译时间。

11.1.3　文件包含

文件包含是把指定的文件插入该命令行位置取代该命令行。

命令的一般形式为：

#include <文件名>　或　#include "文件名"

如：

```
#include <stdio.h>
```

```
#include <math.h>
```

①一个#include命令只能包含一个文件。

②文件包含可以嵌套,如a包含b,b包含c。

文件包含在程序设计中非常有用,像C语言中的头文件,其中定义了很多外部变量或宏,在设计程序时只要包含进来就可以了,不需要重复定义,既节省了工作量,又可以避免出错。

11.1.4 技能训练

针对带参宏,进行宏替换时,可以像使用函数一样,通过实参与形参传递数据。

【例11-3】 请分析以下程序的运行结果。

程序代码:

```
/* ex11_3.c */
#include <stdio.h>
#define FUN(a) a * a
void main()
{
    int i,s;
    printf("input a number:");
    scanf("%d",&i);
        s = 160/FUN(i + 1);
    printf("s = %d\n",s);
}
```

程序运行结果如图11-3所示。

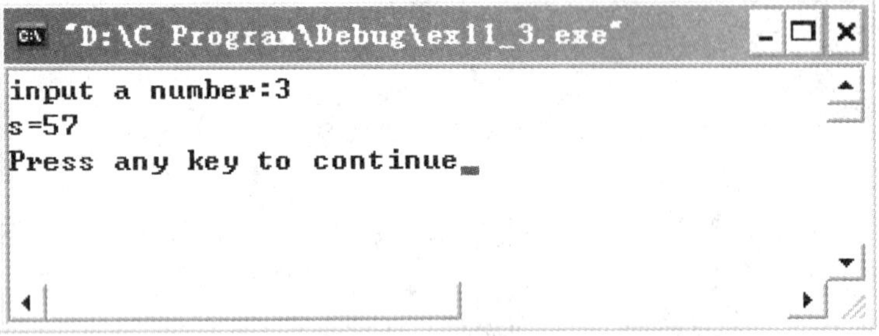

图11-3 例11-3程序运行结果

程序分析:

宏替换后将得到以下语句:

s=160/3+1*3+1;

【例11-4】 请分析以下程序的运行结果。

程序代码:

```
/* ex11_4.c */
#include <stdio.h>
#define FUN(a) (a) * (a)
```

```
void main()
{
    int i,s;
    printf("input a number:");
    scanf("%d",&i);
    s = 160/FUN(i + 1);
    printf("s = %d\n",s);
}
```

程序运行结果如图 11-4 所示。

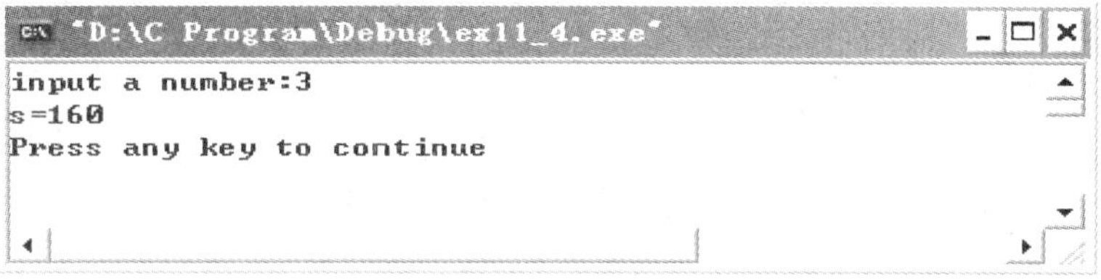

图 11-4 例 11-4 程序运行结果

程序分析：

宏替换后将得到以下语句：

s=160/(3+1)*(3+1)；

【例 11-5】 请分析以下程序的运行结果。

程序代码：

```
/* ex11_5.c */
#include <stdio.h>
#define FUN(a) ((a)*(a))
void main()
{
    int i,s;
    printf("input a number:");
    scanf("%d",&i);
    s = 160/FUN(i + 1);
    printf("s = %d\n",s);
}
```

程序运行结果如图 11-5 所示。

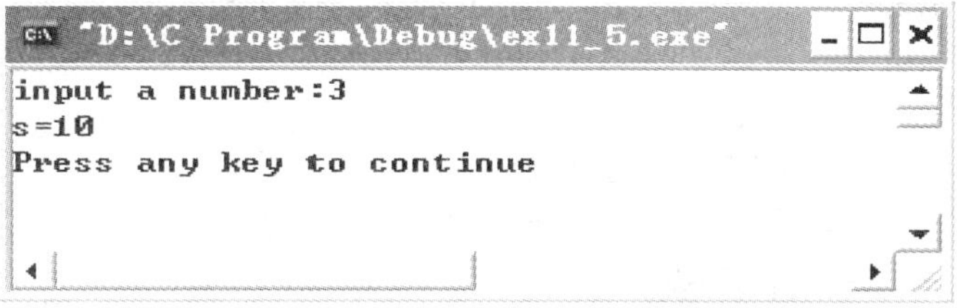

图 11-5 例 11-5 程序运行结果

程序分析:

宏替换后将得到以下语句:

```
s = 160/((3 + 1) * (3 + 1));
```

宏调用和函数调用有相似之处,但二者有本质不同。其主要区别如下:

①在函数调用中,实参和形参都要定义类型,而且类型要一致。而宏调用时,参数不存在类型问题,宏名无类型,它的参数也无类型,只是一个符号代表,展开时带入指定的字符即可。

②使用宏次数多时,宏展开后的源程序就会变长,因为每展开一次都会使程序增长。而函数调用不会使源程序增长。

③宏替换不占运行时间,而函数调用则占运行时间(给形参分配存储单元、保留现场、值传递、值返回)。利用宏可以使程序简化。

11.2 学生成绩文件统计

11.2.1 程序解析

【例 11-6】 有5位学生的计算机二级水平考试成绩被事先保存在数据文件"C:\f12－1.txt"(数据文件已保存在C盘根目录下的f12－1.txt)中,包括学号、姓名和分数,文件内容如下:

301101 章洁琳 91

301102 储昭志 85

301103 张肖旺 76

301104 陈雪琴 96

301105 郭涛 55

要求:请读出文件的所有内容显示到屏幕,并输出平均分。

程序代码:

```
/* ex11_6.c */
#include <stdio.h>
void main()
{
    FILE *fp;                              //定义文件指针
    long num;                              //接收学生学号
    char stname[20];                       //存储学生姓名
    int i,score;                           //记录学生成绩
    int avg_score = 0;
    if((fp = fopen("c:\\f12 - 1.txt","r")) == NULL)     //打开文件
    {
        printf("File open error! \n");
        exit(0);                           //标准函数,关闭所有打开的文件并终止程序
    }
```

```
    for(i=0;i<5;i++)                          //文件处理(逐个读入和处理数据)
    {
        /* 从文件读入成绩保存到变量 */
        fscanf(fp,"%ld%s%d",&num,&stname,&score);
        avg_score+=score;                     //统计总分
        /* 输出成绩到屏幕 */
        printf("%ld%10s%5d\n",num,stname,score);
    }
    /* 输出平均分到屏幕 */
    printf("Average score :%d\n",avg_score/5);
    if(fclose(fp))                            //关闭文件
    {
        printf("Can not close the file! \n");
        exit(0);
    }
}
```

运行程序,结果如图 11-6 所示。

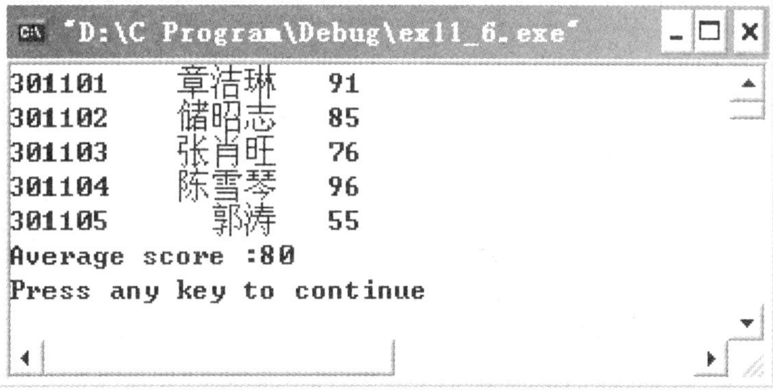

图 11-6　例 11-6 运行结果

程序分析:

以上程序实现了从给定的数据文件中读取数据并进行数据处理的功能,主要包括定义文件指针(FILE 型)fp、打开文件、从文件读取数据和关闭文件等操作。其中 FILE 可以看做是新的数据类型,用来表示文件。fopen()、fscanf()、fclose()是文件操作的函数,在 stdio. h 中定义。因此,用 C 程序可以把磁盘文件数据读出保存到变量(内存)。

11.2.2　文件的概念

所谓"文件"是指一组相关数据的有序集合。这个数据集有一个名称,叫做文件名。例如,C 源程序文件(. c)、目标文件(. obj)、可执行文件(. exe)、文本文件(. txt)、C 语言头文件(. h)等。当需要使用文件的时候,需要将文件调入内存中。

文件可以通过应用程序创建,如运行"记事本",输入一些数据,然后保存并输入文件名,就会在磁盘中产生一个文本文件。

在用“记事本”编辑文件时，如果不点击“保存”按钮，那么磁盘上就不会产生记事本数据文件，数据就不会写入到磁盘，即若不保存而直接关闭了应用程序，数据就会消失。实际上，用“记事本”程序编辑文件时，输入的数据先是在内存中，保存后，数据才被写到磁盘中。

C 语言处理的文件与 Windows XP 等操作系统的文件概念相同，单 C 语言中的文件类似于数组、结构体等，是一种数据组织方式，是 C 语言程序处理的对象。

11.2.3 文件的分类

从不同的角度可对文件做不同的分类。

1. 文本文件与二进制文件

按数据存储的编码形式，数据文件可分为文本文件和二进制文件。文本文件是以字符 ASCII 码值进行存储与编码的文件，也称“ASCII 码文件”，其文件的内容就是字符。二进制文件是存储二进制数据的文件。从文件的逻辑结构上看，C 语言把文件看做数据流，并将数据按顺序以一维方式组织存储。它非常像录音磁带，在磁带足够长的前提下，录音长短可以任意，录音和放音过程是顺序进行的。这正好与数据文件的动态存取和操作顺序一致。

C 语言源程序是文本文件，其内容完全由 ASCII 码构成，通过“记事本”等编辑工具可以对文件内容进行查看、修改等。C 程序的目标文件和可执行文件是二进制文件，它包含的是计算机才能识别的机器代码，如果也用编辑工具打开，将会看到稀奇古怪的符号，即通常所说的乱码。例如，对于 int 型整数 1234，如果存放到文本文件中，文件内容将包含 4 个字节：49、50、51、52，而二进制存储占用 2 个字节。

2. 顺序文件与随机文件

按照 C 程序对文件访问的特点来分，文件可分为顺序访问文件和随机访问文件，分别简称“顺序文件”与“随机文件”。例 11-6 中进行的文件访问就是顺序访问，通过使用 fprintf() 或 fputs() 函数创建的数据记录长度并不是完全一致的，这种记录长度不确定的文件访问称为“顺序访问”。而随机访问文件要求文件中单个记录的长度固定，可直接访问，这样速度快，并且无需通过其他记录即可查找特定记录。因此随机访问监视银行系统、售票系统和其他需要快速访问特定数据的事务处理系统。

11.2.4 文件处理步骤

C 语言对文件的处理需要严格遵循步骤进行，与现实中处理文件的步骤相似。举个例子，假如面前摆着一批文件等待处理，那应该怎么做呢？一定是先“打开”文件，然后对文件的内容进行编辑和更新处理，最后“关闭”这个文件，处理结束。实际上，用 C 语言编写文件操作的程序也要遵循如下步骤：

①定义文件指针。

②打开文件：文件指针指向磁盘文件缓冲区。

③处理文件：文件读写操作。

④关闭文件。

从例 11-6 程序中可以看出，基本操作过程正是如此。尝试编写程序，在例 11-6 基础上，输出最高分和最低分，以及相对应的学号和姓名。

11.3　用户信息加密和校验

11.3.1　程序解析

【例 11-7】　为了保障系统安全，通常采取用户账号和密码登录系统。系统用户信息存放在一个文件中，用户账号和密码由若干字母与数字字符构成，因安全需要，文件中的密码不能使用明文，必须要经过加密处理。请编程实现：输入 5 个用户信息（包含账户和密码）并写入文件 c:\f11－2.dat。要求文件中每个用户信息占一行，账号和加密过的密码之间用一个空格分隔。密码加密算法：对每个字符 ASCII 码的低四位求反，高四位保持不变（即将其与 15 进行异或运算）。

程序代码：

```
/*创建系统用户信息文件，存储账号和加密的密码*/
/* ex11_7.c */
#include <stdio.h>
#include <string.h>
#include <stdlib.h>
struct sysuser                                  //定义系统用户账号信息结构体
{
    char username[20];
    char password[8];
};
void main()
{
    FILE *fp;                                   //定义文件指针
    int i;
    void encrypt(char *pwd);                    //函数原型声明
    struct sysuser su;
    /*打开文件，进行写入操作*/
    if((fp = fopen("c:\\f12 - 2.dat","w")) == NULL)
    {
        printf("File open error! \n");
        exit(0);
    }
    /*将5位用户账号信息写入文件*/
    for(i = 1;i <= 5;i ++ )
    {
        printf("请输入第%d个用户信息(账号,密码):",i);
        scanf("%s%s",su.username,su.password);     //输入账号和密码
        encrypt(su.password);                       //调用函数，加密处理
        fprintf(fp,"%s,%s\n",su.username,su.password);  //写入文件
```

```
    }
    if(fclose(fp))                                    //关闭文件
    {
        printf("Can not close the file! \n");
        exit(0);
    }
}
/* 加密算法函数定义 */
void encrypt(char * pwd)
{
    int i;
    /* 与15(二进制码是00001111)异或运算,实现低四位取反,高四位不变 */
    for(i=0;i<strlen(pwd);i++)
        pwd[i]=pwd[i]^15;
}
```

运行程序,结果如图 11-7 所示。

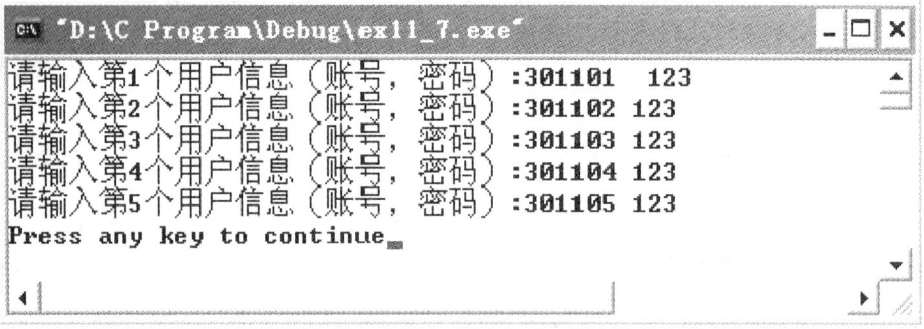

图 11-7　例 11-7 运行结果

查看"我的电脑"中C盘根目录下产生的文件"f11－2.dat",编辑该文件内容,如图 11-8 所示。

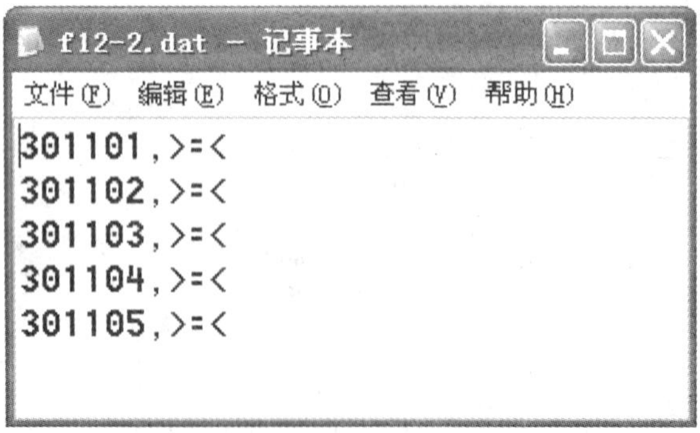

图 11-8　c:\f11－2.dat 文件编辑结果

程序分析：

程序中 fprintf()函数将字符串 username、password 写入了文件，并且 password 已经进行了加密处理。

在 C 语言中，基本的文件操作有两个：从磁盘文件中读信息（读操作）和把信息存放到磁盘文件中（写操作）。为了实现读写操作，首先要定义文件指针，确定被操作文件的文件名，然后打开文件，即请求系统分配文件缓冲区，接着进行文件读写操作，操作结束后关闭文件。

11.3.2　打开文件和关闭文件

1. 文件指针

在 C 语言程序中，无论是一般磁盘文件还是设备文件，都可以通过文件结构类型的数据集合进行输入输出操作。文件结构是由系统定义的，取名为 FILE。

定义格式：

FILE ＊fp;

其中 fp 是一个指向 FILE 类型结构体的指针变量。可以使 fp 指向某一个文件的结构体变量，从而能够通过该结构变量中的文件信息去访问该文件。也就是说，通过文件指针变量能够找到与它相关的文件。

如果有多个文件，一般应设多个相应的指针变量（指向 FILE 类型结构的指针变量），使它们分别指向对应的文件（实际上是指向该文件的信息结构），以实现对文件的访问。当然这是指需要同时访问这些文件而言，同一指针变量通过对它的赋值也可以指向不同的文件。

C 语言中的标准设备文件是由系统控制的，由系统自动打开和关闭，其文件结构指针由系统命名，用户无需说明即可直接使用，例如，

stdin 标准输入文件（键盘）

stdout 标准输出文件（显示器）

stderr 标准错误输出文件（显示器）

对文件进行操作之前必须打开文件，打开文件的作用实际上是建立该文件的信息结构，并且给出指向该信息结构的指针以便对该文件进行访问。

文件使用结束之后应该关闭该文件。文件的打开与关闭是通过调用 fopen 和 fclose 函数来实现的。

2. 文件的打开操作

C 语言用 fopen()函数来实现文件的打开。fopen 函数的调用方式一般为：

FILE ＊fp;

fp＝fopen(文件名，文件使用方式)；

如：

```
fp = fopen ("result.txt","r");
```

它表示要打开名字为“result. txt”的文件，使用文件方式为“读入”，fopen 函数返回指向“result. txt”文件的指针并赋给 fp，这样 fp 就与“result. txt”相联系了，或者说 fp 指向“result. txt”文件。文件打开方式符号如表 11-1 所示。

表 11-1　文件使用方式标识符表

文件使用方式		含　义
"r"	（只读，文本）	以只读方式打开一个已有的文本文件。
"w"	（只写，文本）	以只写方式建立一个新的文本文件。如果该文件已存，在则将它删去，然后重新建立一个新文件。
"a"	（追加，文本）	以添加方式打开一个文本文件，在文件末尾添加。如果该文件不存在，则建立一个新文件后再添加。
"rb"	（只读，二进制）	以只读方式打开一个已有的二进制文件。
"wb"	（只写，二进制）	以只写方式打开一个二进制文件。
"ab"	（追加，二进制）	以添加方式打开一个二进制文件。
"r+"	（读写，文本）	以读写方式打开一个已有的文本文件。
"w+"	（读写，文本）	以读写方式建立一个新的文本文件。
"a+"	（读写，文本）	以读写方式打开一个文本文件，在文件末尾添加和修改，如果文件不存在，则建立一个新文件后再添加和修改。
"rb+"	（读写，二进制）	以读写方式打开一个已有的二进制文件。
"wb+"	（读写，二进制）	以读写方式建立一个新的二进制文件。
"ab+"	（读写，二进制）	以读写方式打开一个二进制文件。

①用以上方式可以打开文本文件或二进制文件，这是 ANSI C 的规定，即用同一种缓冲文件系统来处理文本文件和二进制文件。

②如果不能实现“打开”的任务，fopen()函数将会带回一个出错信息。出错的原因可能是：用“r”方式打开一个并不存在的文件；磁盘出故障；磁盘已满无法建立新文件等。此时 fopen 函数将带回一个空指针值 NULL(NULL 在＜stdio. h＞头文件中已被定义为 0)。

③常用下面的方法打开一个文件：

```
if((fp = fopen("filename","r")) = = NULL)
{
    printf("cannot open this file.\n");
    exit(0);
}
```

即先检查打开文件有无出错，如果有错就在终端上输出“cannot open this file”。exit()函数的作用是关闭所有文件，终止正调用的过程，待程序员检查出错误，修改后再运行。

④用“w”方式打开文件时，只能从内存向该文件输出(写)数据，而不能从文件向内存输入数据。如果该文件原来不存在，则打开时按指定文件名建立一个新文件。如果原来的文件已经存在，则打开时将文件删除，然后重新建立一个新文件，所以务必小心。

⑤用“a”方式打开文件时，向文件的尾部添加新数据，文件中原来的数据保留，但要求文件必须存在，否则会返回出错信息。打开文件时，文件的位置指针在文件末尾。

⑥用“r+”、“w+”、“a+”方式打开文件时，既可以输入也可以输出，不过三种方式是有

区别的："r+"方式要求文件必须存在；"w+"方式则建立新文件后进行读写；"a+"方式则保留文件原有的数据，进行追加或读的操作。

在用文本文件向计算机输入时，应将回车和换行两个字符转换为一个换行符；在输出时，应将换行符转换为回车和换行两个字符。在用二进制文件时，不需进行这种转换，因为在内存中的数据形式与输出到外部文件中的数据形式完全一致，一一对应。

在程序开始运行时，系统自动打开三个标准文件：标准输入、标准输出、标准出错输出。通常这三个文件都与终端相互联系。因此以前所用到的从终端输入或输出，都不需要打开终端文件。系统自动定义了三个文件指针 stdin、stdout 和 stderr，分别指向终端输入、终端输出和标准出错输出(也从终端输出)。如果程序中指定要从 stdin 所指的文件输入数据，就是指从终端键盘输入数据。

选择好打开的方式，在对文件进行操作时必须遵守打开方式的约定，否则会出错。例如，以"r"方式打开，却要向文件中写入数据，会导致程序出错。另外要注意对原有文件的保护，如果原有数据需要保留，就不能用"w"或"w+"的方式打开，否则将丢失原有的数据。

3. 文件的关闭操作

文件在使用完后应及时关闭，以防止再被误用。"关闭"就是释放文件指针。释放后的文件指针变量不再指向该文件，为自由的文件指针。这种做法可以避免文件中的数据丢失。释放指针后不能再通过该指针对原对应的文件进行读写操作，除非再次用该指针变量打开该文件。

用 fclose 函数关闭文件。fclose 函数调用的一般形式为：

fclose(文件指针)；

如：

```
fclose(fp);
```

用 fopen 函数打开文件时所带回的指针赋给了 fp，现把该文件关闭。

应该养成关闭不用文件的习惯，程序结束前应该保证所有操作文件均被关闭，如果不关闭将可能丢失数据。关闭文件的语句通常放在对文件的操作完成之后，也可以放在程序结束之前。由于在向文件写数据时，数据先被输送到缓冲区，待缓冲区充满后才正式输出给文件。如果数据未充满缓冲区而程序结束运行，就会将缓冲区中的数据丢失。用 fclose 函数关闭文件，可以避免这种情况发生，它先把缓冲区中的数据输出到磁盘文件，然后才释放文件指针变量。

如果文件关闭成功，fclose 函数返回值为 0；如果关闭出错，则返回值为 EOF(−1)。

11.3.3　文件读写函数

C 语言标准库 stdio.h 中提供了一系列文件的读写操作函数，常用的函数如下：

字符方式文件读写函数：fget()和 fput()；

字符串方式读写函数：fgets()和 fputs()；

格式化方式读写函数：fprintf()和 fscanf()。

1. 字符读入函数 fgetc()

从指定文件读入一个字符，该文件必须是以读或读写方式打开的。

fgetc 函数的调用形式为：

ch = fgetc(fp);

fp 为文件型指针变量,ch 为字符变量。

实现的功能是:从 fp 指向的文件中读取一个字符并赋给变量 ch。

如果在执行 fgetc 读字符时遇到文件结束符或出错,则函数返回一个文件结束标志 EOF(-1)。当形参 fp 为标准输入文件指针 stdin 时,则读文件字符函数 fgetc(stdin)与终端输入函数 getchar()具有完全相同的功能。

【例 11-8】 显示文本文件 readme. txt 的内容。

程序代码:

```
/* ex11_8.c */
#include <stdio.h>
void main()
{
    FILE *fp;
    char ch;
    if((fp = fopen("readme.txt","r")) == NULL)
    {
        printf("file open error.\n");
        exit(0);
    }
    while((ch = fgetc(fp)) != EOF)
        putchar(ch);
    fclose(fp);
}
```

运行程序,如果找不到该文件,结果如图 11-9 所示。

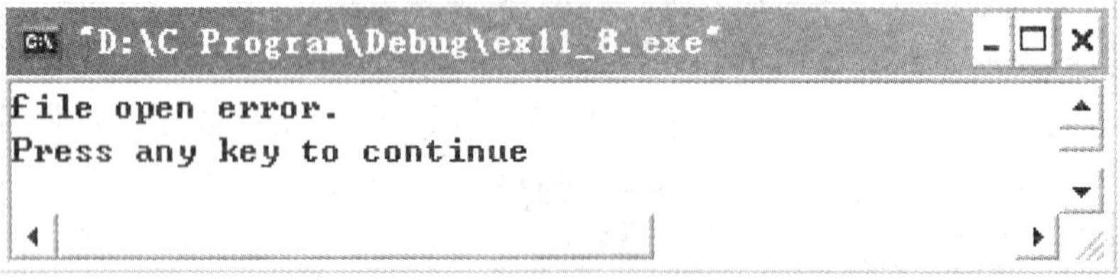

图 11-9 例 11-8 运行结果

运行程序,如果正常读取已存在文件,结果如图 11-10 所示。

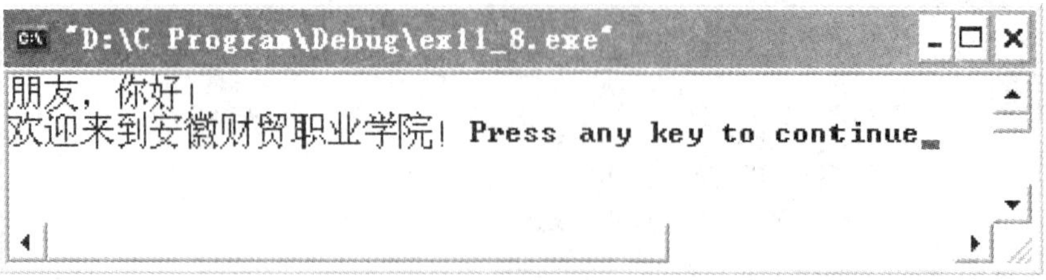

图 11-10 例 11-8 运行结果

程序分析：

EOF为文本文件的结束标志。在二进制文件中的数据，某一个字节的值可能是−1，而这又恰好是EOF的值。所以，上述程序只适合处理文本文件。ANSI C已允许用缓冲区文件系统处理二进制文件，为了解决上述问题，ANSI C提供了一个feof函数来判断文件是否结束。feof(fp)用来测试fp所指向的文件当前状态是否为“文件结束”。如果是文件结束，函数feof(fp)的值为1(真)，否则为0(假)。

当feof(fp)的值为0时，表示未到文件尾，feof(fp)的值为1时表示到达文件尾，所以!feof(fp)相当于feof(fp)==0。fgetc读取一个字节的数据赋给字符变量ch(当然可以接着对这些数据进行所需的处理)。直到遇文件结束，feof(fp)的值为1，!feof(fp)的值为0，退出while循环。

例11-8中程序完成从一文件名为“readme.txt”的磁盘文件中顺序读取字符，并在标准输出设备显示器上输出。请思考“readme.txt”存放在磁盘什么位置？如果存放在C盘根目录下，应如何修改程序？

2. 字符写入函数fputc()

fputc函数把一个字符输出到磁盘文件上。其一般形式为：

```
fputc(ch,fp);
```

ch是要输出的字符，它可以是一个字符常量，也可以是一个字符变量。

fp是文件指针变量，通常它从fopen函数得到返回值。

功能：将字符(ch的值)输出到fp所指向的文件上。如果输出成功，函数返回值是输出的字符；如果输出失败，则返回EOF(−1)。

同样，fputc(ch,stdout)的作用是将ch的值在显示器上输出，与函数putchar(ch)的功能完全相同。

【例11-9】 编程完成将文本文件readme.txt复制到result.txt中。

程序代码：

```
/*ex11_9.c*/
#include <stdio.h>
void main()
{
    FILE *fp1, *fp2;
    char ch;
    if((fp1 = fopen("readme.txt","r")) == NULL)
    {
        printf("file1 openned error.\n");
        exit(0);
    }
    if((fp2 = fopen("result.txt","w")) == NULL)
    {
        printf("file2 created error.\n");
        exit(0);
    }
```

```
    while((ch = fgetc(fp1))! = EOF)              // 读取文件 fp1 的内容
        fputc(ch,fp2);                           // 写到文件 fp2 中
    fclose(fp1);
    fclose(fp2);
}
```

请读者自行到磁盘空间，查看"readme. txt"与"result. txt"文件以及内容。

3. 字符串读入函数 fgets()

从指定文件读入一个字符串，该文件必须是以读或读写方式打开的。fgets 函数的调用形式为：

```
fgets(str,n,fp);
```

参数 str 可以是一个字符型数组名或指向字符串的指针；参数 n 为读取的最多的字符个数；参数 fp 为要读取文件的指针。

功能：从 fp 指定的文件中读取长度不超过 n－1 个字符的字符串，并将该字符串放到字符数组 str 中。读取成功，函数返回字符数组 str 的首地址；如果文件结束或出错，则返回 NULL。读取操作遇到以下情况结束：已经读取了 n－1 个字符；当前读取到的字符为回车符；已读取到文件末尾。

☞**注意：**

①使用该函数时，从文件读取的字符个数不会超过 n－1 个，这是由于在字符串尾部自动追加一个'\0'字符，这样读取到的字符串在内存缓冲区正好占有 n 个字节。

②如果从文件中读取到回车符时，也作为一个字符送入由 str 所指的内存缓冲区，然后再向缓冲区送入一个'\0'字符。

③应注意，fgets()函数在使用 stdin 作为 fp 参数时与 gets()函数功能有所不同：gets()把读取到的回车符转换成'\0'字符，而 fgets()把读取到的回车符作为字符存储，然后再在末尾追加'\0'字符。

假设文件 readme. txt 的内容如下：

c	o	m	P	u	t	e	r	\n	l	e	v	e	l	EOF

有数组"char str[8];"，文件指针 fp 指向 readme. txt，读写位置指向字符 c。

运行语句"fgets(str,8,fp);"后，str 的内容为：

c	o	m	P	u	t	e	\0

再次运行"fgets(str,8,fp);"后，str 的内容为：

r	\n	\0					

第 3 次运行"fgets(str,8,fp);"后，str 的内容为：

l	e	v	E	l	\0		

4. 字符串写入函数 fputs()

fputs 函数把一个字符串输出到磁盘文件上。其一般形式为：

```
fputs(str,fp);
```

str 可以是指向字符串的指针或字符数组名，也可以是字符串常量；fp 为指向写入文件的指针。

功能：将由 str 指定的字符串写入 fp 所指向的文件中。

☞**注意：**

①与 fgets()函数在输入字符串时末尾自动追加'\0'字符的特性相对应，fputs()函数在将字符串写入文件时，其末尾的'\0'字符自动舍去。

②当 fputs()函数使用 stdout 作为 fp 参数时，即 fputs(str,stdout)与 puts(str)在功能上有所不同：fputs()舍弃输出字符串末尾加入的'\0'字符，而 puts()把它转换成回车符输出。

③正常操作时，返回值为写入的字符个数；出错时，返回值为 EOF(−1)。

【例 11-10】 编程完成将文本文件 readme.txt 复制到 result.txt 中。

```
/* ex11_10.c */
#include <stdio.h>
void main()
{
    FILE *fp1, *fp2;
    char str[20];
    if((fp1 = fopen("readme.txt","r")) == NULL)
    {
        printf("file1 openned error.\n");
        exit(0);
    }
    if((fp2 = fopen("result.txt","w")) == NULL)
    {
        printf("file2 created error.\n");
        exit(0);
    }
    while(fgets(str,20,fp1)!= NULL)          // 读取文件 fp1 的内容到字符串 str 中
        fputs(str,fp2);                      // 将字符串 str 写到文件 fp2 中
    fclose(fp1);
    fclose(fp2);
}
```

请读者自行到磁盘空间，查看"readme.txt"与"result.txt"文件以及内容，并试与例 11-9 作比较分析。

5. 格式化读写函数 fprintf()和 fscanf()

前面的章节介绍的 printf()函数和 scanf()函数适用于标准设备文件，读写对象是终端。fprintf()函数和 fscanf()函数也是格式化读写函数，但读写对象是磁盘文件。

(1)格式化输入函数 fscanf()

函数调用的格式为：

fscanf(fp,格式控制串,输入列表);

fp是指向要读取文件的文件型指针,格式控制串、输出列表同scanf函数。

功能:从fp指向的文件中,按格式控制串中的控制符读取相应数据赋给输入列表中对应的变量地址中。

如:

```
fscanf(fp,"%d,%f",&a,&f);
```

该语句完成从指定的磁盘文件中读取ASCII字符,并按"%d"和"%f"格式转换成二进制形式的数据给变量a、f。

(2)格式化输出函数fprintf()

函数调用的格式为:

fprintf(fp,格式控制串,输出列表);

fp是指向要写入文件的文件型指针,格式控制串、输出列表同printf函数。

功能:将输出列表中的各个变量或常量,依次按格式控制串中的控制符说明的格式写入fp指向的文件中。

用fprintf和fscanf函数对磁盘文件读写,使用方便,容易理解,但由于在输入输出时要进行ASCII码和二进制的转换,时间开销大,因此,在内存与磁盘频繁交换数据的情况下,最好不用fprintf和fscanf函数,而用fread和fwrite函数。

11.4 文件的定位

文件中有一个位置指针,指向当前读写的位置。顺序读写文件,每次读写一个字符,则读写完一个字符后,该位置指针自动移动指向下一个字符位置。

如果需要对文件进行随机读写,就需要使用由C语言提供的文件定位函数来实现。

1. 置文件位置指针于文件开头位置的函数

rewind()函数的一般调用形式为:

```
rewind(fp);
```

fp是指向由fopen函数打开的文件指针

该函数的功能是使位置指针重新返回文件的开头,此函数没有返回值。

2. 改变文件位置指针位置的函数

对于磁盘文件,顺序读写操作可以按照文件位置指针的自动下移来完成,但是需要随机读写时必须能控制文件位置指针的移动,将文件位置指针移到需要读写的位置上。C语言提供的fseek函数就是用来改变文件位置指针的。

fseek函数的调用形式为:

fseek(fp,offset, whence);

其中,fp为指向当前文件的指针;offset为文件位置指针的位移量,指以起始位置为基准值向前移动的字节数,要求offset为long型数据;whence为起始位置,用整型常量表示,ANSIC规定它必须是0、1或2,0代表“文件开始”,1代表“当前位置”,2代表“文件末尾”。

fseek函数可以将文件位置指针移到由起始位置(whence)开始、位移量为offset的字节处。如果函数读写指针移动失败,返回值为−1。

fseek 函数一般用于二进制文件,因为文本文件要发生字符转换,计算位置时往往会发生混乱。

下面是 fseek 函数调用的几个例子:

```
fseek(fp,100L,0);      //将位置指针移到离文件头 100 个字节处
fseek(fp,50L,1);       //将位置指针移到离当前位置 50 个字节处
fseek(fp,-20L,2);      //将位置指针从文件末尾处向后退 20 个字节
```

注意偏移量为长整型,如 100L。

利用 fseek 函数就可以实现随机读写。

本章小结

➢编译预处理的过程和常见的编译预处理命令,包括宏定义、文件包含和条件编译。

➢文件的基本概念,包括分类、输入输出基本概念、文件的基本操作形式及特点、文件类型指针等。

➢常用的文件操作函数,包括 fopen()、fclose()、fgetc()、fputc()、fgets()、fputs()、fprintf()、fscanf()、feof()、fseek()和 rewind()等。

➢文件操作的基本算法,主要是读和写操作。

➢文件的顺序读写和随机读写。

习题 11

一、单项选择题

1. C 语言可以处理的文件类型是(　　)。

A. 文本文件和数据文件　　B. 数据文件和二进制文件

C. 文本文件和二进制文件　　D. 以上答案都不完整

2. 以读写方式打开一个已有的文件 file1,下面有关 fopen 函数正确的调用方式为(　　)。

A. FILE *fp;fp=fopen("file1";f);　　B. FILE *fp;fp=fopen("file1","r+");

C. FILE *fp;fp=fopen("file1","rb");　　D. FILE *fp;fp=fopen("file1","rb+");

3. 在 C 程序中,可把整型数以二进制形式存放到文件中的函数是(　　)。

A. fprintf 函数　　B. fread 函数　　C. fwrite 函数　　D. fputc 函数

4. 若 fp 是指向某文件的指针,且已读到此文件末尾,则 feof(fp)的返回值是(　　)。

A. EOF　　B. 0　　C. 非零值　　D. NULL

5. 在 C 语言中,用 w+ 方式打开一个文件后,可以执行的文件操作是(　　)。

A. 可任意读写　　B. 只读　　C. 只能先写后读　　D. 只写

6. 当顺利执行了文件关闭操作时,fclose 函数的返回值是(　　)。

A. 0　　B. Ture　　C. -1　　D. 1

7. 下列语句中，不能将文件型指针 fp 指向的文件内部指针置于文件头的语句是(　　)。(假定能正确打开文件)

A. fp=fopen("abc.dat","w");　　B. rewind(fp);

C. feof(fp);　　D. fseek(fp,0L,0);

8. 下列程序执行后的输出结果是(　　)。

```
#define M(x) x*(x+1)
void main()
{
    int a=2,b=3;
    printf("%d\n",M(1+a+b));
}
```

A. 6　　B. 8　　C. 24　　D. 42

9. 若有"#define ADD (x,y)x*y"，则语句"printf("s=%d",ADD(2,2+3));"的输出结果是(　　)。

A. s=8　　B. s=7　　C. s=10　　D. =11

10. 若打开当前文件夹中的文本文件 abc.txt 进行读和写操作，应使用(　　)打开文件。

A. fopen("abc.txt","r");　　B. fopen("abc.txt","wb");

C. fopen("abc.txt","w");　　D. fopen("abc.txt", "r+");

二、程序设计题

1. 设计程序将 26 个大写英文字母按顺序写入文件 result.txt 中。
2. 从键盘输入 5 个字符(ABCDE)，以字符'#'结束输入，并用 fputc 函数将它们输出到文件(result.txt)。请不要定义其他变量或数组。

第 12 章
课程项目"高校学生成绩管理系统"

本章工作任务

- 完成本课程项目的设计、编辑、测试和调试等工作任务

本章知识目标

- 掌握开发一个实际项目所需的基础知识
- 掌握开发一个实际项目所需的数据结构
- 掌握函数的设计过程
- 掌握函数的调用过程

本章技能目标

- 掌握一个完整项目的开发过程
- 灵活运用模块化思想设计程序的过程
- 灵活应用所学习的基本数据结构和程序结构解决实际问题

本章重点难点

- 一个实际的完整项目的开发过程
- 项目测试和调试的过程

12.1 项目需求描述

“高校学生成绩管理系统”是为了实现学校和教师对学生成绩信息的自动化处理而构思出来的，便于学生成绩的管理和保存。

本项目设计的目的是为了提高学生的基本编程能力，理解软件系统的开发流程，熟悉C语言的基本类型、控制流程结构、数组、函数、结构体和文件的各种基本操作。通过本课程项目的实训，学生能对C语言的文件操作有更深刻的了解，掌握利用数组存储结构实现对学生成绩管理的技术，为以后参与实际应用软件开发奠定基础。

该系统中为了便于该课程的学习者能上手开发软件，提升软件开发的基本技能，对实际的“高校学生成绩管理系统”进行了简化，如实际中的学号应该是字符串，本系统简化为整型，课程名称实际中是具体科目，该系统简化为科目一、科目二等，实际中课程应该有很多门课，该系统简化为4门课，实际中成绩统计分析应该包含成绩正态分布等，本系统简化为排序。

该系统运行效果如图12-1所示，选择任意菜单后，即可实现相应功能。

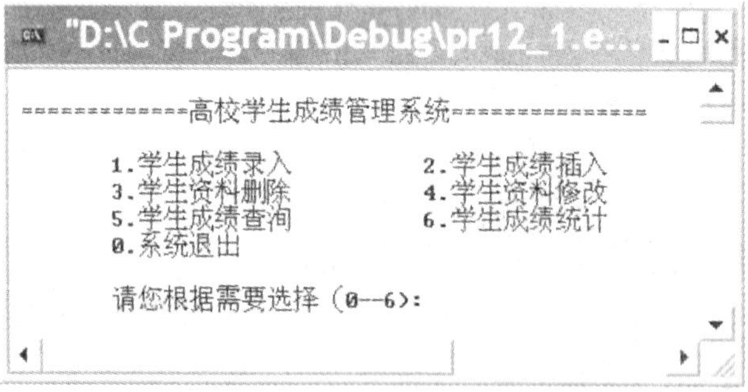

图12-1 系统运行效果图

12.2 系统设计

12.2.1 总体设计

1. 系统功能概述

该项目采用模块化的程序设计方法，将大的任务按照一定的原则分为多个小任务，然后分别设计各个小任务。小任务对应的模块之间相对独立且相关。使用模块化层次结构图（即模块图）来分析其任务的划分，一般从上到下进行，最上面一层是主模块，下面各层是其上一层模块的逐步细化描述。

本系统由七大模块组成，如图12-2所示。

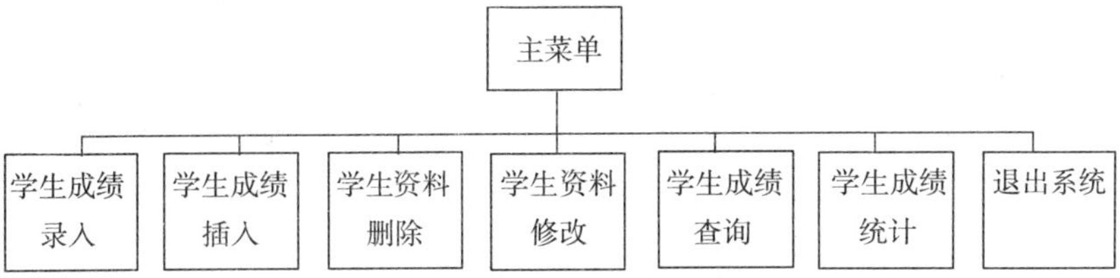

图 12-2 七大模块

2. 具体功能描述

该系统的七大模块分别是：学生成绩录入、学生成绩插入、学生资料删除、学生资料修改、学生成绩查询、学生成绩统计和退出系统。

(1)学生成绩录入模块

通过键盘将学生的成绩信息输入系统，学生记录由学生的基本信息和成绩信息字段构成。后输入的学生信息中学号不得与已有的学生学号相同。

(2)学生成绩插入模块

在已经录入的基础上，如果缺少了学生信息，可以通过该功能增加需要学生的基本信息。插入的学生信息中学号不得与已有的学生学号相同。

(3)学生资料删除模块

在已经录入学生信息数据的基础上，根据需要删除学生信息数据。

(4)学生资料修改模块

当学生姓名、成绩等信息有误时，可以对已有的学生信息数据进行修改。修改后的学生信息中学号不得与已有的学生学号相同。

(5)学生成绩查询模块

通过输入有关条件寻找并显示与该条件相匹配的学生信息，例如，输入学生姓名查该学生的所有课程成绩信息。

(6)学生成绩统计模块

对学生的成绩进行统计，并按照平均分和各科成绩进行降序排序。

(7)退出系统模块

在操作完成后退出系统。

12.2.2 详细设计

1. 数据结构的设计

结构体 struct student 用于存储学生的基本资料和成绩信息。在本程序中，只收集学生的 4 个科目的成绩和平均分。

该系统中学生数据结构设计如下：

```
struct student
{
    int sno;                    // 学号
    char sname[20];             // 姓名
    char ssex[4];               // 性别
```

```
    float score[4];                // 分数
    float save;                    // 平均分
}stu[100];
```

该系统还需要设计 2 个全局变量，一个表示是否已经列入数据的标记变量，另一个表示学生人数的变量。

2. 主函数 main()的流程设计

main()函数主要实现显示主菜单的函数，以及通过输入相应的数字选择相应的函数并执行。其中的 switch 选择结构语句是进入相应被调函数的关键，通过它可以选择并执行需要执行的程序。

在主函数 main()函数中，输入函数 create()、查询函数 search()、统计函数 count()、删除函数 delete()、修改函数 modify()和插入函数 insert()都是用户自定义的无参函数，用来编写对应的功能模块。

主函数 main()的流程如图 12-3 所示。

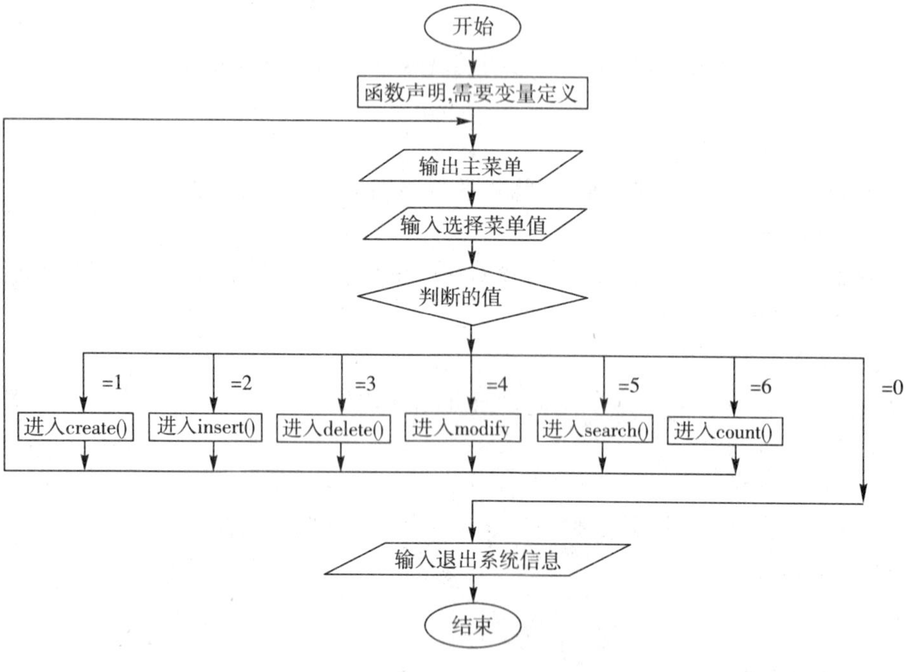

图 12-3　主函数 main()的流程图

主函数 main()的程序代码如下：

```
#include <stdio.h>
#include <string.h>
//全局数据结构的定义
struct student
{
    int sno;                       // 学号
    char sname[20];                // 姓名
    char ssex[10];                 // 性别
```

```
        float score[4];              // 分数
        float save;                  // 平均分
    }stu[100];
    int m=0,o;                       // m变量表示成绩输入标志,o变量表示学生人数,全局变量
    int main()
    {
        void create();               // 声明输入函数
        void insert();               // 声明插入函数
        void delete();               // 声明删除函数
        void modify();               // 声明修改函数
        void search();               // 声明查询函数
        void count();                // 声明统计函数
        int a;
        do{
            printf("\n=======高校学生成绩管理系统=========\n\n");
            printf("1.学生成绩录入 2.学生成绩插入\n");
            printf("3.学生资料删除 4.学生资料修改\n");
            printf("5.学生成绩查询 6.学生成绩统计\n");
            printf("0.系统退出\n\n");
            printf("请您根据需要选择(0--6):");
            scanf("%d",&a);
            switch(a)
            {
                case 1: create(); break;
                case 2: insert(); break;
                case 3: delete(); break;
                case 4: modify(); break;
                case 5: search(); break;
                case 6: count(); break;
                case 0: printf("谢谢使用! \n"); break;
                default:printf("输入错误!");
            }
        }while(a!=0);
        return 1;
    }
```

3. 学生成绩录入模块

学生成绩输入模块的主要功能就是将从键盘上输入的学生信息记录到系统中。需要实现一次录入多个学生信息,并保证录入的学生信息不得重复,即录入一条信息时判断该学生学号是否已经存在,如果已经存在,提示用户重新录入。

学生成绩输入模块 void create()的流程如图 12-4 所示。

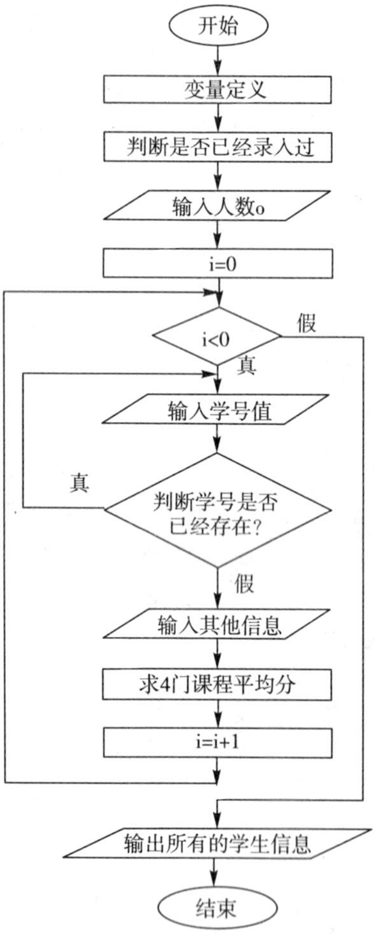

图 12-4　函数 create()的流程图

成绩输入模块 void create()的程序代码如下：

```
void create()                    //学生成绩输入函数
{
    float s;
    int i,j,k,l,t;
    if(m==1)                     //判断成绩是否已经录入
    {
        printf("成绩已录入,按任意键返回!");
        fflush(stdin);
        getchar();
        return;
    }
    printf("请输入学生人数:");
    scanf("%d",&o);              //变量 o 表示录入学生人数
```

```
for(i = 0;i<o;i + + )                //输入 o 个学生信息
{
    printf("请输入第 % d 名学生的信息\n",i + 1);
    do                               //输入学号,并判断学号的唯一性
    {
        printf("学号:");
        scanf(" % d",&t);
        for(k = 0;k<i;k + + )        //判断该学号是否已经存在
            if(stu[k]. sno = = t)
            {
                printf("该学号已经存在,请重新输入! \n");
                break;
            }
    }
    while(k<i);
    stu[i]. sno = t;
    printf("姓名:");
    scanf(" % s",&stu[i]. sname);
    printf("性别:");
    scanf(" % s",stu[i]. ssex);
    printf("分数:\n");
    for(j = 0;j<4;j + + )            //输入一个学生的 4 门课程成绩
    {
        printf("第 % d 科:",j + 1);
        scanf(" % f",&stu[i]. score[j]);
    }
    s = 0;                           //求 4 门课的总分和平均分
    for(k = 0;k<4;k + + )
    {
        s + = stu[i]. score[k];
    }
    stu[i]. save = s/4;
}
printf("\t\t\t 学生信息列表\n");      //输出该学生的信息
printf("学号\t 姓名\t 性别\t 第一科\t 第二科\t 第三科\t 第四科\t 平均分\n");
for(l = 0;l<o;l + + )
{
    printf(" % d\t % s\t % s",stu[l]. sno, stu[l]. sname,stu[l]. ssex);
    printf("\t % 4. 1f\t % 4. 1f", stu[l]. score[0],stu[l]. score[1]);
    printf("\t % 4. 1f\t % 4. 1f", stu[l]. score[2],stu[l]. score[3]);
    printf("\t % 4. 2f\n",stu[l]. save);
```

```
    }
    m = 1;
    printf("\n 成绩已录入完成,按任意键返回!");
    fflush(stdin);
    getchar();
    return;
}
```

4. 学生成绩插入模块

学生成绩插入模块的主要功能是在已有的信息中插入一条或几条新的学生信息。要求：

①必须已经录入有学生信息，如果之前没有录入学生信息，该功能不能执行。

②新插入的学生信息存放在已有信息的后面。

③新插入的学生信息不得和已有的学生信息重复，即判断学号是否已经存在。

学生成绩插入模块 void inset()的流程如图 12-5 所示。

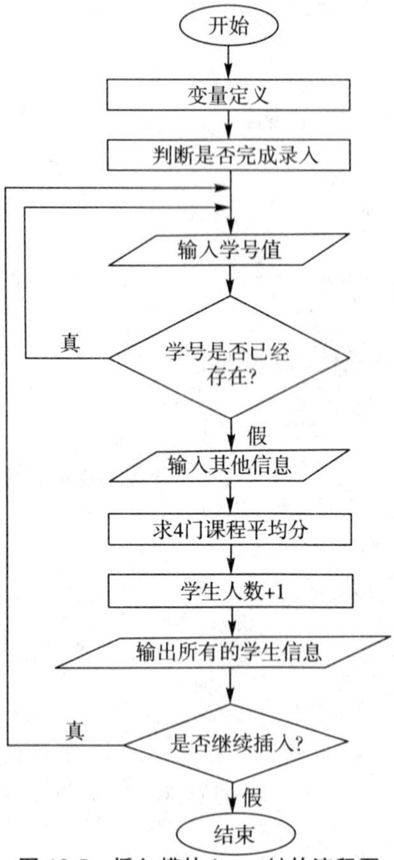

图 12-5　插入模块 insert()的流程图

插入模块 void insert()的程序代码如下：

```
void insert()                          //学生成绩插入函数
{
    int i,j,k,l,t,n,w = -1;
```

```
float s;
if(m = = 0)                         //判断是否有学生信息
{
    printf("学生信息为空,请先输入学生信息,按任意键返回!");
    fflush(stdin);
    getchar();
    return;
}
do                                  //输入一个学生的学号,并判断是否已经存在
{
    printf("插入学生的学号:");
    scanf(" % d",&t);
    for(k = 0;k<o;k + + )
    if(stu[k]. sno = = t)
    {
        printf("该学号已经存在,请重新输入学生的学号! \n");
        break;
    }
}while(k<o);
stu[o]. sno = t;
printf("插入学生的姓名:");           //输入学生其他信息
scanf(" % s",&stu[o]. sname);
printf("插入学生的性别:");
scanf(" % s",&stu[o]. ssex);
printf("插入学生的分数:\n");
for(j = 0;j<4;j + + )
{
    printf("第 % d 科:",j + 1);
    scanf(" % f",&stu[o]. score[j]);
}
o = o + 1;                          //学生人数加 1
for(i = 0;i<o;i + + )               //求该学生 4 门课平均分
{
    s = 0;
    for(t = 0;t<4;t + + )
    {
        s = s + stu[i]. score[t];
    }
    stu[i]. save = s/4;
}
printf("\t\t\t 学生信息列表\n");     //输出所有学生的信息
```

```
    printf("学号\t姓名\t性别\t第一科\t第二科\t第三科\t第四科\t平均分\n");
    for(l = 0;l<o;l++)
    {
        printf("%d\t%s\t%s",stu[l].sno, stu[l].sname,stu[l].ssex);
        printf("\t%4.1f\t%4.1f", stu[l].score[0],stu[l].score[1]);
        printf("\t%4.1f\t%4.1f", stu[l].score[2],stu[l].score[3]);
        printf("\t%4.2f\n",stu[l].save);
    }
    printf("重复插入请按0,其他数字键返回主菜单");
    scanf("%d",&n);                       //判断是否需要继续插入
    if(n == 0)
    insert();                             //递归调用函数
}
```

5. 学生资料删除模块

学生资料删除模块的主要功能就是将已经输入系统的信息按照一定条件删除。本系统只提供按照给定的学号进行删除。

删除模块 void delete()的程序流程图如图 12-6 所示。

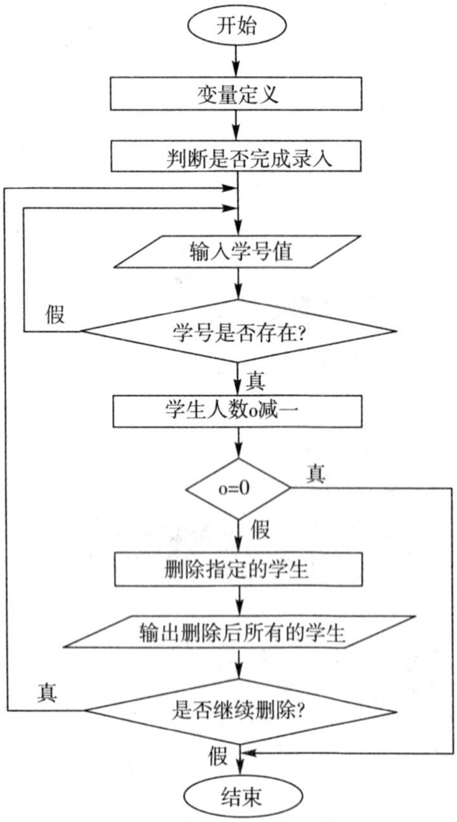

图 12-6　删除模块 delete()的流程图

删除模块 void delete()的程序代码如下：

```
void delete()                            // 学生资料删除函数
{
    int j,k,l,t,n,w = -1;
    if(m == 0)                           //判断学生信息是否存在
    {
        printf("请先输入成绩\n");
        return;
    }
    printf("\t\t\t 学生信息列表\n");      //删除学生信息列表
    printf("学号\t 姓名\t 性别\t 第一科\t 第二科\t 第三科\t 第四科\t 平均分\n");
    for(l = 0;l<o;l ++ )
    {
        printf(" %d\t %s\t %s",stu[l].sno, stu[l].sname,stu[l].ssex);
        printf("\t %4.1f\t %4.1f", stu[l].score[0],stu[l].score[1]);
        printf("\t %4.1f\t %4.1f", stu[l].score[2],stu[l].score[3]);
        printf("\t %4.2f\n",stu[l].save);
    }
    while(w == -1)                       //判断输入的学号是否存在
    {
        printf("请输入你要删除学生的学号:");
        scanf(" %d",&j);
        for(t = 0;t<o;t ++ )
        {
            if (stu[t].sno == j) w = t;
        }
        if(w == -1)
        printf("输入的学号有误,请重新输入! \n");
    }
    o = o - 1;                           // 学生总数减 1
    if(o == 0)                           // 判断是否还有学生信息存在
    {
        printf("所有学生信息全部被删除,按任意键返回!");
        fflush(stdin);
        getchar();
        return;
    }
    else
    {
```

```
        for (k = w;k<o;k++)          // 删除指定的学生信息,后续学生信息往前移动
        {
            stu[k].sno = stu[k+1].sno;
            strcpy(stu[k].sname,stu[k+1].sname);
            strcpy(stu[k].ssex,stu[k+1].ssex);
            stu[k].score[0] = stu[k+1].score[0];
            stu[k].score[1] = stu[k+1].score[1];
            stu[k].score[2] = stu[k+1].score[2];
            stu[k].score[3] = stu[k+1].score[3];
            stu[k].save = stu[k+1].save;
        }
        printf("\t\t\t 删除后学生信息列表\n");
        printf("学号\t 姓名\t 性别\t 第一科\t 第二科\t 第三科\t 第四科\t 平均分\n");
        for(l = 0;l<o;l++)
        {
            printf("%d\t%s\t%s",stu[l].sno, stu[l].sname,stu[l].ssex);
            printf("\t%4.1f\t%4.1f", stu[l].score[0],stu[l].score[1]);
            printf("\t%4.1f\t%4.1f", stu[l].score[2],stu[l].score[3]);
            printf("\t%4.2f\n",stu[l].save);
        }
    }
    printf("重复删除请按 0,其他数字键返回");
    scanf("%d",&n);                    //判断是否需要继续删除
    if(n == 0)
        delete();                      //递归调用函数
}
```

6. 学生资料修改模块

学生资料修改模块的主要功能就是将已存入系统的信息按条件找出并修改,再将修改后的信息存入系统中。并要求:

①按照学号查找,如果输入的学号不存在必须重新输入,直到输入存在的学号为止。

②新输入修改后的学号不得与系统中已有的学号重复,保证学生信息的唯一性。

学生资料修改模块 void modify()的流程如图 12-7 所示。

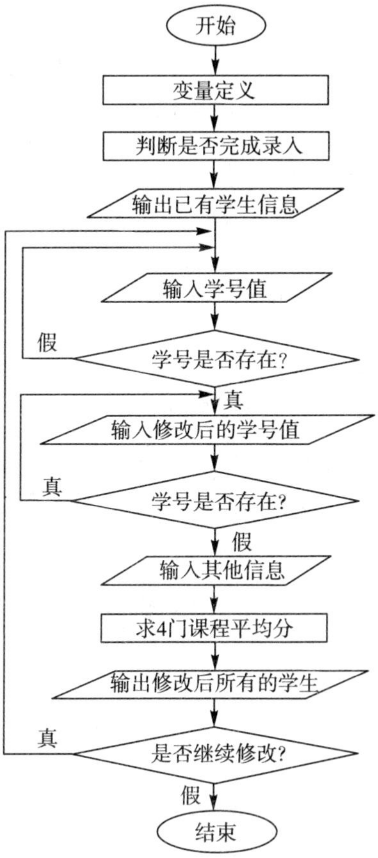

图 12-7 修改模块流程图

修改模块 void modify()的程序代码如下：

```
void modify()                                   // 学生资料修改函数
{
    int j,k,l,t,n,w = -1;
    float x;
    if(m == 0)
    {
        printf("请先输入成绩\n");
        return;
    }
    printf("\t\t\t 学生信息列表\n");        //输出已有学生信息列表
    printf("学号\t 姓名\t 性别\t 第一科\t 第二科\t 第三科\t 第四科\t 平均分\n");
    for(l = 0;l<o;l++)
    {
```

```
    printf("%d\t%s\t%s",stu[l].sno, stu[l].sname,stu[l].ssex);
    printf("\t%4.1f\t%4.1f", stu[l].score[0],stu[l].score[1]);
    printf("\t%4.1f\t%4.1f", stu[l].score[2],stu[l].score[3]);
    printf("\t%4.2f\n",stu[l].save);
}
while(w==-1)                        //判断输入的学号是否存在
{
    printf("请输入你要修改学生的学号:");
    scanf("%d",&j);
    for(t=0;t<o;t++)
    {
        if (stu[t].sno==j) w=t;
    }
    if(w==-1)
        printf("输入的学号有误,请重新输入! \n");
}
printf("请输入你要修改学生的信息:\n");
do                                  //输入修改后的学生学号,并判断学号是否已存在
{
    printf("修改的学号:");
    scanf("%d",&t);
    if(t==j)
        break;
    else
    {
        for(k=0;k<o;k++)
            if(stu[k].sno==t)
            {
                printf("该学号已经存在,请重新输入学生的学号! \n");
                break;
            }
    }
}
while(k<o);
stu[w].sno=t;
printf("修改的姓名:");              //输入其他修改后的信息
```

```
    scanf("%s",&stu[w].sname);
    printf ("修改的性别:");
    scanf ("%s",&stu[w].ssex);
    printf("修改的分数:\n");
    for(j=0;j<4;j++)
    {
        printf("\t第%d科成绩:",j+1);
        scanf("%f",&stu[w].score[j]);
    }
    x=0;
    for(t=0;t<4;t++)
    x=x+stu[w].score[t];
    stu[w].save=x/4;
    printf("\t\t\t修改后学生信息列表\n");
    printf("学号\t姓名\t性别\t第一科\t第二科\t第三科\t第四科\t平均分\n");
    for(l=0;l<o;l++)
    {
        printf("%d\t%s\t%s",stu[l].sno, stu[l].sname,stu[l].ssex);
        printf("\t%4.1f\t%4.1f", stu[l].score[0],stu[l].score[1]);
        printf("\t%4.1f\t%4.1f", stu[l].score[2],stu[l].score[3]);
        printf("\t%4.2f\n",stu[l].save);
    }
    printf("重复修改请按0,其他数字键返回");
    scanf("%d",&n);
    if(n==0)
        modify();                    //递归调用函数
}
```

7.学生成绩查询模块

学生成绩查询模块的主要功能就是对已经输入系统的信息按照一定条件查找并显示出来。要求:

①能按照学号和姓名两个查询条件进行查询。

②如果存在查找的记录,则显示该学生信息。

③如果不存在改学生信息,则显示“查无此人!”。

查询模块 void search()的流程图如图 12-8 所示。

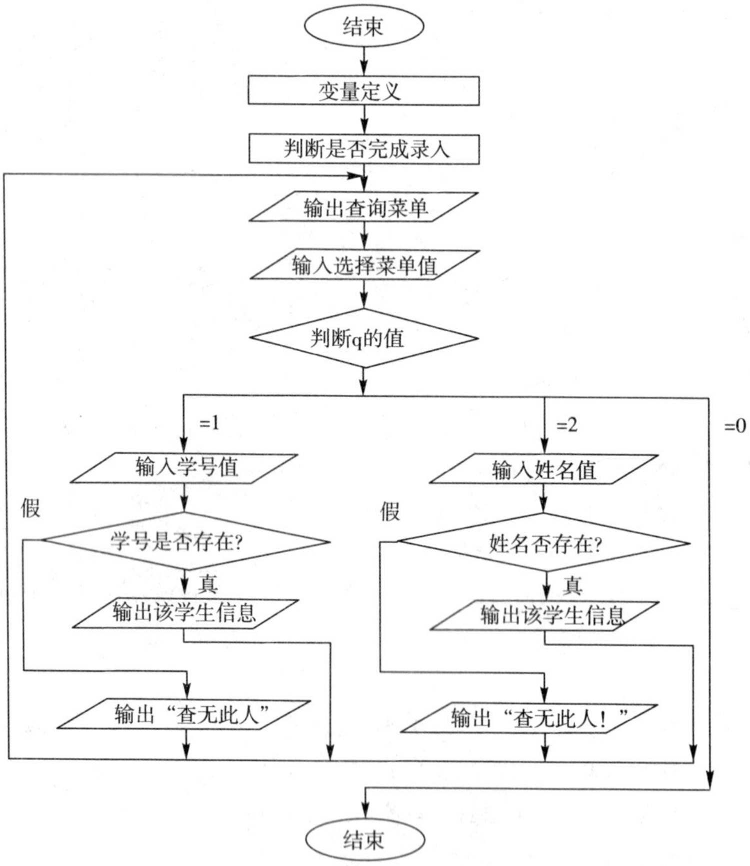

图 12-8　查询模块流程图

查询模块 void search()的程序代码如下：

```
void search()                              //学生成绩查询函数
{
    int q,b,k,i,l = 1,j;                   // q 是查询条件选择,j 是存在标志量
    char p[20];                            // p 表示姓名
    if(m = = 0)
    {
        printf("没有记录,返回主菜单! \n");
        return;
    }
    while(l = = 1)                         //显示查询菜单
    {
        j = 0;
        printf("\t1.按学号查询\t2.按姓名查询\t0.返回主菜单\n");
        printf("请您根据需要选择(0 - - 2):");
        scanf(" % d",&q);
```

```
if(q! = 1&&q! = 2)
return;
if(q = = 1)                        //按照学号查询
{
    printf("请输入学号:");
    scanf(" % d",&b);
    for(k = 0;k<o;k + + )
    if(b = = stu[k]. sno)
    {
        j = 1;
        printf("\t\t\t 查找到的学生信息\n");
        printf("学号\t 姓名\t 性别");
        printf("\t 第一科\t 第二科\t 第三科\t 第四科\t 平均分\n");
        printf(" % d\t % s\t % s",stu[k]. sno, stu[k]. sname,stu[k]. ssex);
        printf("\t % 4. 1f\t % 4. 1f", stu[k]. score[0],stu[k]. score[1]);
        printf("\t % 4. 1f\t % 4. 1f", stu[k]. score[2],stu[k]. score[3]);
        printf("\t % 4. 2f\n",stu[k]. save);
    }
    if(j = = 0)
    {
        printf("查无此人!");
    }
}
if(q = = 2)                        //按照姓名查询
{
    printf("请输入姓名:");
    scanf(" % s",p);
    for(i = 0;i<o;i + + )
    {
        l = strcmp(p,stu[i]. sname);          //调用字符比较函数
        if(l = = 0)
        {
            j = 1;
            printf("\t\t\t 查找到的学生信息\n");
            printf("学号\t 姓名\t 性别");
            printf("\t 第一科\t 第二科\t 第三科\t 第四科\t 平均分\n");
            printf(" % d\t % s\t % s",stu[i]. sno, stu[i]. sname,stu[i]. ssex);
            printf("\t % 4. 1f\t % 4. 1f", stu[i]. score[0],stu[i]. score[1]);
            printf("\t % 4. 1f\t % 4. 1f", stu[i]. score[2],stu[i]. score[3]);
            printf("\t % 4. 2f\n",stu[i]. save);
        }
```

```
            }
            if(j = = 0)
            {
                printf("查无此人!");
            }
        }
        printf("按任意键返回。");
        fflush(stdin);
        getchar();
    }
}
```

8. 学生成绩统计模块

学生成绩统计模块的主要功能就是对已经输入系统的信息按照一定的条件来排序并显示出来。在这个模块中,使用“冒泡排序法”按照成绩进行排序,可以按平均分进行从高到低的排序,也可以按指定单科成绩从高到低进行排序。

统计模块 void count()的流程如图 12-9 所示。

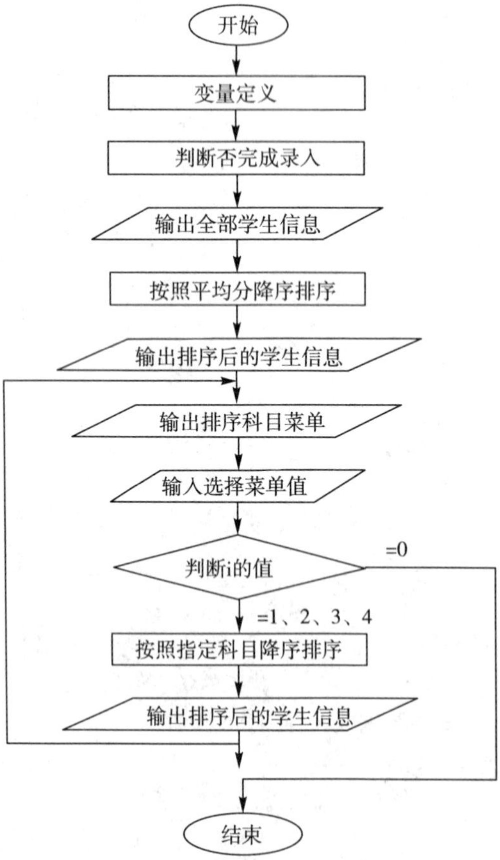

图 12-9　统计模块流程图

统计模块 void count()的程序代码如下：

```
void count()                              // 学生成绩统计函数
{
    int i,j,k,l,a[100],t;
    float n[30],q;
    if(m == 0)
    {
        printf("没有记录,返回主菜单！\n");
        return;
    }
    printf("\t\t\t 排序前学生信息列表\n");
    printf("学号\t 姓名\t 性别\t 第一科\t 第二科\t 第三科\t 第四科\t 平均分\n");
    for(l = 0;l<o;l++)
    {
        printf("%d\t%s\t%s",stu[l].sno, stu[l].sname,stu[l].ssex);
        printf("\t%4.1f\t%4.1f", stu[l].score[0],stu[l].score[1]);
        printf("\t%4.1f\t%4.1f", stu[l].score[2],stu[l].score[3]);
        printf("\t%4.2f\n",stu[l].save);
    }
    for(j = 0;j<o;j++)
    {
        a[j] = j;
        n[j] = stu[j].save;
    }
    for(k = 0;k<o-1;k++)                  //使用冒泡排序法对平均分排序
        for(j = 0;j<o-1-k;j++)
            if(n[j]<n[j+1])
            {
                t = a[j];
                a[j] = a[j+1];
                a[j+1] = t;
                q = n[j];
                n[j] = n[j+1];
                n[j+1] = q;
            }
    printf("\t\t\t 按照平均分降序排序后学生信息列表\n");
    printf("学号\t 姓名\t 性别\t 第一科\t 第二科\t 第三科\t 第四科\t 平均分\n");
    for(i = 0;i<o;i++)
    {
        printf("%d\t%s\t%s",stu[a[i]].sno, stu[a[i]].sname,stu[a[i]].ssex);
        printf("\t%4.1f\t%4.1f", stu[a[i]].score[0],stu[a[i]].score[1]);
```

```
    printf("\t%4.1f\t%4.1f", stu[a[i]].score[2],stu[a[i]].score[3]);
    printf("\t%4.2f\n",stu[a[i]].save);
}
while(1==1)                             //按照科目降序排序
{
    printf("按照科目降序排序:\n");
    printf("\t1.按第一科排序\t\t2.按第二科排序\n");
    printf("\t3.按第三科排序\t\t4.按第四科排序\n");
    printf("\t0.返回主菜单\n请输入:");
    scanf("%d",&i);
    switch(i)                           //显示并选择排序科目
    {
        case 0:return;
        case 1: k=0;break;
        case 2:k=1;break;
        case 3:k=2;break;
        case 4:k=3;break;
        default: printf("输入错误,请重新输入! \n");continue;
    }
    for(j=0;j<o;j++)
    {
        n[j]=stu[j].score[k];
        a[j]=j;
    }
    for(i=0;i<o-1;i++)                  //使用冒泡排序法排序
        for(j=0;j<o-1-i;j++)
            if(n[j]<n[j+1])
            {
                t=a[j];
                a[j]=a[j+1];
                a[j+1]=t;
                q=n[j];
                n[j]=n[j+1];
                n[j+1]=q;
            }
    printf("按第%d科成绩降序排序后学生信息列表:\n",k+1);
    printf("学号\t姓名\t性别\t第一科\t第二科\t第三科\t第四科\t平均分\n");
    for(i=0;i<o;i++)
    {
        printf("%d\t%s\t%s",stu[a[i]].sno,stu[a[i]].sname,stu[a[i]].ssex);
        printf("\t%4.1f\t%4.1f",stu[a[i]].score[0],stu[a[i]].score[1]);
```

```
            printf("\t%4.1f\t%4.1f",stu[a[i]].score[2],stu[a[i]].score[3]);
            printf("\t%4.2f\n",stu[a[i]].save);
        }
        printf("按任意键继续!");
        fflush(stdin);
        getchar();
    }
}
```

9. 系统退出模块

该模块已经包括在主函数模块中。

12.3　测试与调试

1. 主函数的测试与调试

设计中一般都是先编写主函数，主要测试功能菜单是否正确显示和正确选择，选择 0 时是否正常退出系统。

(1)正常显示和正常选择

主函数要能正常运行，必须把 6 个函数框架给出，否则编译不成功。在 6 个函数没有具体编写之前，可以编写框架如下：

```
void create()            // 声明输入函数
{
}
void insert()            // 声明插入函数
{
}
void delete()            // 声明删除函数
{
}
void modify()            // 声明修改函数
{
}
void search()            // 声明查询函数
{
}
void count()             // 声明统计函数
{
}
```

运行主函数，输入选择值“0”，如图 12-10 所示。

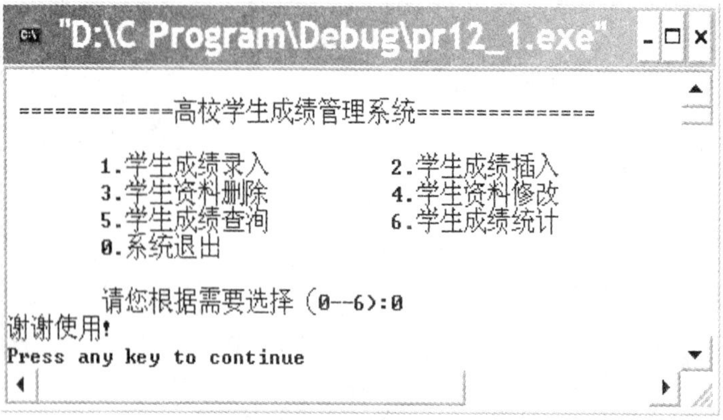

图 12-10　运行主函数输入“0”的效果图

(2)正常显示和不正常选择

主函数正常显示和正常选择正确后还得测试不正常选择，即测试程序的健壮性，使用测试数据“8”后的测试结果如图 12-11，如果不正确则说明设计错误，需要修改调试后再测试。

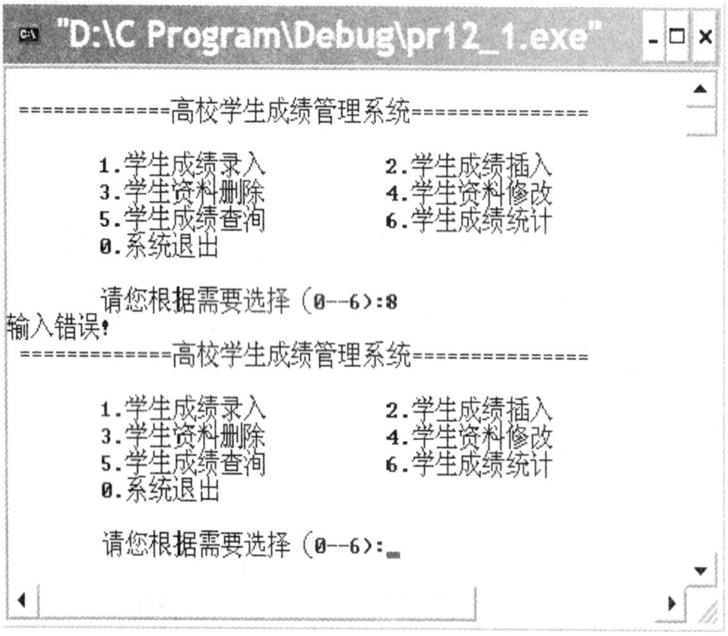

图 12-11　运行主函数输入错误的效果图

2. 输入模块的测试与调试

首先进入主菜单界面，当用户输入“1”并按 Enter 键后，系统进入学生成绩录入模块，如图 12-12 所示。

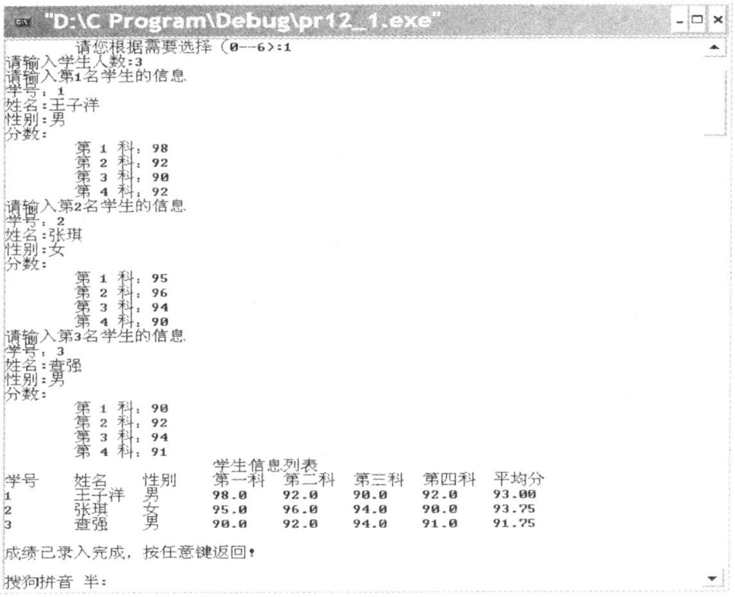

图 12-12　输入模块正确的效果图

在该模块中还得测试输入学号为字符型，输入成绩为字符型等情况，对照错误提示进行修改和调试后再测试。

3. 插入模块的测试与调试

在主菜单中选择“2”，测试“学生成绩插入”模块，根据提示输入正确的是学生信息，如图 12-13 所示。

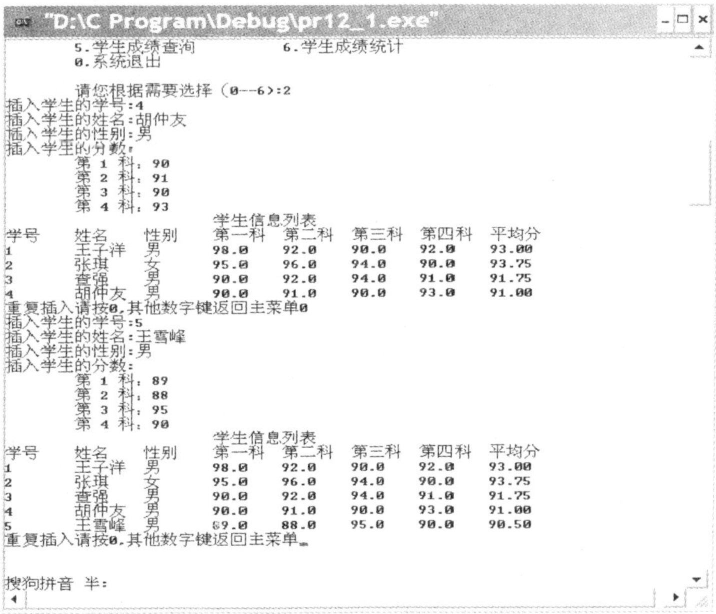

图 12-13　正确插入一个学生信息后的效果图

在该模块中，还可以测试继续插入 1 个学生的情况，图 12-13 是插入 2 个学生后的效果图，如果不符合必须修改、调试和再测试。

4. 删除模块的测试与调试

在主菜单中选择"3"，测试"学生资料删除"模块，根据提示先输入要删除的学生学号，如图 12-14 所示。

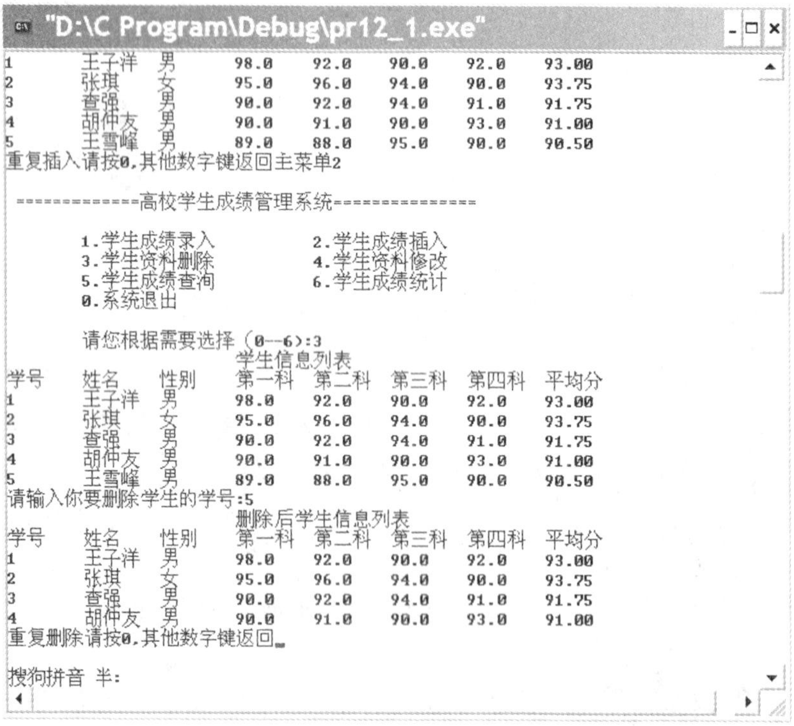

图 12-14 学生资料修改模块测试结果图

该模块必须测试输入的学号不正确的情况，如在图 12-14 的基础上再测输入学号 5，必须提示："您输入的学号不正确，请输入正确的学号！"，在此基础上测试发现了一个错误，其删除学号为 3 的学生后输出显示不正确，如图 12-15 所示，需要修改和调试。

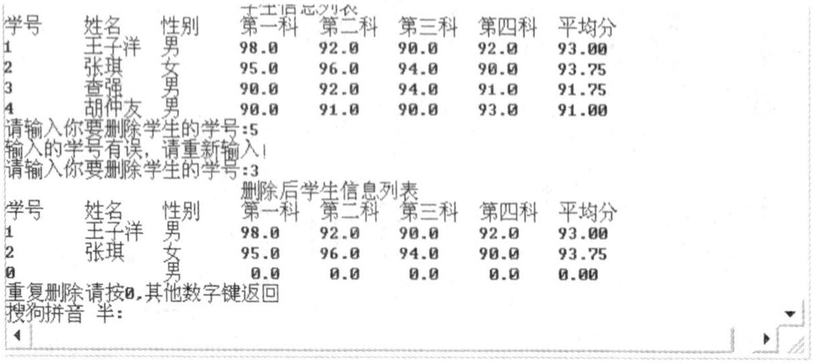

图 12-15 输入 5 和 3 后的效果图

5. 修改模块的测试与调试

在主菜单中选择“4”，测试“学生资料修改”模块，根据提示先输入要修改的学生学号，如图 12-16 所示。

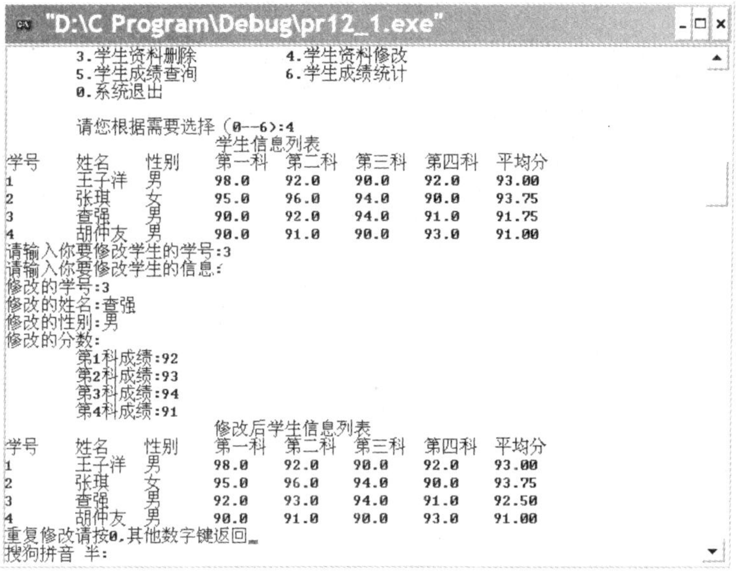

图 12-16　修改模块测试效果图

该模块中也必须测试输入的学号不存在和新输入的学号与现有其他学生学号相同的情况，如果结果不对必须修改、调试和测试。

6. 查询模块的测试与调试

在主菜单中选择“5”，测试“学生成绩查询”模块，根据提示输入选择，如图 12-17 所示。

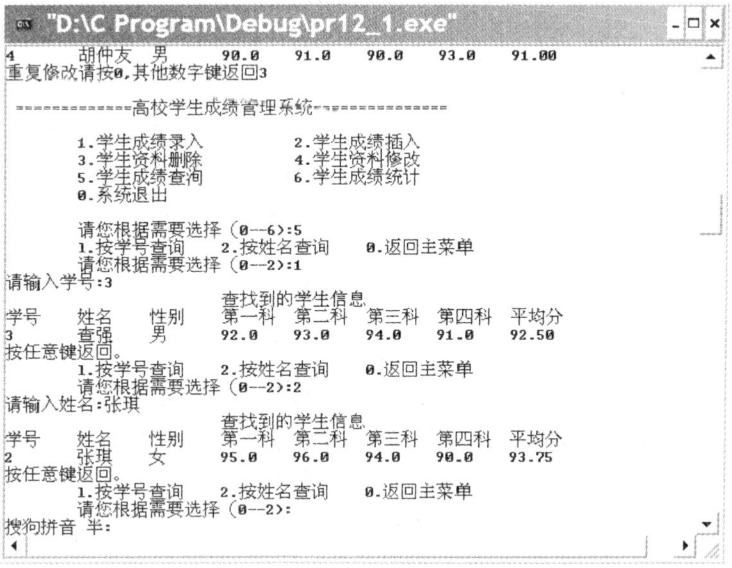

图 12-17　查询模块测试效果图

该模块中也必须测试输入的学号、姓名不存在等情况，如果结果不对必须修改、调试和测试。

7. 统计模块的测试与调试

在主菜单中选择“6”，测试“学生成绩统计”模块，首先得到的是根据平均分降序排序的结果，然后根据菜单提示选择具体科目进行排序，总的效果如图 12-18 所示。

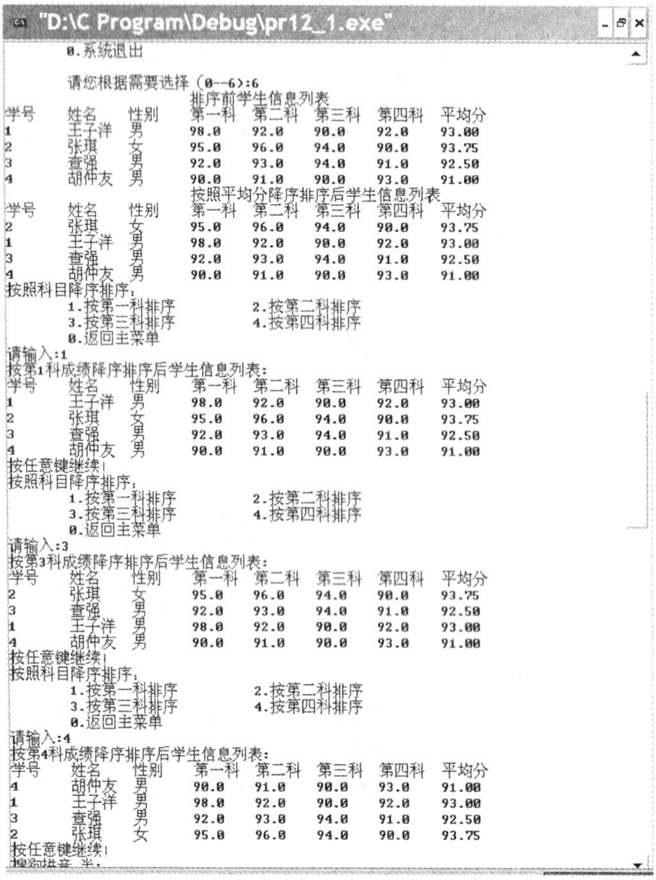

图 12-18　学生成绩统计模块测试效果图

本章小结

- ➢开发设计一个简单的管理系统步骤一：考虑好如何实现系统的功能。
- ➢开发设计一个简单的管理系统步骤二：确定用什么算法实现各个功能。
- ➢开发设计一个简单的管理系统步骤三：设计编写组成系统的各个模块。
- ➢开发设计一个简单的管理系统步骤四：测试和调试已经写好的程序。

习题 12

一、拓展编程题

1. 如何在此项目中添加文件保存功能，以避免每次运行程序都要重新输入成绩。

2. 反复测试该系统，发现更多的 Bug，并分享给班级同学，邀请大家一起来完善该系统。

附　录

附录 A　C语言运算符表

优先级	运算符	含　义	结合方式
1	() [] ->　 .	括号(函数等) 数组 通过指针访问成员 访问成员	由左向右
2	! ~ ++ -- + - * & (类型) sizeof()	逻辑非 按位求反 增量(加 1) 减量(减 1) 正负号 间接引用(取内容) 取地址 强制类型转换 求占用内存大小	由右向左
3	* / %	乘 除 取模	由左向右
4	+ -	加 减	由左向右
5	<< >>	按位左移 按位右移	由左向右
6	< <= > >=	小于 小于等于 大于 大于等于	由左向右
7	== !=	等于 不等于	由左向右
8	&	按位与	由左向右

续表

优先级	运算符	含 义	结合方式
9	^	按位异或	由左向右
10	|	按位或	由左向右
11	&&	逻辑与	由左向右
12	||	逻辑或	由左向右
13	? :	条件运算	由右向左
14	= += -= *= /= &= ^= |= <<= >>=	各种赋值	由右向左
15	,	逗号	由左向右

附录B C语言常用库函数

一、数学函数

数学函数的原型包含在math. h中。

名 称	用法与功能	函数说明
acos	double acos(double x) 计算 $\cos^{-1}(x)$	$-1\leqslant x\leqslant 1$ 返回计算结果
asin	double asin(double x) 计算 $\sin^{-1}(x)$	$-1\leqslant x\leqslant 1$ 返回计算结果
atan	double atan(double x) 计算 $\tan^{-1}(x)$	返回计算结果
atan2	double atan(double x, double y) 计算 $\tan^{-1}(x/y)$	y不等于0 返回计算结果
cos	double cos(double x) 计算 cos(x)	x单位为弧度 返回计算结果
exp	double exp(double x) 求 e^x 的值	返回计算结果
fabs	double fabs(double x) 求x的绝对值	返回计算结果
floor	double floor(double x) 求不大于x的最大整数	返回计算结果
fmod	double fmod(double x,double y) 求整除x/y的余数	y不等于0 返回计算结果
log	double log(double x) 求lnx	返回计算结果
log10	double log10(double x) 求 $\log_{10}{}^{x}$	返回计算结果

续表

名　称	用法与功能	函数说明
pow	double pow(double x,double y) 求 x^y 的值	返回计算结果
sin	double sin(double x) 计算 sin(x)	x 单位为弧度 返回计算结果
sqrt	double sqrt(double x) 计算 $\sqrt{x}$	$x \geq 0$ 返回计算结果
tan	double tan(double x) 计算 tan(x)	x 单位为弧度 返回计算结果

二、字符函数

字符函数的原型包含在 ctype. h 中。

名　称	用法与功能	函数说明
isalnum	int isalnum(int ch) 检查 ch 是否为字母或数字	ch 是字母或数字返回 1，其他字符返回 0
isalpha	int isalpha (int ch) 检查 ch 是否为字母	ch 是字母返回 1，其他字符返回 0
iscntrl	int iscntrl (int ch) 检查 ch 是否为控制字符	ASCII 码 0x7f、0x00～0x1f； 是则返回 1，否则返回 0
isdigit	int isdigit (int ch) 检查 ch 是否为数字(0 到 9)	是则返回 1，否则返回 0
isgraph	int isgraph (int ch) 检查 ch 是否为可打印字符	ASCII 码 0x21～0x7e； 是则返回 1，否则返回 0
islower	int islower (int ch) 检查 ch 是否为小写字母	是则返回 1，否则返回 0
isprint	int isprint (int ch) 检查 ch 是否为可打印字符	ASCII 码 0x21～0x7e； 是则返回 1，否则返回 0
isspace	int isspace m(int ch) 检查 ch 是否为空格、制表符或换行符等	ASCII 码 0x09～0x0d、0x20； 是则返回 1，否则返回 0
isupper	int isupper (int ch) 检查 ch 是否为字母或数字	是则返回 1，否则返回 0
isxdigit	int isxdigit (int ch) 检查 ch 是否为字母或数字	是则返回 1，否则返回 0
tolower	int tolower m(int ch) 检查 ch 是否为字母或数字	返回 ch 对应的小写字母
toupper	int toupper (int ch) 检查 ch 是否为字母或数字	返回 ch 对应的大写字母

三、字符串函数

字符函数的原型包含在 string. h 中。

名 称	用法与功能	函数说明
memcpy	void ＊memcpy(void ＊destin, void ＊source, unsigned n); 从源 source 中拷贝 n 个字节到目标 destin 中	返回指向 destin 的指针
memcr	void ＊memchr(void ＊s, char ch, unsigned n); 在数组 s 的前 n 个字节中搜索字符 ch	返回指向 s 中 ch 第一次出现的位置指针;若没有找到返回 NULL
memmove	void ＊memmove(void ＊destin, void ＊source, unsigned n); 将 source 中前 n 个字符移动到 destin 中	返回指向 destin 的指针
memset	void ＊memset(void ＊s, char ch, unsigned n); 设置 s 中的所有字节为 ch, s 数组的大小由 n 给定	返回指向 destin 的指针
memicmp	int memicmp(void ＊s1, void ＊s2, unsigned n); 比较两个串 s1 和 s2 的前 n 个字节,忽略大小写	s1＜s2 返回负数 s1＝s2 返回 0 s1＞s2 返回正数
stpcpy	char ＊stpcpy(char ＊destin, char ＊source); 拷贝字符串 source 到字符串 destin	返回 destin
strcat	char ＊strcat(char ＊destin, char ＊source); 将字符串 source 连接到 destin 之后,取消 destin 的串结束符'\0'	返回 destin
strchr	char ＊strchr(char ＊s, char c); 在串 s 中查找字符 c 的第一个匹配之处	返回指向该位置的指针;否则返回 NULL
strcmp	int strcmp(char ＊s1, char ＊s2); 比较两个串 s1 和 s2	s1＜s2 返回负数 s1＝s2 返回 0 s1＞s2 返回正数
strrev	char ＊strrev(char ＊s); 串倒转	
strstr	int strstr (char ＊s1, char ＊s2); 在串 s1 中查找 s2 的第一次出现	返回指向该位置的指针;否则返回 NULL
strupr	char ＊strupr(char ＊s); 将串中的小写字母转换为大写字母	返回 s
strlwr	char ＊strlwr(char ＊s); 将串中的大写字母转换为小写字母	返回 s
strlen	unsigned int strlen(char ＊s) 统计串 s 中字符的个数(不包括结束符'\0')	返回字符个数

四、输入输出函数

字符函数的原型包含在 stdio. h 中。

名　称	用法与功能	函数说明
clearerr	void clearerr(FILE * fp); 清除文件指针错误	
close	int close(int handle); 关闭文件	成功返回 0;否则返回 -1
feof	int feof(FILE * fp);V 检查文件是否结束	是返回非 0;否则返回 0
fclose	int fclose(FILE * fp); 关闭文件 fp,释放文件缓冲区	成功返回 0;失败是返回 EOF
ferror	int ferror(FILE * fp); 测试文件 fp 是否有错	若检测到错误返回非 0 值,否则返回 0
fgetc	int fgetc(FILE * fp); 从文件中读取下一个字符	成功是返回文件中的下一个字符;至文件结束或出错时返回 EOF
fgets	char * fgets(char * s,int n,FILE * fp); 从文件读 n-1 个字符,或遇换行符'\n'为止,把读出的内容,存入 s 中。与 gets 不同,fgets 在 s 末尾保留换行符。一个空字节被加入到 s,用来标记串的结束	成功时返回 s 所指的字符串;在出错或遇到文件结束时返回 NULL
fopen	FILE * fopen (char * filename, char * mode); 打开文件 filename	出错返回 NULL,成功返回文件指针
fprintf	int fprintf(FILE * fp, char * format[,argument,...]); 按格式串 format 指定格式,依次输出表达式 argument 的值到 fp 中	返回写的字符个数。出错时返回 EOF
fputc	int fputc(int c,FILE * fp); 写一个字符到文件 fp 中	成功时返回所写的字符,失败或出错时返回 EOF
fputs	int fputs(const char * s,FILE * fp); 把 s 所指的以空字符终结的字符串送入文件 fp 中,不加换行符'\n',不拷贝串结束符'\0'	成功时返回最后的字符,出错时返回 EOF。
free	void free(void * block); 释放先前分配的首地址为 block 的内存块	
fscanf	int fscanf(FILE * fp, char * format,address,...); 按照由 format 所指的格式从文件 fp 中读入数据送到 address 所指向的内存变量中	返回成功地扫描、转换和存储输入字段的个数,遇文件结束返回 EOF
fseek	int fseek(FILE * fp,long offset,int whence); 设置与文件指针到新的位置,新位置与 whence 给定的文件位置的距离为 offset 字节	返回当前位置,否则返回 -1
ftell	long int ftell(FILE * stream); 返回当前文件指针位置。偏移量是文件开始算起的字节数	出错时返回 -1L,是长整数的 -1 值。

续表

名 称	用法与功能	函数说明
fwrite	int fwrite(char * s,unsigned size, unsigned n,FILE * fp); 把 s 指向的 n * size 个字节输出到文件 fp 中	成功返回确切的数据项数(不是字节数);出错时返回短(short)计数值。可能是 0
fread	int fread(char * s,unsigned size, unsigned n,FILE * fp); 从文件 fp 中当前指针位置开始读取 n * size 个字节到 s 中	成功时返回所读的数据项数(不是字节数);遇到文件结束或出错时可能返回 0。
getc	int getc(FILE * fp); 从文件 fp 中读入下一个字符	返回读入的字符;否则返回 EOF
getchar	int getchar(void); 从 stdin 流中读字符	返回读入的字符;否则返回－1
getch	int getch(void); 从控制台无回显地取一个字符	返回读入的字符;否则返回－1
gets	char * gets(char * s) 从标准输入设备读取字符串存入 s 中	返回 s;否则返回 NULL
putc	int putc(int ch, FILE * fp); 输出一字符到指定文件 fp 中	返回输出的字符;否则返回 EOF
putchar	int putchar(int ch); 在 stdout 上输出字符	返回输出的字符;否则返回 EOF
puts	int puts(char * string); 送一字符串到标准输出设备中,并将'\0'转换为回车换行符	返回换行符;否则返回 EOF
printf	int printf(char * format,arguments,…) 在 format 串控制下依次输出 arguments 项	返回输出字符的个数,否则返回负数
rewind	void rewind(FILE * fp); 将 fp 文件的指针重新置于文件头,并清除文件结束标志和错误标志	成功返回 0,出错返回－1
scanf	int scanf(char * format,arguments,…) 在 format 串控制下输入数据到 arguments 项,其中 arguments 为指针	正常返回读入并赋值个数。出错返回 0

五、其他函数

名 称	用法与功能	函数说明
abs	int abs(int n); 计算 n 的绝对值	返回计算结果
atof	double atof(char * s); 把字符串 s 转换成浮点数	返回计算结果
atoi	int atoi(char * s); 把字符串 s 转换成整型数	返回计算结果

续表

名　称	用法与功能	函数说明
atol	long atol(char * s); 把字符串 s 转换成长整型数	返回计算结果
chdir	int chdir(char * path); 改变工作目录至 path	正常返回 0,出错返回 -1
clrscr	void clrscr(void); 清除文本模式窗口	类似于: system("cls");
delay	void delay(unsigned milliseconds); 将程序的执行暂停一段时间(毫秒)	
exit	void exit(int status); 终止程序运行	
fabs	double fabs(double x); 计算双精度 x 的绝对值	返回计算结果
itoa	char * itoa (int value, char * string, int radix); 把一整数转换为字符串,radix 为进制	返回指向 string 的指针
malloc	void * malloc(unsigned size); 分配 size 字节内存	返回所分配内存地址,错误返回 0
mkdir	int mkdir(char * pathname); 建立一个目录	正常返回 0,出错返回 -1
rmdir	int rmdir(char * pathname); 删除一个目录	正常返回 0,出错返回 -1
rand	int rand(void); 产生 0 到 RAND_MAX 之间的伪随机数	返回伪随机数
random	int random(int n) 产生 0 到 n 之间的随机数	
randomize	void randmize(); 初始化随机函数。要求包含 time.h	
strtod	double strtod(char * str, char * * endptr); 将字符串转换为 double 型值	返回运算结果
strtol	long strtol(char * str, char * * endptr, int base); 将串转换为长整数	返回运算结果
system	int system(char * command) 发出一个 DOS 命令	如:system("cls");清屏
window	void window(int left, int top, int right, int bottom) 定义活动文本模式窗口	(left, top),(right, bottom)分别为窗口左上角和右下角坐标

上面的函数说明包含在头文件中，主要的头文件如下表：

头文件	说 明	函数举例
alloc. h	内存管理函数	malloc、calloc
conio. h	调用 DOS 控制台 I/O 子程序的函数	clrscr
ctype. h	字符类及其转换函数	isalpha、isdigit、isprint
dir. h	目录和路径类操作函数	mkdir、chdir、rmdir
float. h	关于浮点运算类的函数	_fpreset87
graphics. h	图形功能函数	circle、bar、
io. h	低级 I/O 子程序	creat、close、read、write
math. h	数学运算函数	sin、cos、exp、fabs
mem. h	内存操作函数	memcpy、memchr
process. h	进程管理函数	execl、exit、abort
stdio. h	标准 I/O 子程序	printf、scanf、fopen、feof
stdlib. h	常用子程序包括转换、排序、搜索等	atof、ltoa、strtod、
string. h	串操作及相关内存操作函数	strlen、strchr、strcat、strcmp
time. h	时间类函数	clock、time

附录C　常用字符的ASCII码对照表

十进制	十六进制	字符	十进制	十六进制	字符	十进制	十六进制	字符	十进制	十六进制	字符	十进制	十六进制	字符
0	0	NUL	26	1A	SIB	52	34	4	78	4E	N	104	68	h
1	1	SOH	27	1B	ESC	53	35	5	79	4F	O	105	69	i
2	2	STX	28	1C	FS	54	36	6	80	50	P	106	6A	j
3	3	ETX	29	1D	GS	55	37	7	81	51	Q	107	6B	k
4	4	EOT	30	1E	RS	56	38	8	82	52	R	108	6C	l
5	5	ENQ	31	1F	US	57	39	9	83	53	S	109	6D	m
6	6	ACK	32	20	(space)	58	3A	:	84	54	T	110	6E	n
7	7	BEL	33	21	!	59	3B	;	85	55	U	111	6F	o
8	8	BS	34	22	"	60	3C	<	86	56	V	112	70	p
9	9	HT	35	23	#	61	3D	=	87	57	W	113	72	q
10	0A	LF	36	24	$	62	3E	>	88	58	X	114	72	r
11	0B	VT	37	25	%	63	3F	?	89	59	Y	115	73	s
12	0C	FF	38	26	&	64	40	@	90	5A	Z	116	74	t
13	0D	CR	39	27	'	65	41	A	91	5B	[	117	75	u
14	0E	SO	40	28	(	66	42	B	92	5C	\	118	76	v
15	0F	SI	41	29	)	67	43	C	93	5D	]	119	77	w
16	10	SLE	42	2A	*	68	44	D	94	5E	^	120	78	x
17	11	CS1	43	2B	+	69	45	E	95	5F	_	121	79	y
18	12	DC2	44	2C	,	70	46	F	96	60	`	122	7A	z
19	13	DC3	45	2D	—	71	47	G	97	61	a	123	7B	{
20	14	DC4	46	2E	.	72	48	H	98	62	b	124	7C	|
21	15	NA	47	2F	/	73	49	I	99	63	c	125	7D	}
22	16	SYN	48	30	0	74	4A	J	100	64	d	126	7E	~
23	17	ETB	49	31	1	75	4B	K	101	65	e	127	7F	del
24	18	CAN	50	32	2	76	4C	L	102	66	f			
25	19	EM	51	33	3	77	4D	M	103	67	g			

参考文献

[1] 张成叔等.C 语言程序设计[M].合肥:安徽大学出版社,2008.
[2] 武春岭等.C 语言程序设计[M].北京:高等教育出版社,2014.
[3] 丁亚涛等.C 语言程序设计[M].北京:高等教育出版社,2006.
[4] 何钦铭等.C 语言程序设计[M].2 版.北京:高等教育出版社,2014.
[5] 乌云高娃等.C 语言程序设计[M].北京:高等教育出版社,2007.
[6] 张成叔.办公自动化技术与应用[M].北京:高等教育出版社,2014.
[7] 张成叔.计算机应用基础[M].2 版.北京:中国铁道出版社,2012.
[8] 张成叔.计算机应用基础实训指导[M].2 版.北京:中国铁道出版社,2012.
[9] 张成叔.Access 数据库程序设计[M].4 版.北京:中国铁道出版社,2013.
[10] 张成叔.Access 数据库程序设计[M].3 版.北京:中国铁道出版社,2012.
[11] 张成叔.Access 数据库程序设计[M].2 版.北京:中国铁道出版社,2010.
[12] 张成叔.Access 数据库程序设计[M].北京:中国铁道出版社,2008.
[13] 张成叔.计算机应用基础[M].北京:中国铁道出版社,2009.
[14] 张成叔.计算机应用基础实训指导[M].北京:中国铁道出版社,2009.